EUL VERLAG

EINZELSCHRIFTEN

Susanne Keil
Der Zweitmarkt für Lebensversicherungspolicen – Deutschland, Großbritannien und die USA
Lohmar – Köln 2006 • 98 S. • € 33,- (D) • ISBN 3-89936-461-9

Susan Eickenberg
Mitarbeitertypologie und Teambildung – Eine empirische Analyse
Lohmar – Köln 2006 • 328 S. • € 52,- (D) • ISBN 3-89936-464-3

Dierk Buss
Supply Chain Diagnose – Herleitung eines standardisierten Diagnoseverfahrens und Identifikation von Potentialen auf Basis einer empirischen Untersuchung
Lohmar – Köln 2006 • 294 S. • € 49,- (D) • ISBN 3-89936-465-1

Simon Göller
Implications of Hospital Financing on Hospital Strategies – International Experiences and German Perspectives
Lohmar – Köln 2006 • 312 S. • € 52,- (D) • ISBN 3-89936-467-8

Clemens Elbing
Risikomanagement für PPP-Projekte
Lohmar – Köln 2006 • 254 S. • € 47,- (D) • ISBN 3-89936-476-7

Jörn-Axel Meyer (Hrsg.)
Kleine und mittlere Unternehmen in neuen Märkten – Aufbruch und Wachstum – Jahrbuch der KMU-Forschung und -Praxis 2006
Lohmar – Köln 2006 • 482 S. • € 65,- (D) • ISBN 3-89936-479-1

Thomas Krupp
Benchmarking als Controlling-Instrument für die Kontraktlogistik – Prozessbenchmarking für Logistikdienstleister am Beispiel von Lagerdienstleistungen
Lohmar – Köln 2006 • 268 S. • € 47,- (D)
ISBN-13: 978-3-89936-487-3 • ISBN-10: 3-89936-487-2

Dr. Thomas Krupp

Benchmarking als Controlling-Instrument für die Kontraktlogistik

Prozessbenchmarking für Logistikdienstleister am Beispiel von Lagerdienstleistungen

Mit einem Geleitwort von Prof. Peter Klaus (D. B. A./Boston Univ.), Universität Erlangen-Nürnberg

EUL VERLAG

Bibliographische Information der Deutschen Bibliothek

Die Deutsche Bibliothek verzeichnet diese Publikation in der Deutschen Nationalbibliographie; detaillierte bibliographische Daten sind im Internet über <http://dnb.ddb.de> abrufbar.

Dissertation, Universität Erlangen-Nürnberg, 2005, unter dem Titel: Benchmarking als Controlling-Instrument für das Kontraktlogistikgeschäft der Logistikdienstleister – Einsatzmöglichkeiten und Potentiale des Prozessbenchmarking am Beispiel von Lagerdienstleistungen

ISBN-13: 978-3-89936-487-3
ISBN-10: 3-89936-487-2
1. Auflage Juni 2006

Printed in Germany
Druck: RSP, Troisdorf

JOSEF EUL VERLAG GmbH
Brandsberg 6
D-53797 Lohmar
Tel.: +49 (0) 22 05 / 90 10 6-6
Fax: +49 (0) 22 05 / 90 10 6-88
http://www.eul-verlag.de
info@eul-verlag.de

Bei der Herstellung unserer Bücher möchten wir die Umwelt schonen. Dieses Buch ist daher auf säurefreiem, 100% chlorfrei gebleichtem, alterungsbeständigem Papier nach DIN 6738 gedruckt.

Geleitwort

Kontraktlogistik – die Übernahme von komplexen, spezifisch für einen Auftraggeber konzipierten logistischen Aufgabenpaketen durch Logistikdienstleister im Rahmen längerfristig angelegter Vertragsbeziehungen – gilt heute als das am raschesten wachsende und deshalb besonders attraktive Marktsegment für Logistik-Dienstleister in der mehr als € 170 Mrd. „Umsatzwert" repräsentierenden Logistikwirtschaft.

Erst allmählich „entdecken" die Unternehmen, die in diesem Feld tätig werden, dass die erfolgreiche Anbahnung und Abwicklung von Kontraktlogistik-Geschäftsbeziehungen neue, bisher wenig beachtete Anforderungen stellt und auch neue Risiken birgt. Auch die Wissenschaftler, die sich mit Kontraktlogistik befassen, fangen gerade erst an, die spezifischen Forschungsfragen des Feldes systematisch zu identifizieren und zu bearbeiten.

Eine dieser Fragen bezieht sich auf die Ausgestaltung des Kontraktlogistik-Controlling. Dieses unterscheidet sich in wesentlichen Punkten vom „allgemeinen" Controlling, wie es in der Betriebswirtschaftslehre behandelt wird: Es ist nicht *ein* Management, dem das Controlling dienen muss, sondern es sind zwei Partner zu bedienen, die in einer komplexen, hohe wechselseitige Abhängigkeit bedingenden Beziehung zueinander stehen. Den Partnern müssen Informationen zur Verfügung stehen, die im traditionellen, auf innerbetriebliche Sachverhalte und betriebsinterne Nutzer fokussiertes Rechnungswesen, üblicherweise nicht vorgehalten werden. Wichtige Informationen, wie z.B. über die Angemessenheit von Leistungsentgelten und Produktivitäten in solchen Beziehungen, sind nicht durch Vergleich „historischer" innerbetrieblicher Daten, auch nicht durch einfache „Marktabfragen" zu gewinnen.

Vor diesem Hintergrund stellte sich der Autor die Aufgabe, das Management-Werkzeug „Benchmarking" auf seine Tauglichkeit für das Controlling in Kontraktlogistik-Beziehungen zu untersuchen.

Es werden in der vorliegenden Untersuchung die Anforderungen an ein Kontraktlogistik Controlling in Theorie und Praxis untersucht und geprüft, inwieweit sich ein überbetriebliches Prozessbenchmarking zur Ergänzung des traditionell innerbetrieblich orientierten Controllings eignet. Das theoretische Vorgehen auf Basis der Transaktionskosten- und Principal-Agent-Theorie wird dabei durch Experteninterviews mit Praktikern aus der Logistikdienstleistungswirtschaft sowie durch die Konzeption und Erprobung eines konkreten, arbeitszeitenbasierten Benchmarking-Konzepts für die Lagerprozesse von Logistikdienstleistern ergänzt.

Im Spannungsfeld zwischen Forschung und Praxis ist damit eine Arbeit entstanden, durch deren Lektüre sowohl Praktiker wie auch wissenschaftlich arbeitende Betriebswirte und Logistiker neue Einsichten und wertvolle Anregungen erhalten können.

Prof. Peter Klaus, D.B.A. /Boston Univ.

Im Mai 2005

Vorwort

Während die Potentiale der Kontraktlogistik für Logistikdienstleister unter Experten weitgehend unbestritten sind, werden die Grenzen dieses Geschäfts in den aktuellen Veröffentlichungen eher wenig diskutiert. Aus Sicht vieler Unternehmen in Industrie und Handel steht die Furcht vor einem möglichen Kontrollverlust und im schlimmsten Fall vor dem Abbruch der Logistikketten einem Outsourcing komplexer Logistikpakete und der damit verbundenen engen Bindung zu einem Logistikdienstleister entgegen. Die Logistikdienstleister sind daher gefordert, diesen Ressentiments entgegenzuwirken und ein entsprechendes Vertrauenskapital in der verladenden Wirtschaft aufzubauen.

Benchmarking wird in dieser Arbeit als Instrument vorgestellt, um neben den weitgehend unbestrittenen Potentialen zur Verbesserung der Prozesse und Abläufe den Informationsnachteil, den Verlader gegenüber Logistikdienstleistern im Laufe einer Kontraktlogistik-Beziehung zwangsläufig erleiden, auszugleichen und somit Vertrauen in die Beziehung zu schaffen.

Für die Betreuung und die Unterstützung bei der Erstellung der vorliegenden Arbeit möchte ich meinem Doktorvater Professor Peter Klaus, D.B.A./Boston Univ. meinen besonderen Dank aussprechen. Ebenso danke ich Professor Dr. Wolfgang Männel für sein Interesse an meinem Thema, seine Anregungen und die kurzfristige Übernahme des Korreferats.

Die Entstehung der Arbeit erfolgte im Rahmen der Aktivitäten des Arbeitskreises Benchmarking der Fraunhofer Arbeitsgruppe für Technologien der Logistik-Dienstleistungswirtschaft (ATL) und der Experteninterviews mit Unterstützung von Fachleuten aus der Praxis. Die verantwortliche Leitung des Fachbereichs Lager, zu dem der Benchmarking Arbeitskreis gehört, ist mir seit 2003 übertragen. Den Arbeitskreismitgliedern und den Interviewpartnern möchte ich für die Beteiligung und Unterstützung bei der Konzeption und Weiterentwicklung der Benchmarking-Ansätze sowie für die ausführlichen und erkenntnisreichen Gespräche meinen Dank aussprechen.

Aus Gründen der Anonymität können nicht alle Interviewpartner vollständig aufgeführt werden. Stellvertretend seien an dieser Stelle deshalb Anton Elbert von der Firma Grieshaber, von dem der Impuls für das arbeitszeitenbasierte Benchmarking im Rahmen des Arbeitskreises ausging, Karin Eulenbruch (Huettemann Logistik), Ralf Stohldreier (BiLog), Dr. Andreas Froschmayer (Dachser), Christian Sörgel (Geis), Vinko Castrogiovanni (Grieshaber), Axel Brunnèe (Kühne & Nagel), Claus-Peter Amberger (Loxxess), Michael Teschner (Schenker), Dr. Christian Schneider (Stinnes) und Lars Lehmann (Transa) genannt. Mein Dank gilt gleichermaßen auch den nicht namentlich genannten Praxis-

Experten, die trotz ihres vollen Terminkalenders die Zeit gefunden haben, mein Forschungsvorhaben mit ihrem Wissen und ihren Erfahrungen zu unterstützen.

Ebenso danke ich meinen Vorgängern und Kollegen im Benchmarking Center der Fraunhofer ATL, an deren Arbeiten die Entwicklung des vorgestellten Benchmarking-Konzepts anknüpft. Die zeitlichen Freiräume in der Endphase der Erstellung der Arbeit waren nur durch die Entlastung von der laufenden Projektarbeit möglich, die mir meine Kollegen trotz ihrer eigenen Arbeitsbelastung geschaffen haben.

Für wichtige inhaltliche Hinweise und organisatorische Hilfen möchte ich meinem Bruder Michael Krupp, für die Korrektur von zahlreichen Tippfehlern sowie sprachlichen Ungereimtheiten meiner Schwester Sabine Krupp ganz herzlich danken. Mein besonderer Dank gilt meiner Frau Susanne Krupp-Kirschke und meiner Tochter Tamira sowie meinen Eltern Helga und Paul Krupp, ohne deren Verständnis und ständigen Beistand die Realisierung der Arbeit nicht möglich gewesen wäre. Ihnen widme ich dieses Buch.

Thomas Krupp

Nürnberg, Mai 2006

Inhaltsübersicht

INHALTSVERZEICHNIS

Abbildungsverzeichnis

1 Chancen und Herausforderungen des Kontraktlogistikgeschäfts für Logistikdienstleister

Kontraktlogistik-Geschäfte werden von vielen Unternehmen der Logistik-Dienstleistungsbranche als Chance gesehen, die ertragsarmen „klassischen" Logistikbereiche Transport, Umschlag und Lager durch die Übernahme komplexer Logistikpakete mit umfassenden Mehrwertdienstleistungen zu ergänzen und so langfristige Kooperationen mit ihren Kunden einzugehen.[1] Experten gehen davon aus, dass solche integrierten Logistikkonzepte auch in Zukunft weiter an Bedeutung gewinnen werden. Die Kontraktlogistik bietet daher als zukunftsträchtiger Markt interessante Möglichkeiten für Logistikdienstleister.[2]

Im Gegensatz zur Abwicklung „einfacher" Logistikaktivitäten wie des Transports, deren Märkte nur geringe Wachstumsraten aufweisen, versprechen solche Kontraktlogistik-Geschäfte hohe Wachstumspotentiale für die Logistikdienstleister.[3] Dabei entstehen aber auch gegenseitige Abhängigkeiten zwischen den Logistikdienstleistern und deren Auftraggebern. So werden für den Dienstleister meist Investitionen in spezifische Anlagen und IT-Systeme notwendig,[4] der Auftraggeber trägt das Risiko des Abbruchs der Logistikkette und muss dabei auf die Leistungsfähigkeit des Logistikdienstleisters vertrauen.[5]

Eine anfängliche Euphorie bei der Bewertung der Chancen der Kontraktlogistik weicht daher bald einer realistischen Betrachtung der Potentiale und Risiken sowohl für die „outsourcenden" Unternehmen als auch für die Logistikdienstleister.[6] Offenbar stehen der Realisierung der anfänglich prognostizierten Wachstumschancen auch entsprechende Hindernisse gegenüber, die von den Logistikdienstleistern zur weiteren Erschließung der Marktpotentiale bewältigt werden müssen.

Für Logistikdienstleister gilt es, die Herausforderung zu meistern, komplexe Logistikpakete erfolgreich abwickeln zu können und potentielle Kunden von der Eignung als Logistik-Partner zu überzeugen. Nur so können Dienstleister die Potentiale, die der Kontraktlogistik-Markt verspricht, realisieren.

[1] Vgl. Bretzke (1999), S. 221 f., Deutsche Bank Research (2002), S. 42 ff.

[2] Vgl. Klaus (2003), S. 110, Tripp (2004), S. 58 f., Bretzke (2004a), S. 12.

[3] Vgl. Deutsche Bank Research (2002), S. 1, Baumgarten et al. (2002a), S. 5.

[4] Vgl. Aberle (2003a), S. 280, Schneider et al. (2003), S. 229.

[5] Vgl. Bretzke (2003), S. 3, Bretzke (2004a), S. 12.

[6] Vgl. Bretzke (2004a), S. 16 f.

1.1 Möglichkeiten und Grenzen von Kontraktlogistik-Geschäften aus Sicht der Logistikdienstleister

Die Bedeutung der Kontraktlogistik für Logistikdienstleister wird durch eine Betrachtung der Marktpotentiale unterstrichen. Von 170 Mrd. Euro Logistikvolumen in Deutschland werden 2004 79 Mrd. Euro durch Logistikdienstleister erbracht.[7] Für den Anteil der Logistikdienstleister konnten leichte Zuwächse von etwa 3,5 % p.a. von 2001 bis 2004 realisiert werden.[8] Im „Europa der 17“[9] betragen die gesamten Logistikausgaben ca. 585 Mrd. Euro (Basisjahr 2001/2002), davon sind etwa 330 Mrd. Euro noch nicht an Logistikdienstleister fremdvergeben und werden von Industrie, Handel und sonstiger verladender Wirtschaft selbst erstellt.[10] Den Grund für das moderate Wachstum des Gesamtmarktes sehen Experten insbesondere darin, dass „einfache“ Logistikfunktionen zumeist bereits outgesourct sind.[11] Nach KLAUS bieten solche Transport-, Umschlag- und Lagerdienstleistungen dennoch Wachstumschancen, da Verlader nach wie vor bestrebt sind, ihren Kapitaleinsatz und die Mitarbeiterzahl zu reduzieren.[12] In solchen wenig komplexen Geschäften ist für Logistikdienstleister die Vergleichbarkeit und Austauschbarkeit höher als bei komplexen Kontraktlogistik-Geschäften, dementsprechend hoch ist auch der Preisdruck.[13]

Dem Outsourcing komplexer Logistikdienstleistungspakete im Rahmen der Kontraktlogistik wird dagegen ein höheres Wachstumspotential vorhergesagt: Experten gehen von einem Kontraktlogistik-Potential im Basisjahr 2004 von 67 Mrd. Euro in Deutschland aus, davon sind bisher etwa 15,6 Mrd. Euro fremdvergeben bzw. outgesourct.[14] Ca. 21,5 Mrd. Euro werden in der Konsumgüterdistribution erwirtschaftet, von denen etwa 6,5 Mrd. Euro durch Dienstleister erbracht werden.[15] Ca. 45,5 Mrd. Euro entfallen auf industrielle Logistikleistungen, davon werden etwa 9,1 Mrd. Euro durch Dienstleister erbracht.[16] Speziell durch die Übernahme von „Value-added“-Dienstleistungen wie leichter Montagen oder Konfektionie-

---

[7] Vgl. KLAUS ET AL. (2006), S. 61.

[8] Vgl. KLAUS ET AL. (2006), S. 80.

[9] Das „Europa der 17“ umfasst die 15 „alten“ EU-Länder Irland, Portugal, Luxemburg, Griechenland, Österreich, Dänemark, Schweden, Finnland, Belgien, Spanien, Niederlande, Italien, Großbritannien, Frankreich und Deutschland mit der Schweiz und Norwegen.

[10] Vgl. KLAUS (2003), S. 69 ff.

[11] Vgl. BRETZKE (2003), S. 3.

[12] Vgl. HASSA ET AL. (2003), S. 24.

[13] Vgl. DEUTSCHE BANK RESEARCH (2002), S. 42.

[14] Vgl. KLAUS ET AL. (2006), S. 121.

[15] Vgl. KLAUS ET AL. (2006), S. 121 f.

[16] Vgl. KLAUS ET AL. (2006), S. 126 f.

rungen sowie Aufgaben der Auftragsabwicklung und der Planung- und Koordination in der Supply Chain können hier zusätzliche Potentiale erschlossen werden.[17]

Der Hauptgrund für die überdurchschnittlichen Wachstumsmöglichkeiten der Kontraktlogistik liegt aber darin, dass sich umfassende Outsourcing-Projekte von Industrie und Handel nur als individuell gestaltete, integrierte Lösungen mit entsprechend hohen Umsatzvolumina realisieren lassen.[18] In solchen komplexen und kundenindividuellen Kontraktlogistik-Geschäften spielen Skalenerträge meist eine untergeordnete Rolle.[19]

Von größerer Bedeutung ist in diesem Segment, Verlader mit kundenindividuellen, „passenden" Komplettlösungen an sich binden zu können.[20] Damit bietet die Kontraktlogistik auch kleinen und mittelständischen Anbietern Chancen.[21] In der Kontraktlogistik steigen aber gegenüber „klassischen" Logistikdienstleistungen auch die Anforderungen an die Kompetenz der Dienstleister, insbesondere hinsichtlich der Fähigkeit zur physischen und informationstechnischen Integration von Teilen oder der gesamten Supply Chain.[22]

Dementsprechend heterogen ist die Anbieterseite der Kontraktlogistik. In der Konsumgüterdistribution sind meist flächendeckende Netzwerke gefordert, die oftmals als „Multi-User"-Systeme konzipiert sind und mehrere Auftraggeber bündeln. Aus diesem Grund ist der Konzentrationsgrad hoch, die führenden zehn Anbieter vereinigen 48% des outgesourten Marktvolumens auf sich, Tendenz steigend.[23]

In der industriellen Kontraktlogistik, also insbesondere der Beschaffung und Versorgung der industriellen Produktion, z.B. durch die Integration der Logistik zwischen „Original Equipment Manufactorer" (OEM) und deren direkten Lieferanten („1st Tier"), sind dagegen kundenindividuelle, dedizierte „Single-User"-Systeme gefragt. In diesem Segment der Kontraktlogistik erzielen die führenden zehn Anbieter 30% des Gesamtumsatzes.[24] Damit bietet speziell die

[17] Vgl. KLAUS (2003), S. 115 und 120, BAUMGARTEN ET AL. (2002b), S. 27.

[18] Vgl. KLAUS (2003), S. 107.

[19] In jüngster Zeit ist, ausgelöst durch eine Studie der Mercer Management Consulting, die Diskussion aufgekommen, ob nicht doch Skalenerträge über flächendeckende Netzwerke ausschlaggebend sind, vgl. VOIGT (2004), ERNST (2005). Obwohl ein Zusammenhang gerade in der Konsumgüterdistribution weitgehend unbestritten ist, sind die Ergebnisse dieser Studie mit Vorsicht zu interpretieren, da keine saubere Trennung der unterschiedlichen Geschäftsfelder der untersuchten Unternehmen vorgenommen wird, vgl. ERNST (2005), S. 29.

[20] Vgl. GORDON (2003), S. 50.

[21] Vgl. TRIPP (2004), S. 1.

[22] Vgl. GORDON (2003), S. 57, TRIPP (2005), S. 9, DEUTSCHE BANK RESEARCH (2002), S. 1.

[23] Vgl. KLAUS ET AL. (2006), S. 125.

[24] Vgl. KLAUS ET AL. (2006), S. 129.

industrielle Kontraktlogistik gute Chancen auch für mittelständische Logistikdienstleister, wenn sie die Fähigkeit entwickeln, kundenindividuelle Komplettlösungen anbieten zu können.

Für die Logistikdienstleister bedeutet das, dass sie ihre Kernkompetenzen des Transportierens, Umschlagens und Lagerns erweitern und in der Lage sein müssen, die von der verlandenden Wirtschaft nachgefragten hoch integrierten Logistikkonzepte, also die Koordination, Integration sowie Planung und Steuerung ganzer Abschnitte der Supply Chain, erfolgreich abwickeln zu können.[25] Dabei kommt der Beherrschung unternehmensübergreifender Informationsflüsse und Controlling-Prozesse eine entscheidende Bedeutung zu.[26]

Gerade darin liegt aber auch das Risiko des Kontraktlogistik-Geschäfts. Während bei traditionellen Speditions- und Transportgeschäften die Kostenführerschaft im Vordergrund steht, sind in der Kontraktlogistik vor allen Dingen die Serviceorientierung und entsprechende Differenzierungsstrategien bzw. die Spezialisierung der Dienstleister von Bedeutung. Aufgrund der Entstehung der Kontraktlogistik aus dem traditionellen Speditionsbereich stehen bei vielen Logistikdienstleistern beide Strategien nebeneinander, was – nicht zuletzt aufgrund der unterschiedlichen „Unternehmenskulturen“ im Speditions- und Kontraktlogistik-Bereich - zu internen Spannungen führen kann.[27] Insbesondere für kleine und mittelständische Unternehmen besteht zudem die Gefahr, sich mit komplexen Logistikprojekten zu „übernehmen“, sowohl hinsichtlich der internen Ressourcen Mitarbeiter und Kapital, aber auch durch möglicherweise hohe Haftungsrisiken.

1.2 Chancen und Risiken des Outsourcings komplexer Logistikpakete für die verladende Wirtschaft

Auf der Nachfrageseite ist die Entstehung der Kontraktlogistik durch das Outsourcing komplexer Logistikfunktionen zu erklären. Im Rahmen von „Make-or-Buy“-Entscheidungen werden neben dem Zukauf von Produkten bzw. Komponenten auch einfache logistische Aktivitäten bereits seit einiger Zeit[28] fremdvergeben bzw. am Markt beschafft.[29] Dieses Phänomen kann durch die Ressourcenorientierung der Unternehmen[30] und damit die zunehmende Konzentration auf Kernkompetenzen erklärt werden.[31] Verdeutlicht wird die

---

[25] Vgl. ABERLE (2003b), S. 280, BAUMGARTEN ET AL. (2002a), S. 74.

[26] Vgl. SCHNEIDER ET AL. (2003), S. 240.

[27] Vgl. TRIPP (2004), S. 58 f.

[28] Für einen frühen Beitrag zur „Make-or-Buy“-Diskussion vgl. z.B. MÄNNEL (1969).

[29] Vgl. MÄNNEL (1981), S. 8 ff, S. 26.

[30] Der ressourcenbasierte Ansatz geht u.a. auf das Werk von PENROSE zurück, vgl. PENROSE (1959).

[31] Vgl. PRAHALAD ET AL. (1990), S. 83 ff., KNETSCH (1996), S. 17, im Bereich Logistikdienstleistungen vgl. auch GORDON (2003), S. 50 f.

Konzentration auf Kernkompetenzen durch die zunehmende Berücksichtigung der Kapitalproduktivität in den Unternehmen. Bezüglich des Anlagevermögens resultiert das im Fremdbezug von Peripherie bzw. Komplementärkompetenzen, eine Reduzierung des Kapitaleinsatzes im Umlaufvermögen wird durch eine Reduzierung der (Eingangs-)Vorräte, des „Work in Process" (WIP) und der Fertigwarenbestände durch die Integration von Kunden und Lieferanten und durch verbesserte Logistikprozesse erreicht.[32]

Im Zuge des Outsourcings dagegen werden zur Reduktion des Anlagevermögens nicht nur einzelne Leistungen, sondern auch entsprechende Verantwortlichkeiten – in einigen Fällen auch schon Bestandsverantwortlichkeiten und die damit verbundene Kapitalbindung im Umlaufvermögen[33] - an Dienstleister ausgelagert. Dadurch entstehen langfristige und vertraglich abgesicherte Logistik-Partnerschaften, eben die Kontraktlogistik.[34]

Die Ziele des Outsourcings von Logistikaktivitäten durch Industrie und Handel sind neben erhofften Kosteneinsparungen vor allen Dingen eine erhöhte Kostenflexibilität bei Kapazitätsschwankungen und eine Vereinfachung der Kostenplanung.[35] Neben dem Kostenargument wird über Outsourcing auch der Zugang zu speziellen Ressourcen oder Fähigkeiten gesucht.[36] In diesem Zusammenhang sind die zunehmend komplexen Anforderungen durch das Supply Chain Management, auch oder gerade hinsichtlich der Informationstechnik, zu nennen.[37] Dementsprechend hoch sind die Anforderungen an die Kompetenz des Dienstleisters.

Outsourcing-Entscheidungen stehen aber auch Argumente entgegen. In vielen Bereichen ist die Logistik ein wichtiges Differenzierungsmerkmal im Wettbewerb[38] und hat gerade in der Distribution teilweise strategische Bedeutung. Dementsprechend wird von vielen Unternehmen der verladenden Industrie ein möglicher Kontrollverlust über die Logistik als Risiko eingeschätzt.[39]

---

[32] Vgl. DICKEL ET AL. (2000), S. 427.

[33] Vgl. KLAUS (2003), S. 117.

[34] In der Industrie werden solche durch Outsourcing von Produktionsfunktionen entstehenden Partnerschaften seit den 1990er Jahren unter dem Begriff des Netzwerks diskutiert, vgl. z.B. MÄNNEL (1996a), HEINRICH (2003), SYDOW (1992).

[35] Vgl. LANGLEY JR. ET AL. (2004), S. 4, MERKEL ET AL. (2000), S. 45.

[36] Vgl. BAUMGARTEN ET AL. (2000), S. 46.

[37] Vgl. BAUMGARTEN ET AL. (2002a), S. 3.

[38] Vgl. DINGES ET AL. (1996), S. 180, PFOHL (2001), S. 192 f. Im Bereich Markenartikel vgl. MEI-POCHTLER (2000), S. 166.

[39] Vgl. BRETZKE (2004b), S. 36.

Diese Gefahr besteht ganz besonders dann, wenn durch unüberlegtes, auf reinen Kostenbetrachtungen basierendes Outsourcing möglicherweise Kompetenzen fremdvergeben werden, die eben doch wettbewerbsrelevant sind und somit für den Wettbewerb bedeutendes „Know-How“ oder die Marktnähe bzw. der Kundenkontakt verloren geht.[40] Kritisch sind Outsourcing-Entscheidungen insbesondere dann zu beurteilen, wenn bei hohem Kostendruck und weniger guten Prozessabläufen ein „Outsourcing von Problemen“ schnelle Abhilfe schaffen soll.[41]

Gerade durch die steigende Bedeutung der Logistik kann die Angst vor einem Verlust von Qualität und Kontrolle oder vor einer langfristigen Abhängigkeit mit den entsprechenden Unsicherheiten und Risiken einem möglichen Outsourcing umfassender Logistikpakete entgegenstehen.[42]

Dazu muss von den Logistikdienstleistern ein gewisses Vertrauenskapital aufgebaut werden, damit Verlader ein Outsourcing komplexer Logistikpakete überhaupt in Erwägung ziehen.[43] Die Logistikdienstleister sind daher gefordert, über „Open-Book“ Vereinbarungen und regelmäßige kennzahlenbasierte Qualitätsreports einen stetigen Informationsfluss zu gewährleisten und Transparenz zu schaffen.[44] Zusätzlich werden auch Vereinbarungen über eine mögliche Rückabwicklung getroffen und das Risiko der engen Bindung durch gemeinsame Investitionen bis hin zur Gründung eines gemeinsamen Joint Ventures verteilt.[45]

Das Outsourcing im Rahmen der Kontraktlogistik-Beziehungen reicht von der operativen Abwicklung einzelner logistischer „Glieder“ der Supply Chain wie Transport und Lagerei (z.T. mit der Übernahme von „Value-added“-Dienstleistungen wie einfachen Montagearbeiten, Printing on Demand, Kundendienstaktivitäten etc.)[46], bis hin zur der Steuerung langer Prozessausschnitte aus der Supply Chain.[47] Laut der jährlichen Studie „Third Party Logistics“ von Capgemini und des Georgia Institute of Technology stehen auch 2004 beim Logistik-Outsourcing der verladenden Wirtschaft in Europa die logistischen Kernaktivitäten Transportieren und Lagern im Vordergrund. „Value-added“-Dienstleistungen (u.a. „Product Marking/Labeling/Packaging“ und „Product Returns and Repair“) sowie Aufgaben der Steuerung,

[40] Vgl. KÜMMERLEN (2005), S. 3, N.N. (2004). Zur Problematik „defensiven“ und unüberlegten Outsourcings vgl. auch BETTIS ET AL. (1992), S. 7 ff.

[41] Vgl. MERKEL ET AL. (2000), S. 45.

[42] Vgl. BAUMGARTEN ET AL. (2002a), S. 72.

[43] Vgl. BRETZKE (2004a), S. 13.

[44] Vgl. KUHN (2005), S. 3, BAUMGARTEN ET AL. (2002a), S. 72.

[45] Vgl. BRETZKE (2003), S. 3.

[46] Vgl. BAUMGARTEN ET AL. (2002a), S. 69 f.

[47] Vgl. BAUMGARTEN ET AL. (2002a), S. 71 f.

Planung und Koordination von Supply Chains bzw. von Ausschnitten („Return/Reverse Logistics“, „Order Fulfilment and Distribution“, „4PL Services“ und „Consulting Services“) werden zwar absolut als weniger wichtig eingestuft, können aber im Vergleich zu den Vorjahren an Bedeutung gewinnen.[48]

1.3 Controlling in komplexen Kontraktlogistikgeschäften und möglicher Beitrag des Benchmarkings

Controlling in der Kontraktlogistik muss neben der Gewährleistung einer effektiven und effizienten Abwicklung der Logistikpakete auch für die Transparenz der Abwicklungen sorgen. Diese ist bei Kontraktlogistik-Geschäften von besonderer Bedeutung. Aufgrund des Informationsvorsprungs, den der Dienstleister gegenüber dem Auftraggeber in der Abwicklung der Logistikpakete hat, muss sichergestellt werden, dass der Dienstleister auch tatsächlich im Sinne des Auftraggebers handelt und die Prozesse z.B. mit der notwendigen Sorgfalt durchführt. Oftmals spricht aus Sicht der Verlader die Furcht, aufwändige Kontrollsysteme aufbauen zu müssen, gegen ein Outsourcing. Gerade im Vorfeld einer Outsourcing-Entscheidung spielt demnach Vertrauen eine erhebliche Rolle. Zentraler Punkt dieses Vertrauens ist für den Dienstleister, potentielle Kunden von seinem „Good Will“ zu überzeugen, also von der Absicht, die Abhängigkeit der Kontraktlogistik-Beziehung nicht zu seinen Gunsten auszunutzen.[49]

Die Schaffung von Transparenz über die im Rahmen des Kontraktes erbrachten Leistungen und deren Kosten sowie eine Objektivierung der möglicherweise subjektiv wahrgenommenen Angaben ist eine Möglichkeit, Vertrauen in der Kooperation zu bilden bzw. zu stärken und so die Transaktionskosten zu begrenzen. Diese Aufgabe stellt eine zentrale Herausforderung für das Controlling insbesondere der Logistikdienstleister dar.[50]

Problematisch dabei ist, dass das Schaffen von Transparenz mit Kosten, die in Abgrenzung zu den Kosten der Leistungserstellung als Transaktionskosten bezeichnet werden, verbunden ist. Transaktionskosten entstehen bei der Anbahnung und Gestaltung des Vertrags, aber auch in der laufenden Abwicklung und Koordination der Kontraktlogistik-Projekte.[51] Aufgrund der gegenseitigen Abhängigkeit können Veränderungen im Bereich der Kalkulationsgrundlagen, etwa wenn vereinbarte Mindestauslastungen dauerhaft unterschritten werden,

[48] Vgl. LANGLEY JR. ET AL. (2004), S. 9, LANGLEY JR. ET AL. (2003), S. 9.

[49] Vgl. BRETZKE (2004a), S. 13 f.

[50] Vgl. BRETZKE (2004a), S. 12.

[51] Vgl. BRETZKE (2004b), S. 37.

langwierige Nachverhandlungen des Kontraktes und dementsprechend hohe Transaktionskosten verursachen.

Bei Outsourcing-Entscheidungen gilt es dabei zu bedenken, dass Einsparungen in der Logistik durch solche Transaktionskosten geschmälert werden und sogar aufgezehrt werden können.[52] Bei der Beurteilung der Angebote durch den Auftraggeber ist deshalb die Transparenz bedeutend. Nur Angebote, die hinreichend nachvollziehbar sind, werden (insbesondere bei komplexen) Projekten in die Auswahl genommen. Schließlich will man wissen, auf was man sich einlässt, und Information, also in diesem Sinne Transparenz, schafft Vertrauen. Das Gleiche gilt in laufenden Projekten: Für das Controlling, in diesem Sinne auch tatsächlich die Kontrolle der fremdvergebenen Prozesse, verlangt der Kunde des Logistik-Dienstleisters Informationen und oftmals sogar vollständige Kostentransparenz.

Aus diesem „Rahmen" der Kontraktlogistik ergibt sich die zentrale Anforderung an das Controlling der Dienstleister: das Schaffen von Transparenz, einerseits um intern für das eigene Management und Controlling die Planung, Steuerung und Kontrolle zu ermöglichen, andererseits um extern das Beziehungs-Management und das Controlling des Auftraggebers zu unterstützen. Die Transparenz kann als Grundlage für eine Vertrauensbasis gesehen werden,[53] die ihrerseits wiederum Voraussetzung für das Entstehen und die erfolgreiche Abwicklung von Kontraktlogistik-Geschäften ist.

Gegenstand traditioneller Controlling-Ansätze ist der Vergleich eines Untersuchungsobjekts entlang der Zeitachse (Zeitvergleich). Durch den Ansatz der Prozesskostenrechnung wird das Augenmerk auf die Zuordnung der Kosten gemäß der Inanspruchnahme von Ressourcen gelenkt, dieses Instrument kann als Instrument zur Schaffung von Prozess- und Kostentransparenz im Sinne der Nachvollziehbarkeit der Abläufe für den Auftraggeber, also zur Schaffung von „interner" Transparenz, gesehen werden.

Durch die langfristige Bindung in der Kontraktlogistik fällt der Wettbewerb weg bzw. wird zumindest eingeschränkt, da ein Wechsel der Partner nicht ohne weiteres möglich ist.[54] Somit läuft der Verlader Gefahr, aktuelle Entwicklungen des Marktes zu „verpassen" und – vertraglich gebunden – nicht von neuesten Entwicklungen profitieren zu können. Vor allen Dingen erschwert es dem Auftraggeber, die Angaben des Dienstleisters zu „überprüfen" bzw. zu bewerten, eben weil ein Vergleich mit Wettbewerbern aufgrund der Komplexität der Kontraktlogistik-Projekte nicht möglich ist.

---

[52] Vgl. PICOT (1991), S. 344 f.

[53] Vgl. WEBER ET AL. (2004), S. 13 f.

[54] Vgl. BRETZKE (2003), S. 3.

Die „interne“ Transparenz erlaubt zwar, die Leistungserstellung nachzuvollziehen, eine Bewertung der erbrachten Leistung findet jedoch nicht statt. Durch den fehlenden Wettbewerb können nicht ohne weiteres „externe“ Bezugspunkte zur Bewertung der Leistungserstellung durch den Auftraggeber gefunden werden. Diese externen Bezugspunkte werden in Abgrenzung zur „internen“ Transparenz als „externe“ Transparenz bezeichnet.

Eine Methode zum Schaffen von „externer“ Transparenz für einen (unternehmensübergreifenden) Vergleich mehrerer Objekte in Ergänzung zum „internen“ Zeitvergleich bietet das Prozessbenchmarking. Benchmarking bietet dem Dienstleister die Möglichkeit, aktiv solche Vergleichdaten bereitzustellen, die dem Auftraggeber die Beurteilung der Angaben aus dem internen Controlling ermöglichen.

Inwieweit Benchmarking als Instrument zum Schaffen von „externer“ Transparenz im Sinne der Anforderungen der Kontraktlogistik und als vertrauensbildendes Element eingesetzt werden kann, wird im Rahmen dieser Arbeit untersucht.

2 Zielsetzung und methodische Vorgehensweise der Arbeit

Der folgende Abschnitt dient einerseits der Formulierung der Forschungsfragen und der daraus abgeleiteten Teilfragen. Andererseits wird die verfolgte Methodologie als die „Logik des wissenschaftlichen Vorgehens“ beschrieben.

2.1 Forschungsfrage der Arbeit

Aus den oben skizzierten Anforderungen an das Controlling für die Kontraktlogistik-Geschäfte der Dienstleister ergibt sich die zentrale Fragestellung der Arbeit:

> *Wie kann das Controlling in Kontraktlogistik-Beziehungen mithilfe einer Ergänzung des traditionellen internen Zeitvergleichs durch ein externes Benchmarking verbessert werden?*

Zur Beantwortung dieser Fragestellung müssen folgende Teilfragen geklärt werden:

> *Welche Anforderungen an ein Controlling ergeben sich aus den spezifischen Problemstellungen der Kontraktlogistik-Geschäfte von Logistikdienstleistern?*
>
> *Wie eigenen sich bewährte Controlling-Ansätze für diese Anforderungen? Wo befinden sich Lücken?*
>
> *Welche Lösungsansätze bietet Benchmarking? Welche Elemente muss ein Benchmarking-Konzept beinhalten, um diese Lücken zu schließen?*
>
> *Welche Schritte umfasst ein operationalisiertes Benchmarking-Konzept, konkretisiert am Beispiel Lager? Welche Nutzen, welcher Aufwand sind zu erwarten? Welche Potentiale bietet eine Ausweitung auf umfassende logistische Funktionen?*

Die oben aufgezeigten Teilfragen der Arbeit spiegeln sich in der Struktur der Hauptkapitel wieder.

Zentraler Aspekt bei der Beantwortung der Forschungsfrage ist das Management der Beziehung zwischen Logistikdienstleister und Verlader. In Experteninterviews werden aktuelle Problemstellungen in den Kontraktlogistik-Geschäften der Dienstleister identifiziert und Anforderungen an ein geeignetes Controlling abgeleitet (Kapitel 4). Diese Praxis-Aussagen werden vor dem Hintergrund der Transaktionskosten- und Principal-Agent-Theorie geprüft und auf ein theoretisches Fundament gestellt (Kapitel 5).

In Kapitel 6 werden die bewährten internen Controlling-Ansätze anhand der zuvor identifizierten Anforderungen auf ihre Eignung für die Problemstellungen in Kontraktlogistik-

Beziehungen geprüft und existierende Lücken aufgezeigt. Die Methode des Benchmarkings wird als möglicher Lösungsansatz dargestellt, die Eignung für die Konzeption eines Controlling-Instruments für Logistikdienstleister in Kontraktlogistik-Beziehungen wird diskutiert.

Am Beispiel der (kontrakt)logistischen Kernfunktion Lager wird in Kapitel 7 ein Benchmarking-Konzept auf Basis der Benchmarking-Ansätze des Benchmarking Centers Nürnberg (BMC) operationalisiert. Die Vorgehensweise bei der Umsetzung als Benchmarking-Projekt und als regelmäßiges Benchmarking im Rahmen des Arbeitskreises Lager wird dargestellt.

In der Schlussbetrachtung (Kapitel 8) erfolgt eine zusammenfassende Darstellung der Antworten auf die Forschungsfrage der Arbeit. Dabei erfolgt insbesondere die Wertung des operationalisierten Benchmarkings als Controlling-Instrument für die Kontraktlogistik-Geschäfte der Logistikdienstleister. Weiterhin wird die Übertragbarkeit der Ergebnisse auf andere Anwendungsfelder angerissen. Dies beinhaltet einerseits die Frage, inwieweit sich das Konzept „Benchmarking“ auch für die übrigen Prozesse, die für Kontraktlogistik-Geschäfte typisch sind, einsetzen lässt. Andererseits wird die Frage aufgeworfen, inwieweit sich Benchmarking auch in Partnerschaften zwischen Dienstleistern und Auftraggebern, die nicht der Kontraktlogistik zuzurechnen sind, nutzen lässt. Hieraus ergeben sich Möglichkeiten für weitere Forschung.

2.2 Methodische Vorgehensweise

Die Ergebnisse der Arbeit sind im Rahmen der angewandten betriebswirtschaftlichen Forschung zu sehen. Ziel ist es nicht, allgemeingültige Aussagen zu treffen, vielmehr sollen die in der Praxis der Kontraktlogistik relevanten Problemstellungen geklärt und ein umsetzbares Instrument für das Controlling der Logistikdienstleister geschaffen werden.

Dabei werden deduktive und induktive Methoden kombiniert angewendet. Durch Experten-Interviews werden die Anforderungen an das Controlling von Kontraktlogistik-Geschäften der Dienstleister induktiv ermittelt. Die Vorgehensweise bei der Durchführung dieser Interviews ist unter 4.1 und 4.2 ausführlich beschrieben.

Die Erkenntnisse aus den Experteninterviews werden vor dem Hintergrund der Principal-Agent- und Transaktionskostentheorie betrachtet und ggf. ergänzt und so ein deduktiver Schluss von allgemeinen Aussagen dieser Ansätze auf den Untersuchungsgegenstand der Arbeit vorgenommen.

Durch eine Auswertung der bestehenden Controlling-Literatur werden „Lücken“ bestehender Ansätze hinsichtlich der spezifischen Anforderungen in der Kontraktlogistik aufgezeigt. Benchmarking wird als mögliches Instrument beschreiben, um diese „Lücke“ zu schließen.

Die Operationalisierung eines geeigneten Benchmarking-Konzepts für die Lagerprozesse von Logistikdienstleistern erfolgte im Rahmen des Arbeitskreises Benchmarking an der Fraunhofer Arbeitsgruppe für Technologien der Logistikdienstleistungswirtschaft (ATL). Das arbeitszeitenbasierte Benchmarking wurde 2002/2003 im Rahmen des Arbeitskreises, angeregt durch ein Mitglied, in mehreren Workshops als Ergänzung zur offenen Lagerhausstudie konzipiert und opernationalisiert. Dabei konnte der Autor an das seit 1996 als offene Benchmarking-Studie durchgeführten Lager-Benchmarking des BMC, der „offenen Lagerhausstudie", anknüpfen (vgl. Kapitel 7).

Die beiden Ansätze des Benchmarking wurden also in enger Zusammenarbeit mit der Praxis entworfen und dementsprechend von den Mitgliedern des Benchmarking-Arbeitskreises auch eingesetzt. Die Anwendungsorientierung des methodischen Vorgehens wird dadurch gewährleistet.

Zielgruppe der Arbeit sind neben der akademischen „Logistikwelt" und Studenten der Logistik insbesondere Manager und Controller in Logistikdienstleistungs-Unternehmen, die in der Kontraktlogistik tätig sind. Gleichzeitig sind die Ausführungen auch für die Manager und Controller auf Verladerseite relevant.

3 Klärung der grundlegenden Begriffe – Kontraktlogistik, Controlling und Benchmarking

In den einleitenden Überlegungen wurde der Trend zum Outsourcing logistischer Funktionen durch Industrie und Handel als Voraussetzung für die Kontraktlogistik-Geschäfte von Logistikdienstleistern dargestellt. Aus der daraus resultierenden Bedeutung der Kontraktlogistik in volkswirtschaftlicher Hinsicht und als interessanter Wachstumsmarkt für Logistikdienstleister ergibt sich die Fragestellung der Arbeit: die Untersuchung der Eignung des Benchmarking als Controlling-Instrument für Kontraktlogistik-Dienstleister.

Ohne ein präzises Verständnis der zentralen Begriffe „Kontratlogistik", „Controlling" und „Benchmarking" kann diese Aufgabe nicht fundiert behandelt werden. Im folgenden dritten Kapitel werden als Grundlage für die Beantwortung der Fragestellung die zentralen Begriffe der Arbeit erläutert und ein für die Fragestellung zielführendes Begriffsverständnis entwickelt. Entsprechend ist jedem der drei zu klärenden Begriffe ein Unterkapitel gewidmet:

- Kontraktlogistik als langfristige Kooperation von Verladern und Dienstleistern (vgl. Kapitel 3.1),
- Controlling als Management-Instrument der Logistikdienstleister in solchen Kooperationen (vgl. Kapitel 3.2) und
- Benchmarking als Methode zur möglicherweise sinnvollen Ergänzung des Controllings (vgl. Kapitel 3.3).

Zielsetzung des dritten Kapitels ist dabei neben der Begriffsbestimmung die Darstellung der Konzepte vor dem betriebswirtschaftlichen Hintergrund der Logistik. Die zum Teil vielfältigen und auch kontroversen Sichtweisen der Begriffe werden durch die Beleuchtung verschiedener Ansätze nebeneinander gestellt um daraus ein pragmatisches Verständnis für die Arbeit abzuleiten.

3.1 Kontraktlogistik als langfristige Kooperation von Verladern und Dienstleistern

Bei einer ersten Betrachtung des Terminus „Kontraktlogistik" fallen die zwei semantischen Bestandteile des Kompositums auf: „Logistik" und „Kontrakt". Kontraktlogistik ist demnach als „Logistik die durch Kontrakte geregelt ist" zu sehen. Es handelt sich also offenbar um Logistikleistungen, die unter vertraglicher Regelung abgewickelt werden. Diese vertraglich geregelte Logistikbeziehung steht im Mittelpunkt der Betrachtungen der Arbeit.

Um ein präzises Verständnis zu erreichen, ist das Determinatum „Logistik" zu beschreiben. Es muss also geklärt werden, welcher Logistikbegriff der Kontraktlogistik zugrunde liegt, d.h.

in welchem logistischen „Gesamtverständnis“ das Phänomen betrachtet werden muss (Kapitel 3.1.1).

Anschließend wird das Determinans, der „Kontrakt“ bzw. die vertragliche Regelung untersucht. Der weite Begriff „Logistik“ wird durch diesen Zusatz auf die vertraglich geregelte Abwicklung von „Logistik“ durch Dritte, also als logistische Dienstleistung eingegrenzt. Die vertragliche Ausgestaltung von Beziehungen impliziert nämlich - im Gegensatz zur Hierarchien innerhalb eines Unternehmens - Kooperationen bzw. marktliche Beziehungen und damit die Abwicklung der „Logistik“ als Dienstleistung. Abschnitt 3.1.2 ist entsprechend der Charakterisierung von Dienstleistungen aller Art gewidmet. In Abschnitt 3.1.3 erfolgt eine Beschreibung und Systematisierung logistischer Dienstleistungen sowie die Eingrenzung der Logistik-Dienstleistungswirtschaft. In Abschnitt 3.1.4 wird die Kontraktlogistik im Sinne der Arbeit definiert und von verwandten Begriffen abgegrenzt.

3.1.1 Logistikverständnis – von der TUL-Logistik zum Management von Prozessen und Flüssen

Die Herkunft des Begriffs „Logistik“ aus dem militärischen Bereich hat mit der heutigen Bedeutung in der Betriebswirtschaft kaum noch Ähnlichkeiten. Aus der Organisation des militärischen Nachschubs wurde die Planung, Steuerung und laufende Mobilisierung von Prozessen und Flüssen, speziell von Güter- und Informationsflüssen in wirtschaftlichen Unternehmen.[55]

Im Zusammenhang mit der Betriebswirtschaftslehre taucht die Logistik erstmals Mitte der 50er Jahre in Nordamerika auf. Im Zuge der Wandlung der Verkäufer- in Käufermärkte[56] wurde die Bedeutung (und die entsprechenden Potentiale) der Distribution für den Kundenservice und als Kostenfaktor erkannt.[57] Damit rückten die „elementaren“ Logistikaktivitäten, also die Transferaktivitäten „Transportieren, Umschlagen, Lagern“ in den Blick des betrieblichen Managements und der Betriebswirtschaftslehre (TUL-Logistik).[58]

Die Diskussion um die abgegrenzte Optimierung der elementaren Logistikaktivitäten wurde bald durch Beiträge ergänzt, die den Blickwinkel von den reinen Transferaktivitäten auf die gesamte Kette der Wertschöpfungsaktivitäten erweitern.[59] Die ganzheitliche Betrachtung der

---

[55] Vgl. KLAUS (2002), S. 7, S. 14 ff.

[56] Vgl. NIESCHLAG ET AL. (1994), S. 4 ff.

[57] Vgl. STOCK ET AL. (2001), S. 12 oder als frühen deutschsprachigen Beitrag PFOHL (1972).

[58] Vgl. KLAUS (2002), S. 9. Für umfassende Darstellungen zur TUL-Logistik vgl. z.B. IHDE (2001), PFOHL (1972), speziell zum Transport vgl. z.B. ABERLE (2003a).

[59] Vgl. KLAUS (2002), S. 10f.

Unternehmen im Rahmen des Systemkostenansatzes[60] und die Ausrichtung auf Ziele der Verfügbarkeit[61] begründen eine „zweite“ Bedeutung der Logistik als „Koordination wirtschaftlicher Aktivitäten im Hinblick auf die Maximierung von Güterverfügbarkeit“.[62]

Diese Sichtweise der Logistik als Koordinations- bzw. Querschnittsfunktion verbreitete sich seit Mitte der 1970er Jahre in Deutschland und etabliert sich bis Ende der 1990er Jahre weitgehend.[63]

Der Hauptkritikpunkt an diesem „zweiten“ Verständnis der Logistik ist nach KLAUS der Widerspruch zwischen der Forderung nach einer ganzheitlichen, schnittstellenorientierten Sicht des Unternehmens einerseits und dem Entstehen weiterer Schnittstellen durch die Institutionalisierung der Logistik als zusätzliche Unternehmensfunktion (neben Produktion, Marketing und Finanzierung) andererseits.[64]

Ausgehend von den Kritikpunkten der koordinationsorientierten Definition der Logistik setzt sich zunehmend eine „dritte Bedeutung“ der Logistik als funktionsübergreifendes Management von Prozessen und Flüssen durch.[65]

Die aktuellen Anstrengungen der Logistik konzentrieren sich dabei auf die ganzheitliche, funktions- und unternehmensübergreifende Integration der betrieblichen Prozesse. Zentrales Element dieses Logistikverständnisses ist eine konsistente, ganzheitliche Sicht der wirtschaftlichen Welt als Ablauf von Flüssen in Ketten und Netzen, also als Fließsystem. Mit der Ganzheitlichkeit wird gefordert, einzelne Suboptima zugunsten eines systemweiten Gesamtoptimums aufzugeben. Dabei ist die Logistik nicht als Institution in einer funktionsorientierten Aufbauorganisation zu verstehen, sondern vielmehr als spezifische Sichtweise oder Orientierung, die das gesamte Unternehmen durchzieht.[66]

---

[60] Dieser Gedanke entspricht dem „Total Cost“ bzw. „Systems Approach“, der erstmals bei LEWIS ET AL. (1956) artikuliert wird, vgl. KLAUS (2002), S. 10. Vgl. hierzu auch HESKETT (1973).

[61] In diesem Zusammenhag sind die „4 R“ und „6 R“-Definitionen zu nennen, vgl. PFOHL (1996), S. 12, JÜNEMANN (1989), S. 18.

[62] Vgl. KLAUS (2002), S. 10 f. Zum koordinations- bzw. schnittstellenorientierten Verständnis der Logistik vgl. auch: STOCK ET AL. (2001), S. 65 f., PFOHL (1996), S 11 f.

[63] Vgl. WEBER (1992), S. 883 ff., BAUMGARTEN ET AL. (2000), S. 2 f.

[64] KLAUS bezeichnet diesen Widerspruch als „Inkonsistenz-Argument“, vgl. KLAUS (2002), S. 12. und S. 44. Weitere Kritikpunkte sind die mangelnde Abgrenzbarkeit der Koordinationsfunktion der Logistik gegenüber der des Managements, die fehlende Falsifizierbarkeit aufgrund des teilweise sehr allgemeingültigen Charakters der Aussagen („x-R Definitionen“) sowie die Vermutung über die Unvollständigkeit, vgl. KLAUS (2002), S. 12 f.

[65] Vgl. KLAUS (1994), S. 336 ff.

[66] Vgl. KLAUS (2002), S. 31.

In Anlehnung an den Begriff der „generischen Unternehmensstrategien“ nach PORTER[67] identifiziert KLAUS generische Unternehmensprozesse, also die elementaren, in allen Unternehmen vorkommenden Prozesse der Auftragsabwicklung, der Herstellung von Betriebsbereitschaft, der Marktfindung und Produktentwicklung sowie des Rechnungswesens und Controllings. Die Optimierung der Prozess- und Netzstrukturen nach Gesichtspunkten der Kostensenkung und der Wertsteigerung, die Verbesserung der Anpassungsfähigkeit an Veränderungen der Nachfrage und des Unternehmensumfelds sowie die - interne und externe - Integration dieser Prozesse ist zentrale Aufgabe der Logistik.[68]

In Abbildung 1 sind diese generischen Unternehmensprozesse nach KLAUS dargestellt.

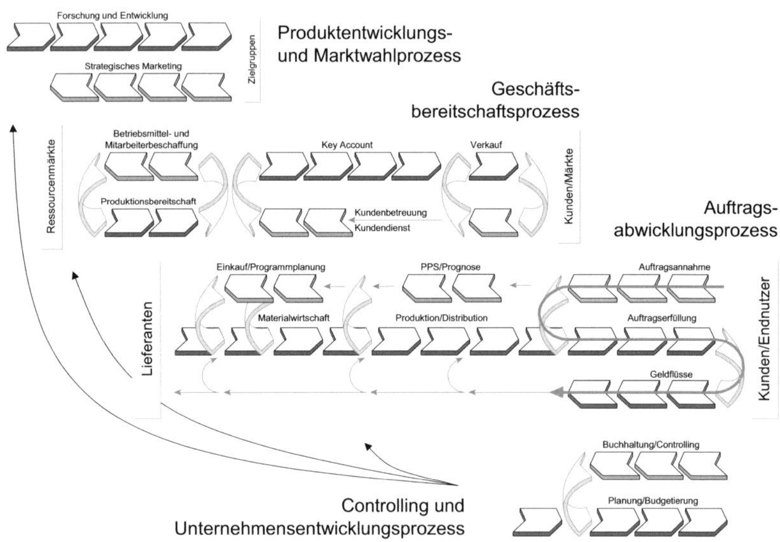

Abbildung 1: Geflecht der generischen Unternehmensprozesse

Quelle: KLAUS (2004), S. 512

In den Konzepten des Supply Chain Managements bzw. in den verwandten Konzepten des Efficient Consumer Response (ECR) im Konsumgüterbereich oder der Quick Response Philosophie (QR) in der Textilbranche findet eine logistische Denkweise praktische Anwen-

[67] Vgl. PORTER (2000).

[68] Vgl. KLAUS (2002), S. 31.

dung, die auf eine funktions- und sogar unternehmensübergreifende Integration der Güter- und Informationsflüsse von Logistikketten ausgerichtet ist und so in weiten Teilen der „dritten" Bedeutung entspricht.[69]

Die unterschiedlichen Sichtweisen der Logistik schließen sich dabei nicht aus.[70] Auch zur Beantwortung der Fragestellung dieser Arbeit werden alle drei „Definitionsstufen" zur Beschreibung logistischer Aktivitäten herangezogen. Diese Kombination ist gerechtfertigt, weil die im Rahmen der Arbeit schwerpunktmäßig untersuchte Logistikdienstleistung „Lager" zwar einer „TUL-Funktion" entspricht, aber im Kontext logistischer „Rahmenkonzepte" der zweiten und dritten Bedeutung, insbesondere des Supply Chain Managements, zu verstehen ist.

Zusammenfassend können die Aufgaben und Funktionen der Logistik im Sinne der Arbeit wie folgt beschrieben werden:

- die logistischen „Kernfunktionen" des Transportierens, des Umordnens und der Lagerung,
- die mit den TUL-Aktivitäten verbundene (administrative) Auftragsabwicklung und Disposition als Koordinationslogistik,
- die unternehmensübergreifenden Planungs- Steuerungs- und Dispositionsaufgaben im Rahmen eines integrierten Supply Chain Managements.[71]

3.1.2 Dienstleistung – Begriff und betriebswirtschaftliche Besonderheiten

Eine sehr pragmatische Annäherung an den Begriff der Dienstleistung geht auf RATHMELL zurück, der feststellt: „a good is a thing and a service is an act"[72]. Diese Definition trägt trotz ihrer Allgemeinheit zum Verständnis des Dienstleistungsbegriffs bei. Die Beschreibung von Dienstleistungen als Handlung („Act") deutet auf ihre Immaterialität[73], auf die Simultanität von Produktion und Absatz - Handlungen können i.d.R. nicht „auf Vorrat" durchgeführt werden -

[69] Vgl. KLAUS (2004), S. 507 ff., STOCK ET AL. (2001), S. 53 ff., SCHEER ET AL. (2001), S. 37, VAHRENKAMP (1999), S. 299 ff., zu ECR vgl. TUCHER VON SIMMELSDORF ET AL. (1998), S. 94.

[70] Vgl. KLAUS (2003), S. 31 f.

[71] Vgl. auch KLAUS (2003), S. 31 f.

[72] RATHMELL (1966), S. 33.

[73] Um der Kritik zu begegnen, dass die Leistungsresultate bestimmter Dienstleistungen materiellen Charakter haben, z.B. geschnittene Haare oder gepacktes Paket, wird in der Literatur zur Betonung des Kernnutzen des Leistungsergebnisses, also der Verbesserung des Aussehens (durch die geschnittenen Haare) oder der Versandbereitschaft der Ware (etwa als Paket inkl. Lieferschein) z.T. der Begriff Intangibilität (engl. „intangible" – nicht greifbar, unbestimmbar) verwendet, vgl. HENTSCHEL (1992), S. 24 ff.

sowie auf die Notwendigkeit zum Vorhalten von Kapazitäten, um diese Handlung durchzuführen, hin.[74]

Dabei kann grundsätzlich zwischen drei Perspektiven zur Definition des Dienstleistungsbegriffs unterschieden werden: potentialorientierte, prozessorientierte und ergebnisorientierte Definitionen.[75] Anhand der Betrachtung des Phänomens „Dienstleistung" aus diesen drei Perspektiven werden die Merkmale Immaterialität und Simultanität von Produktion und Absatz näher erläutert.

Die *potentialorientierte* Perspektive versteht die Dienstleistung als das Vorhalten von menschlicher und technischer Leistungsfähigkeit, mit der dann durch Kombination und Einsatz der intern vorgehaltenen Produktionsfaktoren beim Nachfrager bzw. an dessen Verfügungsobjekten die angebotene Leistung vorgenommen wird. Dadurch wird die Immaterialität von Dienstleistungen betont. Die Dienstleistung wird jeweils „individuell" am Kunden bzw. seinen Verfügungsobjekten erbracht.[76] CORSTEN spricht von der Dienstleistung als „Leistungsversprechen", mit der ein entsprechend hohes Kaufrisiko verbunden ist, da beim Erwerb der Dienstleistung deren Ergebnis noch nicht sicher bekannt ist. In diesem Zusammenhang ist insbesondere die Qualität der Dienstleistungserstellung zu sehen.[77]

Bei *prozessorientierten* Definitionen ist der Dienstleistungsprozess selbst Objekt der Nachfrage, wie etwa am Beispiel von Vorlesungen, Schulungen oder Beratungsgesprächen besonders deutlich wird. Dabei wird die Bedeutung der Leistungsbereitschaft, also der Notwendigkeit zum Vorhalten bestimmter Ressourcen, hervorgehoben.[78] Bei einer erweiterten Sichtweise dieser Definition kann der Interaktionsprozess nicht nur personenbezogen, sondern auch sachbezogen interpretiert werden.[79] Das Uno-actu-Prinzip, also die Simultanität von Produktion und Absatz der Dienstleistung, wird bei dieser Definition betont.[80] Zur Durchführung der „Handlung" muss ein „externer Faktor" oder „Fremdfaktor"[81], also das „Verrichtungsobjekt", an dem die Dienstleistung vorgenommen wird, in den Leistungsprozess integriert werden. Dies können die Nachfrager der Dienstleistung selbst sein, z.B. als

[74] Vgl. hierzu stellvertretend BEREKOVEN (1974), S. 23, CORSTEN (1997), S. 6., CORSTEN (2001), S 19 ff., MEYER (1983), S. 15, SCHUH ET AL. (2004), S. 7 f.

[75] Vgl. CORSTEN (2001), S. 21 ff.

[76] Vgl. PEPELS (1996), S. 19 ff.

[77] Vgl. ZEITHAML (1981), S. 188.

[78] Vgl. PEPELS (1996), S. 7 f.

[79] Vgl. CORSTEN (2001), S. 22.

[80] Vgl. BEREKOVEN (1974), S. 25 ff., CORSTEN (2001), S. 22.

[81] Vgl. BEREKOVEN (1974), S. 59.

Klienten, oder deren Verfügungsobjekte, z.B. Transport- oder Lagergüter.[82] Der Erbringer der Dienstleistung kann den externen Faktor anders als die internen Produktionsfaktoren (wie den Fuhrpark oder Kommissionieranlagen) nicht (innerhalb der bekannten Restriktionen bzw. Grenzen) frei planen und steuern.[83] Dienstleistungen sind also nicht lagerfähig. Leistungsprozesse an Verfügungsobjekten erfüllen zwar die „technischen" Voraussetzungen der Lagerfähigkeit, können aber nur im Auftrag Dritter durchgeführt werden, die „marktlichen" Voraussetzungen der Lagerfähigkeit sind also nicht gegeben.[84]

In *ergebnisorientierte* Ansätzen steht die Immaterialität der Dienstleistung, also ihr Ergebnis bzw. der gestiftete Nutzen, im Zentrum der Überlegungen. Dieser Nutzen konkretisiert sich z.B. durch Schaffen, Erhalten bzw. Wiederherstellen oder Vernichten bestimmter Merkmale am Verrichtungsobjekt.[85] Auch die Überbrückung von Raum und Zeit in der Logistik kann so als Ergebnis von Dienstleistungen gesehen werden.

Die unterschiedlichen Definitionen beschreiben Dienstleistungen aus der Perspektive vor, während und nach der Erstellung. Abbildung 2 zeigt die Definitionen und den jeweils beleuchteten Hauptaspekt von Dienstleistungen.

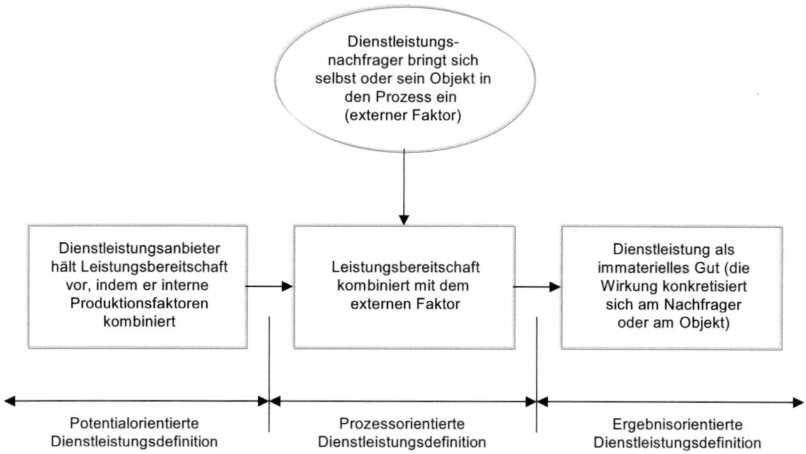

Abbildung 2: Ansatzpunkte unterschiedlicher Dienstleistungsdefinitionen

Quelle: CORSTEN (2001), S. 26.

[82] Vgl. KLOSE (1999), S. 7.

[83] Vgl. GIESA ET AL. (2000). Ausnahmen bilden z.B. Beratungsleistungen, die teilweise unabhängig vom Verrichtungsobjekt erstellt werden können.

[84] Vgl. BEREKOVEN (1974), S. 61 f.

[85] Vgl. CORSTEN (2001), S. 22 ff.

Zur Präzisierung dieses allgemeinen Dienstleistungsbegriffs im Hinblick auf die Beschreibung von Logistikdienstleistungen hilft zusätzlich die Unterscheidung in konsumtive und investive Dienstleistungen. Parallel zum Begriff Investitionsgut sind investive Dienstleistungen solche, die von Unternehmen nachgefragt werden und mit deren Einsatz weitere Güter oder Dienstleistungen für die Fremdbedarfsdeckung erstellt werden.[86] Beim Betrachtungsgegenstand dieser Arbeit handelt es sich um investive Dienstleistungen, die von Unternehmen aus Industrie und Handel nachgefragt werden. Diese werden auch als industrielle Dienstleistungen bezeichnet.

3.1.3 Logistikdienstleistungen – von einfachen Transportaufträgen zur Abwicklung komplexer Dienstleistungspakete

Wird als Voraussetzung für den Dienstleistungscharakter einer industriellen „Tätigkeit" deren Erstellung durch eine externe Partei – in Abgrenzung zur internen Leistungserstellung – bestimmt, so kann als Ausgangspunkt der Entstehung logistischer Dienstleistungen der Transport „von A nach B" durch Transportunternehmer gesehen werden. Nach und nach übernahmen Spediteure zusätzlich die Organisation der Transporte und konnten so Bündelungseffekte realisieren. Dabei entstanden der durch kleine und kleinste Anbieter charakterisierte Markt für Teil- und Komplettladungen wie auch die Märkte für Stückgutverkehre und Kurier-, Express-, und Paketdienstleistungen die durch mehrfach gebrochene Transportketten und flächendeckende Netze industriellen Charakter haben,[87] Auch Lagerfunktionen wurden – oft anknüpfend an bestehende Speditionsgeschäfte – zunehmend durch Logistikunternehmen übernommen. Neben den oben beschriebenen Merkmalen von Dienstleistungen weisen Transportdienstleistungen zusätzlich das Merkmal der Kuppelproduktion auf, Bereitstellungs- und Rücklaufverkehre entstehen im Zuge der Erstellung der eigentlichen Transportleistung.[88]

Aus der Abwicklung kombinierter Transport- und Lagerprozesse entstanden zunehmend komplexe Kontraktlogistik-Geschäfte, zunächst durch Übernahme von Prozessen rund um den Transport.

Die Logistikdienstleister erweiterten im Zuge der Verringerung der Leistungstiefe durch Industrie und Handel ihr Angebot „klassischer" Logistikdienstleistungen, also Transportieren, Umschlagen und Lagern, um zusätzliche industrielle Dienstleistungen. Unter der Bezeich-

---

[86] Vgl. CORSTEN (2001), S. 32, SCHUH ET AL. (2004), S. 9.

[87] Vgl. BRETZKE (2004c), S. 340 f.

[88] Vgl. PFOHL (1996), S. 280.

nung „Value-added"-Dienstleistungen werden industrielle Dienstleistungen, wie z.B. leichte Montagetätigkeiten, abgewickelt.[89]

Durch Logistik-Konzepte wie Supply Chain Management, Efficient Consumer Response oder Quick Response wuchsen die Anforderungen an die Logistikdienstleister, sich in die Logistikkette zu integrieren.[90] Nicht zuletzt war zunehmend die Kompetenz hinsichtlich der informationstechnischen Integration gefragt, also der transaktionsorientierten Enterprise Ressource Planning (ERP) Systeme, wie z.B. SAP R/3 oder Navision, und der unternehmensübergreifenden Advanced Planning Systems (APS), z.B. i2 oder SAP APO.[91] Daraus entstanden Beratertätigkeiten als logistische Dienstleistung. Im Rahmen der Kontraktlogistik wurden auch zusätzlich administrative bzw. indirekte Bereiche der Logistikfunktionen, wie z.B. die Auftragsannahme und -steuerung übernommen. In jüngster Zeit wird auch die Übernahme von Management-Funktionen einzelner Ausschnitte aus der Supply Chain und – etwa bei der Ersatzteilversorgung – ganzer Supply Chains angeboten.[92]

Für eine systematische, prozessorientierte Darstellung solcher investiver Dienstleistungen bietet sich das Modell der Unternehmensprozesse nach KLAUS an (vgl. Abschnitt 3.1.1). In diesem Modell lassen sich die im Unternehmen ablaufenden Dienstleistungen im Geflecht des Auftragsabwicklungsprozesses (Informations-, Güter und Geldflüsse) und der unterstützenden Prozesse der Produktentwicklung und Marktwahl, der Geschäftsbereitschaft sowie des Rechnungswesens und Controllings darstellen, unabhängig davon, ob sie intern erstellt oder extern bezogen werden. Abbildung 3 zeigt unternehmerische Dienstleistungen im Geflecht der Unternehmensprozesse.[93]

---

[89] Vgl. ABERLE (2003a), S. 280.

[90] Vgl. KRINGS (2004), S. 81 ff.

[91] Vgl. SCHNEIDER ET AL. (2003), S. 240. Für eine ausführliche Beschreibung von ERP und APS vgl. KRUPP (2001), S. 41 ff.

[92] Vgl. BAUMGARTEN ET AL. (2002a), S. 62, SCHNEIDER ET AL. (2003), S. 229.

[93] Zu diesem Zweck wurden Darstellungen investiver Dienstleistungen in Porters Modell der Wertkette ausgewertet, ergänzt und in das Prozessmodell KLAUS´ übertragen, vgl. BEER (1997), S. 14, FANTAPIÉ ALTOBELLI ET AL. (1998), S. 293. Die Darstellung geht auf einen Vortrag von KLAUS an der Universität Bayreuth am 31. Mai 2001 zurück.

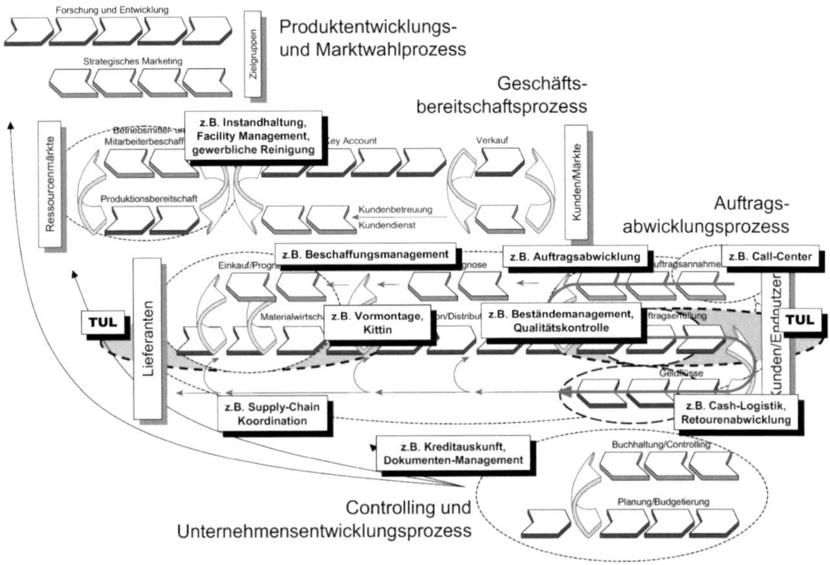

Abbildung 3: Investive Dienstleistungen im Prozessgeflecht der Supply Chain

Quelle: Eigene Darstellung nach KLAUS (2004), S. 512.

Die Darstellung lenkt die Aufmerksamkeit auf den Wertschöpfungsbeitrag der Dienstleistung und auf deren interne Bedeutung im Prozessgeflecht des Unternehmens. Dadurch eignet sie sich einerseits zur Identifizierung von Dienstleistungen im eigenen Unternehmen, die sich für ein Outsourcing anbieten, andererseits bietet sie Logistikdienstleistern ein pragmatisches Instrument zur Konzeption „neuer", erfolgversprechender Dienstleistungsangebote als Element umfassender logistischer Dienstleistungspakete.

Der Logistik werden gemäß des in 3.1.1 entwickelten Verständnisses unmittelbar Transport, Umschlag und Lager, Auftragsabwicklung und Disposition sowie Planung und Steuerung der Supply Chain zugeordnet. Diese Dienstleistungen werden in der Praxis einerseits ergänzt durch zusätzliche operative („Value-added") Aktivitäten wie Konfektionierung, leichte Montagetätigkeiten oder Qualitätskontrollen, andererseits durch Übernahme von administrativen Aufgaben von der Auftragsabwicklung bis hin zur Planung und Steuerung ganzer Supply Chain Abschnitte.

Zusammenfassend kann festgestellt werden, dass im Rahmen von Logistikdienstleistungen heute eine Reihe industrieller Dienstleistungen und Beratertätigkeiten „rund um die Logistik" und deren administrativer bzw. indirekter Bereiche angeboten werden. Diese Dienstleistungen können – entsprechend den Ausführungen im vorhergehenden Abschnitt – durch die Notwendigkeit zur Integration eines externen Faktors, ihre Nicht-Lagerfähigkeit, der Abhängigkeit der Nachfrage von der eigentlichen Produktions- bzw. Endkundennachfrage[94] sowie der aufgrund der Immaterialität bzw. Intangibilität nur schwer messbaren Qualität der Logistik zugeordnet werden. Hinzu kommt die Problematik der Kuppelproduktion im Transport.[95]

3.1.4 Verständnis der Kontraktlogistik und Abgrenzung von verwandten Begriffen

3.1.4.1 Definition der Kontraktlogistik als Grundlage für die Arbeit – langfristige Logistik-Kooperationen

Eine Systematisierung dieser Logistikdienstleistungen kann nach der „Breite" und „Tiefe" der angebotenen Dienstleistungen erfolgen.[96]

Die Leistungsbreite beschreibt, inwieweit neben den klassischen Logistikfunktionen gemäß der TUL-Logistik auch logistiknahe Tätigkeiten Bestandteil der Dienstleistungspakete sind, d.h. wie weit die durch den Dienstleister übernommenen Ausschnitte aus der Supply Chain gefasst sind.[97]

Die Leistungstiefe beschreibt den Grad der übernommenen Management-Verantwortung, also inwieweit neben operativen Aufgaben der Abwicklung auch taktische Aufgaben der Planung und Steuerung sowie strategische Aufgaben der Gestaltung der Supply Chain durch den Logistikdienstleister übernommen werden.[98]

Abbildung 4 zeigt das Spektrum logistischer Dienstleistungspakete hinsichtlich der Kriterien „Leistungsbreite" und „Leistungstiefe".

---

[94] Vgl. PFOHL (1996), S. 281.

[95] Vgl. GIESA ET AL. (2000), S. 45.

[96] Vgl. GIESA ET AL. (2000), 46. Zur Ableitung der Begriffe „Leistungstiefe" und „Leistungsbreite" vgl. FANTAPIÉ ALTOBELLI ET AL. (1999), S. 604.

[97] Vgl. KLAUS (2005).

[98] Vgl. KLAUS (2005).

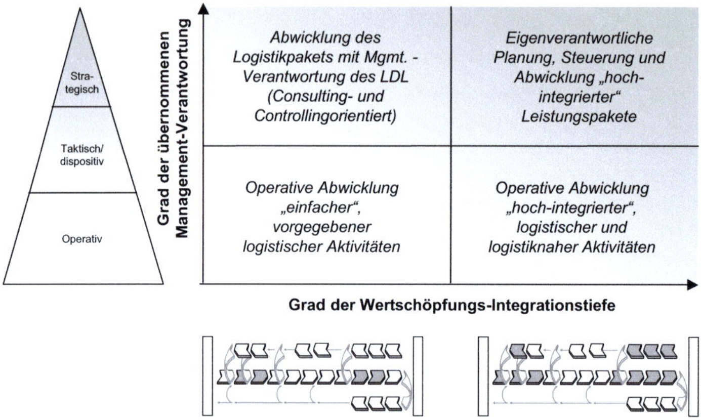

Abbildung 4: Spektrum logistischer Dienstleistungspakete

Quelle: Eigene Darstellung nach KLAUS (2005).

Als Kontraktlogistik gelten dabei solche Geschäfte, in denen über die Abwicklung „einfacher“ logistischer Funktionen hinaus speziell auf den Kundenbedarf ausgerichtet ganze Abschnitte der Supply Chain übernommen werden.[99] Im Gegensatz zu den meist über Märkte beschafften „traditionellen“ Logistikdienstleistungen stehen dabei langfristige, vertraglich geregelte Kundenbeziehungen mit der entsprechenden Betreuung durch den Dienstleister im Mittelpunkt.[100]

Der Begriff Kontraktlogistik lässt sich demnach anhand der folgenden Merkmale definieren:

- „Geschäfte, bei denen in einer engen, individuell zwischen Dienstleister und Verlader gestalteten Beziehung mehrere logistische Funktionen integriert sind (also nicht nur Transport oder Lagerei oder Auftragsabwicklung),
- diese Beziehung längerfristig vertraglich abgesichert ist (eben durch den Kontrakt)
- und das Geschäftsvolumen einen erheblichen Mindest-Jahresumsatz überschreitet (praxisgerecht ist wohl die Schwelle von mindestens 0,5 bis 1 Mio. Euro p.a.).“ [101]

Die kundenfokussierte Abwicklung von Standardleistungen mit hohen Umsatzvolumina wie z.B. bei Ladungsverkehren oder im KEP-Markt fällt damit ebenso wenig in den Bereich der Kontraktlogistik wie die Abwicklung von Logistikprozessen kleiner Nachfrager mit niedrigen Umsätzen, etwa im Bereich des „Shared Warehousing“.

---

[99] GUDEHUS verwendet hier den Begriff des „Systemdienstleisters“, vgl. GUDEHUS (1996).

[100] Vgl. GIESA ET AL. (2000), S. 45, TRIPP (2004), S. 7.

3.1.4.2 Abgrenzung von verwandten Begriffen - 3 PL, 4 PL und LLP

Die Vielfalt der im Kontext mit dem deutschen Terminus Kontraktlogistik gebrauchten englischen bzw. „neudeutschen“ Bezeichnungen ist groß und verwirrend, da die Begriffe häufig nicht klar definiert sind und zum Teil synonym, zum Teil in Angrenzung zueinander verwendet werden. Insbesondere die Begriffe „Third Party Logistics“ (3PL), „Lead Logistics Provider“ (LLP) und „Fourth Party Logistics“ (4PL) sind an dieser Stelle zu nennen. Im Folgenden wird eine inhaltliche Definition der Begriffe und eine Einordnung zum Verständnis der Kontraktlogistik im Sinne der Arbeit vorgenommen, dabei wird geprüft, inwieweit diese Begriffe zu einer inhaltlichen Abgrenzung und zu einem fundierten Verständnis der Kontraktlogistik beitragen können oder inwieweit sie als vorübergehende „Modeerscheinung“ im zum Teil sehr euphorisch diskutierten Bereich Kontraktlogistik zu sehen sind.

Eine inhaltliche Abgrenzung und systematische Beschreibung der Begriffe kann anhand der Merkmale „Leistungsbreite“ und „Leistungstiefe“ erfolgen. Abbildung 5 zeigt eine Klassifizierung von Logistikdienstleistern aus Nord-Amerika durch das Georgia Institute of Technology und Cap Gemini Ernst & Young (2004) nach diesen Merkmalen. Die Darstellung erfolgt in Form des zur Klassifizierung von Logistikdienstleistungen eingeführten Portfolios.[102]

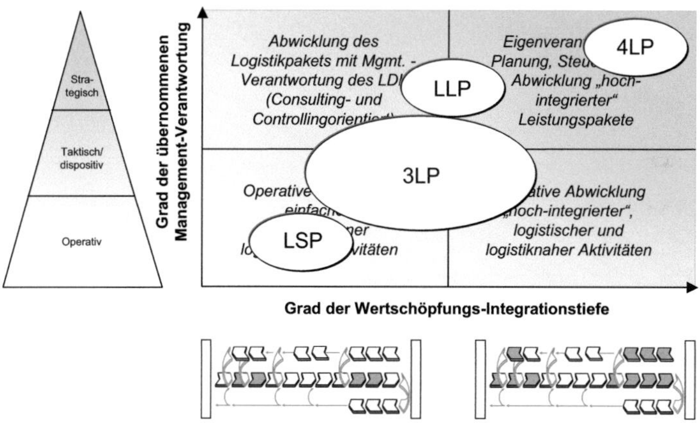

Abbildung 5: Entwicklungsstufen logistischer Dienstleistungen

Quelle: Eigene Darstellung nach KLAUS (2005).

---

[101] KLAUS (2003), S. 107.

Der „Logistics Service Provider" (LSP) in diesem Modell übernimmt die Abwicklung „klassischer" Logistikfunktionen wie Transportieren, Umschlagen und Lagern. Der Schwerpunkt liegt in der Bedienung von Nischensegmenten (z.B. Spezialtransporte) und vor allem in der Realisierung von Kostenvorteilen durch Bündelung.[103]

Die Erweiterung des Leistungsangebots um „Value-added"-Services, das sowohl eine Erweiterung der Leistungsbreite, z.B. um kundenspezifische Montagearbeiten, als auch eine Erweiterung der Leistungstiefe, z.B. um Aufgaben der Auftragsabwicklung und Disposition bis hin zur (weitgehend) autonomen Planung und Steuerung ganzer Kettenabschnitte, umfasst, führt zum „Third Party Logistics Provider" (3PL). Bei dieser Form der Logistikdienstleistung wird Abwicklung und Management ganzer Kettenabschnitte mit eigenen Ressourcen im Rahmen langfristiger Kontrakte betont.[104]

Der „Fourth Party Logistics Provider" (4PL) oder „Generalunternehmer in Sachen Logistik"[105], der hinsichtlich der Leistungstiefe an der Spitze der Pyramide steht, übernimmt das Logistik-Management der Supply Chain, führt aber keine operativen Abwicklungen selbst durch.[106] Der Begriff setzt auf „Third Party Logistics" (3PL) auf und beschreibt die Funktion eines Supply Chain Integrators, der die informationstechnische Integration und die Planung und Steuerung der physischen Flüsse übernimmt.[107]

Dabei sind in der Realität „echte" 4PL Provider kaum zu finden. Als „echter" 4PL, der verschiedene Dienstleister managt, selbst aber keinen operativen Abwicklungen durchführt, kommen eigentlich nur Beratungsunternehmen in Frage. Sie sind selbst an keine eigenen operativen Ressourcen bzw. Serviceangebote gebunden und entgehen so dem Zielkonflikt, die Auslastung eigener Kapazitäten kostengünstigeren Alternativen vorzuziehen.[108] Dabei entsteht das Problem der „Overhead Costs", der Gemeinkosten, oder wie es ein Verlader in der Studie ausdrückt:

---

[102] Vgl. EYEFORTRANSPORT (2004), S. 4 ff.

[103] Vgl. LANGLEY JR. ET AL. (2004), S. 23.

[104] Vgl. LANGLEY JR. ET AL. (2004), S. 23, KLAUS (2003), S. 110.

[105] Vgl. DEUTSCHE BANK RESEARCH (2002), S. 44.

[106] Teilweise wird in diesem Zusammenhang sogar der Terminus „Fifth Party Logistics" (5PL) verwendet, vgl. GERICKE (2003). Die Beschreibung einer „dritten Partei", dem Logistikdienstleister, neben der „ersten Partei" (Verlader) und „zweiten Partei" (Empfänger) sowie einer „vierten Partei" (Integrator) im Kontext der Kontraktlogistik erscheint sinnvoll, eine zusätzliche Erweiterung der „xPL" Begriffe z.B. für das Segment der „E-Logistics" ist dagegen nicht nachvollziehbar, zudem durch die Nomenklatur der Eindruck einer Rangordnung („5PL ist besser als 3PL") erweckt wird, vgl. TRIPP (2004), S. 9.

[107] Vgl. KLAUS ET AL. (2004b), S. 157 f., BAUMGARTEN ET AL. (2002b), S. 34 ff.

[108] Vgl. BAUMGARTEN ET AL. (2002b), S. 35.

> „[...] now I have to pay them [the 4PL provider] and the provider. Whereas if I directly go to a 3PL provider and it has the capability of managing other 3PL providers, that is the best of all possible world because I´m not adding this other layer of overhead on top. The problem is finding a 3PL provider that´s really adept at doing this and at providing consulting-like services."[109]

Gleichzeitig besteht seitens der Verlader in den meisten Fällen eine nicht unbegründete Abneigung dagegen, die Planung der Supply Chain aus der Hand zu geben. Realistische Chancen für das Modell des 4PL werden eher in einer Konzentration auf das „Supply Chain Event Management" (SCEM)[110] gesehen, also der durch Events im Sinne einer Abweichung zwischen Ist- und Planwerten der Supply Chain ausgelösten (kurzfristigen) Steuerung der Logistikprozesse.[111]

Die hier geforderte Funktion des Managements mehrerer 3PLs und damit die Einrichtung einer einzelnen Schnittstelle zum Verlader wird durch die „Lead Logistics Provider" (LLP) erfüllt. Als Zwischenform zwischen 3PL und 4PL steht hier die Organisation und Steuerung der Abläufe „aus einer Hand", weniger die Gestaltung und Planung der Supply Chain „Architektur", im Mittelpunkt der Aufgaben.[112] Dabei können durchaus auch eigene Ressourcen zum Einsatz kommen, der Schwerpunkt liegt dennoch auf der Koordination der „Subunternehmer", also der Logistikdienstleister, die die operativen Aufgaben abwickeln.[113]

Die Definition der Kontraktlogistik in 3.1.4.1 entspricht also weitgehend dem Begriff des 3PL. Eine Abgrenzung der Kontaktlogistik zu den Begriffen LLP und 4PL erscheint dagegen nicht sinnvoll, da diese tendenziell eher Nischenmärkte repräsentieren und in der Praxis eine klare Zuordnung der Logistikdienstleister zu diesen Segmenten nicht möglich ist. Die Übergänge zwischen 3PL, LLP und 4PL sind durch die z.T. starke Heterogenität der Projektstrukturen der Logistikdienstleister fließend. Viele Dienstleister sind dabei „parallel" als 3PL, LLP und 4PL tätig und vereinen Attribute aller drei Begriffe.

Die Kontraktlogistik im Sinne der Arbeit ist also schwerpunktmäßig als 3PL zu sehen, beinhaltet aber auch die Tätigkeiten und Funktionen von LLP und 4PL.

---

[109] LANGLEY JR. ET AL. (2004), S. 24.

[110] Vgl. STÖLZLE (2004), S. 503 f.

[111] Vgl. BRETZKE (2002), S. 44.

[112] Vgl. LINDNER ET AL. (2002), S. 3.

[113] Vgl. LANGLEY JR. ET AL. (2004), S. 23, KLAUS (2003), S. 110.

3.2 Controlling als Planung, Steuerung, Kontrolle und Informationsversorgung

In der Einleitung wurde Controlling als Management-Instrument der Dienstleister beschrieben, das sowohl für den Erfolg der Kontraktlogistik-Beziehung als auch damit zusammenhängend für den Unternehmenserfolg des Dienstleisters von entscheidender Bedeutung ist. In diesem Kapitel soll der konzeptionelle Hintergrund der betriebswirtschaftlichen Teildisziplin „Controlling" für ein Controlling bei Logistikdienstleistern als Planung, Steuerung, Kontrolle und Informationsversorgung des Managements beschrieben werden.

In Kapitel 3.2.1 wird die aktuelle Bedeutung und die Entwicklung des Controllings dargestellt. Dabei wird einerseits auf die aktuelle Verbreitung des Controllings als Management-Funktion und als Gegenstand betriebswirtschaftlicher Forschung im deutschsprachigen Raum eingegangen, gleichzeitig sollen aber auch die Entstehung des Konzepts und die Wurzeln des Begriffs und damit des Controlling-Gedankens herausgearbeitet werden.

In den folgenden beiden Unterkapiteln werden die besonderen Aufgaben und Funktionen des Controllings für Logistikdienstleister analysiert und die wichtigsten Instrumente für diese Unternehmen skizziert.

3.2.1 Entstehung und Begriff des Controllings

3.2.1.1 Entstehung des „modernen" Controllings in den USA

Die Entstehung des „modernen" Controllings in Unternehmen hängt mit der rasanten Entwicklung der Wirtschaft in der zweiten Hälfte des 19. Jahrhunderts zusammen: Als Vorreiter der industriellen Entwicklung entstanden Stellen für Controller in nordamerikanischen Eisenbahngesellschaften.[114]

In den 20er und 30er Jahren des 20. Jahrhunderts wird in den USA - auch als Folge der Wirtschaftskrise - die Bedeutung des Controllings auf breiter Basis entdeckt. Die zunehmende Fixkostenintensität durch hohe aber produktive Investitionen, die damit verbundene Entstehung von Großunternehmen seit der industriellen Revolution und nicht zuletzt zunehmende volkswirtschaftliche Turbulenzen bis hin zur Weltwirtschaftskrise machen die Notwendigkeit einer systematischen Planung und einer adäquaten Informationsversorgung deutlich.[115] Diese Entwicklung zeigt sich auch in der Gründung des „Controller´s Institute of America" (CIA) als berufsständische Organisation im Jahr 1931, das die Entwicklung des

[114] Vgl. PEEMÖLLER (1997), S. 23 f., HORVÁTH (2002), S. 328, HORVÁTH (2001), S. 28, LINGNAU (1999), S. 76 f.

[115] Vgl. WEBER (2004), S. 9, LINGNAU (1999), S. 77.

Controllings nicht zuletzt durch die Veröffentlichung von Definitionen und Aufgabenbeschreibungen maßgeblich beeinflusst.[116] Diese betonen bereits früh die Planungs- und Informationsfunktion sowie den beratenden und bewertenden Charakter des „Controllership". Daneben beinhalten sie auch Aufgaben der Buchführung und des Rechnungswesens, z.B. Berichte an Behörden und Steuer, Bestandsaufnahme und Inventur.[117] Die Aufgabenbeschreibung, die anlässlich der Umbenennung des „Controller´s Institute of America" (CIA) in „Financial Executives Institute" (FEI) herausgegeben wird ist aufgrund der getrennten Beschreibung der Aufgabenfelder von „Controllership" und „Treasurership" besonders aussagekräftig und hat lange Zeit hohe Bedeutung für die Praxis. Die dem Controllership zugeordneten Aufgabengebiete sind vielfältig, die Schwerpunkte liegen dabei lange auf Planung und Budgetierung, Rechnungswesen sowie Beratung, Analyse und Kontrolle.[118]

Mitte der 90er Jahre stellen SIEGEL und KULESZA einen Wandel des Controllers vom „number-crunching preparer of financial statements to high level decision support specialist"[119] fest. Seine bedeutendsten Aufgaben bestehen in Prozessverbesserungen (56%), Leistungsmessung (52%), langfristiger strategische Planung (52%) und interner Beratung (44%). Bilanzierung, Buchhaltung und Kostenrechnung erfahren als Basis des betrieblichen Informationssystems eine Veränderung ihrer Bedeutung. Entsprechend werden Kompetenzen der Controller wie die Fähigkeit zur problemorientierten Analyse und Lösungsfindung sowie zwischenmenschliche und kommunikative Fähigkeiten betont.[120] Dabei rücken zukunftsorientierte, nicht-finanzielle Kennzahlen immer mehr in den Blickwinkel des Controllings. Aufgabe eines Kennzahlensystems ist es, implementierte Strategien für jeden (Betroffenen) im Unternehmen verständlich in Kennzahlen umzusetzen.[121]

In Wissenschaft und Forschung im englischsprachigen Raum ist heute der ursprüngliche Begriff Controlling kaum (noch) gebräuchlich, Controlling wird hier typischerweise als „Management Accounting" oder „Managerial Accounting" bezeichnet.[122] Im Gegensatz zum deutschsprachigen Raum erhebt das „Controlling" in der US-amerikanischen Literatur keinen

---

[116] Vgl. PEEMÖLLER (1997), S. 25, LINGNAU (1999), S. 77 f.

[117] Vgl. HORVÁTH (2001), S. 31 ff., HORVÁTH (2002), S. 328, LINGNAU (1999), S. 78 ff.

[118] Vgl. Überblick über amerikanischer Studien von HORVÁTH (2001), S. 44 ff., WEBER (2004), S. 10 ff.

[119] SIEGEL ET AL. (1996), S. 26.

[120] Vgl. SIEGEL ET AL. (1996), S. 26.

[121] Vgl. PRICE WATERHOUSE FINANCIAL & COST MANAGEMENT (1997), zitiert nach HORVÁTH (2001), S. 50 f. Die Studie behandelt nicht direkt das Controlling sondern den Chief Financisl Officer (CFO). Aufgrund der engen Verknüpfung zwischen CFO und Controller können Rückschlüsse auf das Controlling gezogen werden.

[122] Vgl. KÜPPER (2004), S. 23.

Anspruch auf die Bildung einer Theorie und entsprechender terminologischer Aussagensysteme. Die Publikationen - auch Lehrbücher und Nachschlagewerke - beziehen sich meist auf Beschreibungen des Ist-Zustandes und machen vor allen Dingen auf der Grundlage von Erfahrungen aus der Praxis Vorschläge zur Gestaltung bestimmter Aufgaben des Controllings.[123]

3.2.1.2 Controlling im deutschsprachigen Raum

Im deutschsprachigen Raum erfolgt die Aufnahme des Controllings zunächst zögerlich. Dies mag zum Teil daran liegen, dass in deutschen Unternehmen viele „Ideen" des Controllings – freilich unter anderen Bezeichnungen – durchaus vorher bekannt sind. So sind z.B. im internen Rechnungswesen bereits viele „Controlling-Gedanken" verwirklicht.

Impulse entstehen nicht zuletzt durch gesetzliche Rahmenbedingungen zur Buchführung und Bilanzierung.[124] In der Betriebswirtschaftslehre ist in diesem Kontext etwa das Werk SCHMALENBACHS zu nennen, der bereits 1927 die Notwendigkeit für einen „Controlling"-Spezialisten, den „ausführenden Buchhalter", sieht.[125] Durch das in Deutschland verbreitete interne und externe Rechnungswesen, in dem viele Gedanken des US-amerikanischen Controllings bereits verwirklicht sind, liegen die Grundlagen für eine systematische Unternehmensplanung meist vor.[126]

Entsprechend zurückhaltend sind vor diesem Hintergrund viele Reaktionen auf das „neue" Controlling–Konzept aus den USA. Gablers Wirtschafts-Lexikon definiert „Controller" in der 6. Auflage von 1965 als

> *„ein[en] in amerikanischen Unternehmungen neuartige[n]r Funktionsträger, in der Regel Mitglied der obersten Unternehmensführung. Leiter des Rechnungswesens sowie der Planung, der Organisation und des Berichtwesens."*[127]

Zu Beginn der 70er Jahre findet das Controlling als wissenschaftliche Teildisziplin auch zunehmend in der Betriebswirtschaftslehre Beachtung: 1973 wird an der TH Darmstadt der erste Lehrstuhl ausschließlich für das Fach „Controlling" gegründet.[128] Als frühe Beiträge zu dieser theoretischen Auseinandersetzung mit dem Phänomen „Controlling" können etwa die

---

[123] Vgl. HAHN ET AL. (2001), S. 271.

[124] In diesem Zusammenhang sei exemplarisch auf die gesetzliche Regelung zur Durchführung der Buchhaltung im Allgemeinen Deutschen Handelsgesetzbuch von 1861 oder die den Gedanken SCHMALENBACHS zum Kontenrahmen aufgreifende Buchführungsrichtlinie von 1937, vgl. SCHWEIZER ET AL. (1999), S. 55 ff.

[125] Vgl. SCHMALENBACH zitiert nach HORVÁTH (2002), S. 332.

[126] Vgl. WEBER (1995), S. 14.

[127] SELLIEN ET AL. (1965), S. 842.

[128] Vgl. HORVÁTH (2002), S. 335.

Publikationen von MÜLLER (1974)[129], HAHN (1974)[130] oder HORVÁTH (1979)[131] gesehen werden.

Dabei gehen die Ansätze über eine Auflistung von Aufgaben und Instrumenten, wie in der nordamerikanischen Forschung und Praxis, hinaus. Sie versuchen eine begriffliche und konzeptionelle Abgrenzung und somit eine theoretische Fundierung des Controllings als betriebswirtschaftliche Teildisziplin vorzunehmen.[132]

Zur theoretischen Fundierung des Controlling wurden und werden unterschiedliche Ansätze zur Definition verwendet. Die Sichtweise reicht von Controlling als Informations(versorgungs)funktion[133], Controlling als spezielle Form der Führung[134], Controlling als Ansatz zur Koordination[135] bis zu Controlling zur Rationalitätssicherung der Führung[136].

Dabei konnte sich der koordinationsorientierte Ansatz, der maßgeblich durch die Arbeiten von HORVÁTH[137] und KÜPPER[138] geprägt ist, bisher durchsetzen und gilt heute als die meist verbreitete Auffassung.[139] Seit Ende der 1990er Jahre wird durch WEBER angestoßen zunehmend der Ansatz eines rationalitätsorientierten Controlling diskutiert. Die Funktion des Controllings wird dabei in der Gewährleistung einer rationalen Unternehmensführung durch systematische Planung gesehen. Zentrale Neuerung dieses Konzepts ist, dass die Entscheidungsträger im Management – entsprechend der Arbeiten insbesondere von SIMON[140] - in Abgrenzung zum Modell des „Homo Oeconomicus" als „begrenzt rational" beschrieben werden.[141]

In welche Richtung sich die Diskussion entwickeln wird, ist heute schwer abzuschätzen. Diese Arbeit soll keinen fundamentalen Beitrag zur Festigung des einen oder anderen Ansatzes liefern. Für die pragmatische Zielsetzung der Arbeit scheinen beide Ansätze einen Beitrag leisten zu können. Der koordinationsorientierte Ansatz basiert überwiegend auf

[129] Vgl. MÜLLER (1974).

[130] Vgl. „Planungs- und Kontrollrechnung, Puk" in der ersten Auflage von 1974, HAHN ET AL. (2001).

[131] Vgl. „Controlling", 1. Auflage 1979, HORVÁTH (2001).

[132] Vgl. LINGNAU (1999), S. 83, KÜPPER (2004), S. 24 ff.

[133] Vgl. HEIGL (1989).

[134] Vgl. HAHN ET AL. (2001).

[135] Vgl. HORVÁTH (2001) oder KÜPPER (2001).

[136] Vgl. WEBER (2004).

[137] Vgl. z.B. 1. Auflage 1979 HORVÁTH (2001).

[138] Vgl. z.B. 1. Auflage 1987 KÜPPER (2001).

[139] Vgl. z.B. HORVÁTH (2001), S. 75, unter besonderem Hinweis auf die Kritik auch OTTO (2001), S. 37.

[140] Vgl. z.B. SIMON (1957).

[141] Vgl. OTTO (2001), S. 37, auch WEBER (2004), S. 50 ff.

(offenen) systemtheoretischen bzw. situativen Ansätzen.[142] Sein Beitrag wird durch das aktuelle Verständnis der Logistik als Management von Fließsystemen über Unternehmensgrenzen hinweg impliziert. Der rationalitätsorientierte Ansatz liefert den theoretischen Rahmen für die Einbeziehung sozialwissenschaftlicher Ansätze bzw. Verhaltensannahmen im Zusammenhang mit der Principal-Agent- und Transaktionskostentheorie in die Betrachtung.[143]

3.2.2 Verständnis des Controlling als Planung, Steuerung, Kontrolle und Informationsversorgung

Zusammenfassend kann Controlling also als Management-Konzept verstanden werden, das in der Praxis entstanden ist. Übergeordnetes Ziel war und ist die „Sicherstellung einer systematischen, geschlossenen Unternehmensplanung“[144]. Haupttreiber der Entwicklung sind nach wie vor Defizite in Organisation und Planung, hervorgerufen durch volkswirtschaftliche Einflüsse bzw. deren Resultate wie zunehmende Unternehmensgröße und –komplexität. MÄNNEL warnt daher vor deduktiven Begriffsbestimmung des Controllings, die insbesondere bei der koordinationsorientierten Sichtweise zu einem Verwischen der Grenzen zwischen Management und Controlling führen. Ausgehend von einer theoretischen Fundierung des „Praxis-Phänomens“ Controlling differenziert er fünf zentrale Aufgabenbereiche des Controllings: [145]

- Unterstützung der Unternehmensführung in strategischer Hinsicht, insbesondere ausgerichtet auf eine kapazitäts- und leistungsorientierte Denkweise anstelle der oftmals noch vorherrschenden primären Kostenorientiertung.[146]
- Koordination im Sinne der Abstimmung der Teilpläne von Unternehmen und im Rahmen überbetrieblicher Kooperationen auch zwischen Unternehmen.[147]
- Unterstützung der Durchsetzung von Plänen und der Kontrolle ihrer Umsetzung.[148]
- Regelung und Steuerung; der Controller kann in diesem Zusammenhang als „Lotse“ oder „Navigator“ gesehen werden.[149]

---

[142] Vgl. HORVÁTH (2001), S. 98 ff.

[143] Vgl. OTTO (2001), S. 37.

[144] WEBER (1995), S. 14.

[145] Vgl. MÄNNEL (1993), S. 26 ff., WEBER (2004), S. 105 ff.

[146] Vgl. MÄNNEL (1993), S. 27, auch FROSCHMAYER (2003), S. 218.

[147] Vgl. MÄNNEL (1993), S. 27 f.

[148] Vgl. MÄNNEL (1993), S. 28, auch HAHN ET AL. (2001), S. 272.

- Informationsversorgung zur Entscheidungsunterstützung, z.B. für Make-or-Buy-Entscheidungen; die Informationsversorgungsfunktion basiert auf einer laufend geführten Kosten-, Leistungs-, Erlös- und Ergebnisrechnung, ergänzt um Informationen über das konkrete Entscheidungsfeld, etwa Informationen über Ursache-Wirkungszusammenhänge, bis hin zur Entwicklung konkreter (Abwicklungs-) Alternativen.[150]

In der Praxis werden – u.A. ausgelöst von den Erkenntnissen des „Lean Management" bzw. des „Self-Controlling" - zunehmend Controlling-Aufgaben in den Aufgabenbereich der Manager und Fachabteilungen verlagert.[151] Ein Vorschlag ist, solche Teilaufgaben der Informationsversorgung, die Nähe zum Geschehen voraussetzen – z.B. die Erhebung von Prozessinformationen oder von Marktdaten – zu dezentralisieren.[152]

Dabei wird aber auch davor gewarnt, dass zu viel Selbststeuerung tendenziell zur Bildung von Inseloptima und damit zu globalen Suboptima führen kann (da u. U. der eigene Bereich auf Kosten anderer Bereiche optimiert wird). Durch das Problem des Opportunismus sind nicht alle Bereiche bzw. Mitarbeiter für ein „Self-Controlling" gleichermaßen geeignet.

Zusammenfassend kann gesagt werden, dass Controlling unabhängig von dem jeweiligen Funktionsträger als zentrales Management-Instrument auch oder gerade für Logistikdienstleister gesehen werden muss. In diesem Bereich ist aufgrund der zumeist dezentralen Organisationsstrukturen auf Projektebene und der Notwendigkeit der „Nähe zum Objekt" der Satz KAPLANS, dass „the need for management accountants will fall, while the need for management accounting will rise"[153], zutreffend.

3.2.3 Instrumente des Controllings für Logistikdienstleister

Die Fülle der in der Literatur vorgestellten Instrumente für das Controlling ist reichhaltig.[154] In der folgenden Betrachtung werden für Logistikdienstleister in der Kontraktlogistik besonders relevante Controlling-Instrumente vorgestellt. Hierbei wird sowohl auf die Koordinationsfunktion zwischen den Unternehmensbereichen der Dienstleister sowie zwischen Dienstleister und Verlader als auch auf die Problematik des hohen Fixkostenanteils bzw. auf die unabhängig von der Beschäftigung anfallenden Bereitschaftskosten in Dienstleistungsbetrieben

---

[149] Vgl. MÄNNEL (1993), S. 28 f., FROSCHMAYER (2003), S. 218.

[150] Vgl. MÄNNEL (1993), S. 28 ff.

[151] Vgl. HORVÁTH (2001), S. 53.

[152] Vgl. BERLIEN (1993), S. 58.

[153] Vgl. COOPER (1996), S. 40.

[154] Für eine umfassende Darstellung gebräuchlicher Controlling-Instrumente vgl. z.B. HORVÁTH (2001), S. 380 ff. Für eine Darstellung der Verbreitung von Controlling-Instrumenten in der Praxis vgl. AMSHOFF (1993), S. 324 ff.

eingegangen. Weiterhin wird die in der Logistik geforderte Prozessorientierung als Auswahlkriterium verwendet.

Grundlage der inner- und zwischenbetrieblichen Koordination sind Kennzahlen und Kennzahlensysteme[155] und das entsprechende Berichtswesen[156]. Die wichtigste Informationsbasis für die verwendeten Kennzahlen ist die betriebliche Kosten- und Leistungsrechnung.

Im Folgenden werden zunächst Kennzahlen und Kennzahlensysteme des Controllings (speziell für Logistikdienstleister) beschrieben. Anschließend werden bewährte und moderne Kostenrechnungsverfahren hinsichtlich ihrer Eignung auf die oben skizzierte Problemstellung untersucht.

3.2.3.1 Kennzahlen und Kennzahlensysteme

Die Bildung, Erfassung und Auswertung von Kennzahlen ist ein wichtiger Bestandteil des modernen Controllings. In Verbindung mit einem ausgeklügelten Berichtswesen bilden sie die Basis für die Koordinationsfunktion des Controllings,[157] aber auch eine wichtige Grundlage für einen Benchmarking-Vergleich.[158]

Der Einsatz von - in der Betriebswirtschaftslehre seit geraumer Zeit betrachteten - Kennzahlen erfährt gegenwärtig unter dem Schlagwort „Performance Measurement“ besondere Aufmerksamkeit. Dabei wird speziell der Einsatz nicht-monetärer Kennzahlen gefordert.[159] In der folgenden Betrachtung werden Kennzahlen und Kennzahlensysteme bezogen auf die Problemstellung der Arbeit dargestellt, also das Kosten- und Erfolgscontrolling der Kontraktlogistik-Geschäfte von Logistikdienstleistern. Finanzwirtschaftliche Kennzahlen und Kennzahlensysteme wie das weithin bekannte Du Pont Kennzahlensystem werden dabei nicht gesondert betrachtet.[160]

Kennzahlen geben in konzentrierter Form Auskunft über einen quantitativ erfassbaren, betriebswirtschaftlichen Zusammenhang.[161] Der Sinn von Kennzahlen kann damit darin gesehen werden, die Unternehmensziele in Teilziele zu spalten und diese in die Sprache und auf die Ebene der einzelnen Mitarbeiter zu übersetzen. So bieten sie, neben einem

---

[155] Vgl. REICHMANN (1990), S. 16 f.

[156] Vgl. WEBER (2004), S. 285 ff., WEBER ET AL. (2005), S. 9.

[157] Vgl. WEBER (2004), S. 281 ff.

[158] Vgl. CAMP (1994), S. 151 ff.

[159] Vgl. KAPLAN (1984), S. 96, GLEICH (2002), S. 51 f., für den Bereich Logistikdienstleistung vgl. GAISMAYER (2004), S. 28 f.

[160] Für eine ausführliche Darstellung finanzieller Kennzahlen und Kennzahlensysteme vgl. z.B. REICHMANN (1990), S. 157 ff.

[161] Vgl. HORVÁTH (1996), S. 48, WEBER (2004), S. 241.

wirkungsvollen Instrument der Planung, Steuerung und Kontrolle (im Zeitvergleich), Management und Mitarbeitern die Möglichkeit, ihre persönlichen, u. U. selbst gesteckten Ziele zu verfolgen. In diesem Zusammenhang ist der Grundsatz der Verhaltenspsychologie „what gets measured gets done“ zu sehen.[162]

In der Praxis müssen Kennzahlen aussagekräftig hinsichtlich des zu beschreibenden Sachverhalts, präzise und für die Benutzer bzw. Anwender verständlich definiert sein.[163] Kennzahlen sollten ohne lange Zeitverzögerung Änderungen des gemessenen Merkmals wiederspiegeln und den Benutzern entsprechende Einflussmöglichkeiten auf diese (Prozess)Merkmale gewähren.[164] Dazu müssen Kennzahlen ständig aktualisiert werden. Um dabei den Erhebungsaufwand zu begrenzen, ist es vorteilhaft, wenn Kennzahlen auf elektronisch vorhandenem Datenmaterial basieren und entsprechend nachvollziehbar gebildet werden.[165]

Da isolierte Kennzahlen nur eingeschränkte Aussagekraft besitzen und die Gefahr von einseitigen Betrachtungen und Fehlinterpretationen bergen, werden in der Praxis Kennzahlensysteme gebildet.[166] Kennzahlensysteme bestehen aus einer Gesamtheit von Kennzahlen, die in systematischem Zusammenhang zueinander stehen. Dieser Zusammenhang kann auf bestimmten empirischen Sachverhalten, z.B. der Zuordnung von Kennzahlen zu Unternehmensbereichen, oder logisch-mathematischen Beziehungen, z.B. bei proportionalen Kennzahlen oder bei aggregierten Kennzahlen, beruhen. Weiterhin werden hierarchische Zusammenhänge der Kennzahlen beschrieben, sowohl in sachlicher Hinsicht - etwa nach der Stufe ihrer Aggregierung - als auch in subjektiver Hinsicht, z.B. bei konfliktionären Zielen wie Kosten und Qualität.[167] Dabei wird neben dem Zusammenhang des Kennzahlensystems die Ausgewogenheit der Kennzahlen gefordert, insbesondere zur Identifikation von Ursache-Wirkungszusammenhängen bei der Leistungserstellung und dem Ressourcenverzehr.

---

[162] Vgl. FRIES ET AL. (1994), S. 339.

[163] Eine umfassende Beschreibung einer Kennzahl enthält in der Praxis die Kennzahlbezeichnung (z.B. Dauer Distribution), die Kennzahlbeschreibung (hinsichtlich der zu messenden Leistung), die zugrundeliegende Messgröße (z.B. Durchlaufzeiten) und Messstrecke (z.B. von Werksausgang bis Eingang Umschlagplatz) sowie der Grundgesamtheit (z.B. alle Kundenaufträge, außer die für Lagerfahrzeuge), die Dimension (z.B. Tage), Bezeichnung der Prozessverantwortlichen bzw. Process Owner, sowie die Datenherkunft und die Regelung der Erstellung und Archivierung, vgl. WOLFF ET AL. (1999), S. 949 f.

[164] Vgl. FRIES ET AL. (1994), S. 340.

[165] Vgl. SYSKA (1990), S. 45 ff.

[166] Vgl. WICHT (2001), S. 40.

[167] Vgl. HORVÁTH (2001), S. 569 f.

So entsteht Anfang der 1990er Jahre in den USA das auf einem Kennzahlensystem basierende Instrument der „Balanced Scorecard".[168] Dabei werden die bewährten finanziellen Kennzahlen durch zusätzliche, nicht-monetäre Sichtweisen ergänzt.[169] Die Kundenperspektive beschreibt die Kunden und Marktsegmente hinsichtlich z.B. der Marktanteile, aber auch der „Störfälle" bei der Leistungserstellung, also allgemein ausgedrückt hinsichtlich der Qualität des Outputs. Die interne Prozessperspektive ergänzt entsprechend der Anforderungen eines prozessorientierten Managements die Abbildung der internen Prozesse entlang der Wertschöpfungskette insbesondere hinsichtlich Qualität und Durchlaufzeiten. Die Potentialperspektive lenkt die Sicht auf die Veränderungs- und Wachstumspotentiale des Unternehmens vor dem Hintergrund aktueller und zukünftiger Entwicklungen.[170]

Hauptkritikpunkte an dem umfassenden Konzept der „Balanced Scorecard" sind der große Umfang und der entsprechende Aufwand bei der Erstellung der Berichte. Außerdem bietet die weitgehend standardisierte Vorgehensweise wenig Spielraum für spezifische Fragestellungen. Aus diesen Gründen werden die Perspektiven und Inhalte der „Balanced Scorecard" in der Praxis häufig an individuelle Fragestellungen angepasst oder eigene Kennzahlensysteme entworfen.[171]

„Passende" Kennzahlensysteme können deduktiv abgeleitet, also „Top-Down" aus den Unternehmenszielen, oder induktiv entwickelt werden, also „Bottom-Up" durch eine Betrachtung der Prozesse.[172] Bei der Entwicklung der Kennzahlen aus den Prozessen ist es vorteilhaft, die Prozessbeteiligten (z.B. mit Hilfe von Metaplan-Methoden) einzubinden und deren Wissen über die Prozesse zu erschließen.[173] Dabei empfiehlt sich eine Kombination beider Ansätze, um die Perspektiven der Unternehmensziele und der „Machbarkeit" aus Sicht der Prozessbeteiligten zu berücksichtigen.[174]

Um unübersichtliche „Zahlenfriedhöfe" zu vermeiden, die die Gefahr bergen, von den wirklichen Faktoren abzulenken, und um den Erhebungsaufwand zu begrenzen, wird eine Konzentration auf wenige, aussagekräftige Kennzahlen vorgeschlagen.[175] Sinnvoll ist eine

---

[168] Vgl. KAPLAN ET AL. (1992), S. 71 ff., KAPLAN (1995), S. 68 f.

[169] Dabei beinhaltet die Balanced Scorecard neben Definitionen von Kennzahlen explizit die Vorgabe von Zielen für die einzelnen Perspektiven, vgl. HORVÁTH ET AL. (1998), S. 40 ff.

[170] Vgl. WEBER (2004), S. 263.

[171] WEBER sprich in diesem Zusammenhang von „selektiven Kennzahlen", vgl WEBER (2004), S. 268 ff.

[172] Kennzahlensysteme in diesem Sinn müssen nicht zwingen den engen Anforderungen der inneren Geschlossenheit und der Ausgewogenheit genügen, vgl. WEBER (2004), S. 268 ff.

[173] Vgl. FRIES ET AL. (1994), S. 340.

[174] Vgl. FRIES ET AL. (1994), S. 340, WICHT (2001), S. 40.

[175] Vgl. SCHNEIDER ET AL. (2003), S. 240.

Auswahl orientiert an den kritischen Engpässen des Geschäftssystems, dabei sollten solche Kennzahlen berücksichtigt werden, die entscheidenden Veränderungen unterliegen, graphisch darstellbar sind und zu denen Interpretationshilfen vorhanden sind.[176]

Im Rahmen des Perfomance Measurement erfolgt eine Konzentration auf die Key Performance Indicators (KPI), also „Schlüsselkennzahlen“, die Hinweise (engl. „Indicators“) auf die Performance, also das Leistungsniveau, geben. Diese KPI werden anhand der Stärke ihres Einflusses auf das Leistungsniveau definiert,[177] wozu die relevanten Erfolgsfaktoren für die entsprechende Zielgruppe der Kennzahlen erkannt und festgeschrieben werden müssen. KPI können dann in unterschiedlichen Aggregierungsstufen an die jeweiligen Entscheidungsebenen kommuniziert werden. Wenn Abweichungen auftreten, besteht dann die Möglichkeit, auf detailliertere Kennzahlen zurückzugreifen.[178]

3.2.3.2 Bewährte Kostenrechnungsverfahren

Die zentrale Aufgabe der Kosten- und Leistungsrechnung als Instrument des Controllings kann in der kalkulatorischen Abbildung des realen Güterverbrauchs (Kosten) und der Güterentstehung (Leistungen) in Geldwerten gesehen werden. Dabei werden Informationsgrundlagen für die Erfolgsplanung und Erfolgsprognose, die Programmplanung und Programmanalyse, die Preiskalkulation und Preispolitik, die Auswahl kostengünstiger Produktionsverfahren und die Entscheidung zwischen Eigenfertigung und Fremdbezug gelegt.[179] Die Konzeption der Kostenrechnungssysteme als Ausgestaltungsform der Kostenrechnung enthält u. a. Aussagen über die Strukturierung der Kostenarten, Kostenstellen und Kostenträger sowie die Definition der kostenrechnerischen Beziehungen zwischen diesen Strukturelementen.[180]

Wie bereits angesprochen besteht die besondere Herausforderung an ein geeignetes Kostenrechnungssystem für Dienstleister in der Beleuchtung der hohen Fixkostenanteile, Dienstleistungen sind dabei ebenso wie die indirekten Bereiche in Fertigungsunternehmen durch die hohe Bedeutung der Personalkosten gekennzeichnet. Im Folgenden werden die bewährten Kostenrechnungssysteme unter diesem Aspekt untersucht.

In der Vollkostenrechnung werden die anfallenden Kosten in Kostenarten hinsichtlich ihres Verhaltens bei Beschäftigungsschwankungen in variable und fixe sowie Einzel- und Gemein-

---

[176] Vgl. SYSKA (1990), S. 48 ff.

[177] Vgl. GAISMAYER (2004), S. 26 f.

[178] Vgl. SCHNEIDER ET AL. (2003), S. 240.

[179] Vgl. HUMMEL ET AL. (1986), S. 8, HUMMEL ET AL. (1983), S. 26 ff, HORVÁTH (2001), S. 471.

[180] Vgl. HUMMEL ET AL. (1986), S. 42.

kosten unterschieden und dementsprechend den Kostenträgern entweder direkt oder indirekt über die Kostenstellen zugerechnet. Nach unterschiedlichen Verfahren werden die den Kostenstellen zugerechneten Kosten auf die Kostenträger weiter verrechnet.[181] Die Problematik hierbei liegt in der Proportionalisierung der Fixkosten, die ganz besonders bei hohen Kosten der indirekten Bereiche zu einer verzerrten Darstellung der Kostenstruktur führt. Die Vollkostenrechnung kann nur sehr begrenzt Aussagen über die Veränderung der Kosten bei einer Veränderung des Leistungsvolumens unterstützen.[182] Dennoch ist die Kostenarten- und Kostenstellenrechnung als Grundlage der Prozesskostenrechnung auch für Logistikdienstleister von Bedeutung, wenn der unternehmerische Ablauf als Prozessgeflecht in der Kostenrechnung umgesetzt wird.

Zentrale Idee der Einzelkosten- und Deckungsbeitragsrechnung ist die Konzentration auf die den Kostenträgern oder Kostenstellen direkt zuordenbaren Kosten, also auf die Kostenträger- und Kostenstelleneinzelkosten.[183] Dadurch wird die „Unschärfe“ der Vollkostenrechnung als Nettoergebnisrechnung durch die Weiterverrechnung der Gemeinkosten vermieden. In der Einzelkosten- und Deckungsbeitragsrechnung werden Deckungsbeiträge als Überschüsse der Einzelerlöse über die Einzelkosten bzw. als Überschüsse der Erlöse über die Ausgaben, die auf dieselbe Entscheidung zurückzuführen sind, definiert. RIEBEL spricht in diesem Zusammenhang vom „Identitätsprinzip“.[184]

Entsprechend des Identitätsprinzips können verschiedene Arten von Deckungsbeiträgen ermittelt werden: auf der Ebene einzelner Leistungseinheiten und Leistungsarten, aber auch für einzelne Aufträge, Vertriebsbereiche, Kundengruppen, Absatzbezirke etc. und nicht zuletzt für einzelne Abrechnungsperioden (als Monats-, Quartals-, Halbjahres- oder Jahresdeckungsbeiträge).[185] Bei entsprechender Zuordnung der Erlöse – sofern dies möglich ist - ermöglichen moderne IT-Systeme heutzutage die Durchführung einer „rollierenden“, kurzfristigen Erfolgsrechnung auf der Basis von Deckungsbeiträgen, etwa für bestimmte Zeiträume, z.B. laufender Monat, Quartal usw.[186]

Die Herausforderung der Deckungsbeitragsrechnung liegt in der Aufspaltung der Kosten in Leistungskosten und Leistungsbereitschaftskosten. Dabei werden – vereinfacht dargestellt –

---

[181] Für eine ausführliche Darstellung der Kostenarten-, Kostenstellen- und Kostenträgerrechnung vgl. HUMMEL ET AL. (1986).

[182] Vgl. MÄNNEL (1994), S. 7 ff.

[183] Vgl. RIEBEL (1990), S. 36.

[184] Vgl. RIEBEL (1990), S. 100.

[185] Vgl. HUMMEL ET AL. (1983), S. 49.

[186] Z.B. SAP R/3, speziell das Modul CO, aber auch die DATEV-Standardsoftware für kleine und mittlere Unternehmen.

die Gesamtkosten nach Kostenstellen bzw. Kostenplätzen unterschieden und eine Trennung der Kosten für Gebrauchsgüter (Potentialfaktoren) und Verbrauchsgüter (Repetierfaktoren) vorgenommen. Dem folgt eine weitere Unterteilung der Kosten für Gebrauchsgüter in solche, die nutzungsbedingt, zeitbedingt und sowohl nutzungs- als auch zeitbedingt „verzehrt“ werden. Die Repetierfaktoren werden nach der Mengenabhängigkeit des jeweiligen Preissystems sowie nach dem Einfluss der Beschaffungsstrategie und der Lagerhaltungspolitik unterteilt.[187] Abbildung 6 zeigt beispielhaft die Kostenspaltung in Leistungs- und Bereitschaftskosten anhand der oben genannten Kriterien.

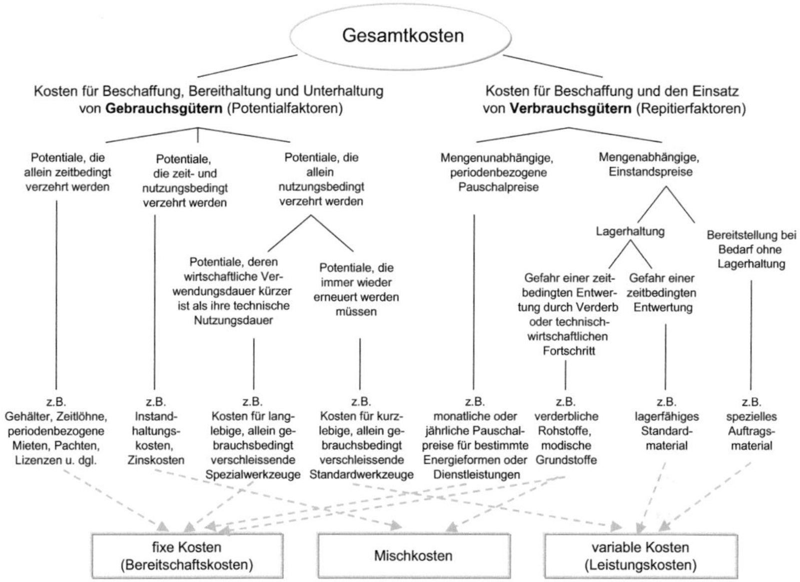

Abbildung 6: Nach Potential- und Repetierfaktoren differenzierende Aufspaltung der Kosten in Leistungs- und Bereitschaftskosten

Quelle: HUMMEL ET AL. (1983), S. 60.

Die Einzelkosten- und Deckungsbeitragsrechnung kann dabei in Abgrenzung zur Vollkostenrechnung oder Nettoergebnisrechnung als Bruttoergebnisrechnung beschrieben werden. Durch die Kostenspaltung wird – in besonderer Weise für Fertigungsbetriebe – eine höhere Transparenz der Gemeinkostenblöcke entsprechend dem Identitätsprinzip erreicht. Die

[187] Zur ausführlichen Darstellung der Kostenspaltung vgl. HUMMEL ET AL. (1983), S. 51 ff.

geforderte Prozessorientierung kann dabei nicht oder nur mit Einschränkung – in kleineren und entsprechend überschaubaren Unternehmen oder Unternehmensbereichen – erreicht werden.[188] Aufgrund des sehr geringen Anteils „echter" Einzelkosten ist die Einzelkosten- und Deckungsbeitragsrechnung für Dienstleistungsbetriebe nur bedingt interessant.

Im Zuge der Entwicklung der Kostenrechnung vom Instrument zur Beschreibung der Ist-Situation mit primär vergangenheitsorientierter Perspektive wird in zunehmenden Maße der Zukunftsbezug der eingesetzten Kostenrechnungsinstrumente gefordert, um der Aufgabe einer wirksamen Kontrolle durch Soll-Ist-Vergleiche und der Unterstützung der Entscheidungsfindung durch Informationen bzw. Prognosen der für die Zukunft zu erwartenden Kosten gerecht zu werden.[189]

In der starren Plankostenrechnung werden für den Abrechnungszeitraum auf der Planbeschäftigung basierende Plankosten ermittelt und den tatsächlich angefallenen Ist-Kosten gegenübergestellt. Nachteil dieser Variante der Plankostenrechnung sind die mangelhaften Möglichkeiten zur Analyse der Abweichungen zwischen Soll und Ist. Während Preisschwankungen durch die Bewertung der Ist-Mengen mit konstanten geplanten Verrechnungspreisen neutralisiert werden, können Abweichungen in der Beschäftigung und im Verbrauch nicht beschrieben werden.[190]

In der flexiblen Plankostenrechnung werden Beschäftigungsabweichungen durch die Vorgabe von Sollkosten berücksichtigt. Dies ist durch die Unterscheidung von variablen und fixen Kosten insofern möglich, dass die Plankosten auf Basis der Planbeschäftigung durch mehrstufige oder einstufige Methoden auf die „Plankosten der Istbeschäftigung", also die Sollkosten, „umgerechnet" werden.[191] Auf diese Weise können sowohl die Verbrauchsabweichung als auch die Beschäftigungsabweichung erfasst werden. Problematisch sind das Abbilden von sprungfixen Kosten und das Problem der Kostenremanenz.[192]

In der flexiblen Plankostenrechnung auf Teilkostenbasis bzw. in der Grenzplankostenrechnung werden aus diesem Grund die fixen Kostenbestandteile offen ausgewiesen und nicht in einer Sollkostenkurve dargestellt. Neben der Beschäftigungsabweichung (Differenz zwischen den gesamten Plankosten und den gesamten Sollkosten der Istbeschäftigung) und der Verbrauchsabweichung (Differenz zwischen den proportionalen Sollkosten und den propor-

[188] Vgl. MÄNNEL (1996b), S. 72.

[189] Vgl. HUMMEL ET AL. (1983), S. 133.

[190] Vgl. MÄNNEL (1994), S. 43, HUMMEL ET AL. (1983), S. 136.

[191] Vgl. HUMMEL ET AL. (1983), S. 137, MÄNNEL (1994), S. 45 f. Diese Umrechnung kann etwa mit Hilfe der Variatorenrechnung vorgenommen werden, vgl. MÄNNEL (1994), S. 45 ff.

[192] Vgl. HUMMEL ET AL. (1983), S. 137.

tionalen Istkosten) kann auch die Abweichung der Fixkosten (Differenz zwischen fixen Plankosten und fixen Istkosten) ermittelt werden (vgl. Abbildung 7). Auf diese Weise besteht die Möglichkeit, sprungfixe Kosten und Kostenremanenz zu analysieren.

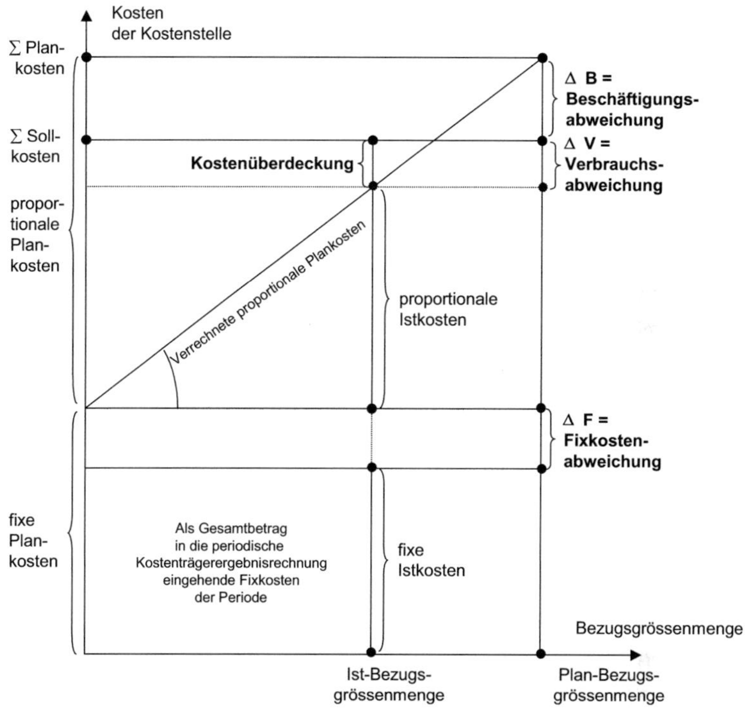

Abbildung 7: Grenzplankostenrechnung als flexible Plankostenrechnung
Quelle: MÄNNEL (1994), S. 49.

Ebenso wie die Einzelkosten- und Deckungsbeiträge eignen sich die Verfahren der flexiblen Plankosten- und Grenzplankostenrechnung aufgrund des geringen Anteils an Einzelkosten nur bedingt für Dienstleistungsunternehmen, die geforderte Prozessorientierung kann ebenfalls nicht bzw. nur mit Einschränkungen erreicht werden.[193]

[193] Vgl. MÄNNEL (1996b), S. 83, MAYER (1997), S. 145.

3.2.3.3 Moderne Ansätze – Varianten der Prozesskostenrechnung

Als Lösungsansatz für die Transparenz der Fixkostenblöcke bei Dienstleistern und der geforderten Prozessorientierung werden in der Literatur insbesondere Varianten der Prozesskostenrechnung vorgeschlagen.[194]

Ausgangspunkt der Entwicklung des Activity Based Costing (ABC) in den USA ist eben diese Problematik der mangelnden Transparenz im Bereich der Gemeinkosten von Fertigungsunternehmen. Beim in den USA verbreiteten „Direct Costing" wird eine systematische Differenzierung der Gemeinkosten wie bei der in Deutschland oftmals üblichen Kostenspaltung nicht vorgenommen, der „Handlungsdruck" ist also im Vergleich zu Deutschland höher.[195] Durch steigende Kostenanteile indirekter Bereiche wie Beschaffung, Lager, Arbeitsvorbereitung, Produktionsplanung- und -steuerung etc. ergibt die Kalkulation durch Zuschläge auf die operativen Lohnstunden („Direct" bzw. „Standard Costing") ein zunehmend verzerrtes Bild.[196]

An dieser Kritik anknüpfend ist Ziel des ABC, die Zusammenhänge zwischen bestimmten Aktivitäten - wie etwa Marken, Organisation, Kunden, Vertriebskanäle- oder -regionen, deren Ressourcenverbrauch und den erzielten Erlösen aufzuzeigen. Dabei werden die Gemeinkosten stufenweise den jeweiligen Aktivitäten-Ebenen zugeordnet:[197]

- Einheiten-Ebene (Stückkosten; Kosten, die dem Stück direkt zurechenbar sind),
- Los-Ebene (Loskosten; Kosten, die mehreren Einheiten zuordenbar sind, also Starts, Umrüstzeiten aufs Los, Materialbestellungen),
- Produktebene (Kosten, die einem Produkt als Ganzem zurechenbar sind: Forschung und Entwicklung, Engineering, Verkaufsförderung) und
- Ebene des Unternehmens(teils) (Kosten, die die Fähigkeit des Betriebes zur Produktion betreffen, Gebäude, Maschinen, Wärme und Strom). [198]

In Deutschland wurde die Verbreitung der Prozesskostenrechnung maßgeblich durch die Arbeiten von HORVÁTH und MAYER beeinflusst.[199] Dabei konzentrierte sich die Entwicklung entsprechend der unterschiedlichen Ausgangsbasis auf die „fertigungsfernen" indirekten Bereiche, die nicht primär den Gemeinkosten der Fertigung zugehörig sind, wie z.B. Beschaffung, Forschung und Entwicklung oder Verwaltung. Ein weiterer Unterschied - und auch

---

[194] Vgl. CORSTEN (2001), S. 261, HORVÁTH ET AL. (1999), S. 527, KAPLAN (1995), S. 63.

[195] Vgl. HUMMEL ET AL. (1983), S. 39 ff.

[196] Vgl. MILLER ET AL. (1985), MAYER ET AL. (1991), S. 296 f.

[197] Vgl. COOPER ET AL. (1991), S. 130.

[198] Vgl. COOPER ET AL. (1991), S. 132.

[199] Vgl. HORVATH ET AL. (1989), MAYER ET AL. (1991).

die eigentliche Neuerung der Prozesskostenrechnung gegenüber Systemen wie der Grenzplankostenrechnung - ist darin zu sehen, dass von Anfang an die Prozessorientierung im Vordergrund steht, d.h. die Prozesse kostenstellenübergreifend als Kostenträger gesehen werden.[200] Aus kostenrechnerischer Sicht wird eine Hierarchie der Prozesse vorgenommen. Dabei wird zwischen den Geschäftsprozessen, die die Kernaufgabenfelder des Unternehmens darstellen, den Hauptprozessen als Folge von Aktivitäten, die durch denselben Kostentreiber bestimmt sind, und den Teilprozessen, die wiederum die Tätigkeiten der Kostenstellen abbilden, die den Hauptprozessen zuzuordnen sind, unterschieden. Die Teilprozesse wiederum bestehen aus einer festen Folge von Aktivitäten, also den „kleinsten" Prozesseinheiten mit jeweils eigenem Ziel (z.B. Drucken, Scannen). Diese unterschiedlichen Prozessebenen bilden die Prozesshierarchie.[201]

Der Prozesskostenrechnung liegt eine – zunächst hypothetische - Festlegung der Hauptprozesse über mehrere Kostenstellen hinweg zugrunde, die demselben Kostentreiber (Cost Driver) unterliegen. Die Kostentreiber stellen dabei die Messgröße für die Anzahl der Durchführungen des Prozesses dar und sollen so die (mittel- und langfristigen) Einflussgrößen auf Kosten und Ressourcenverbrauch aufzeigen. So kann der Wareneingang eines Lagers als Hauptprozess eines Logistikdienstleisters definiert sein, Cost Driver wäre dann etwa die Zahl der eingelagerten Anlieferpositionen. Eine fundierte Analyse der Tätigkeiten in den Kostenstellen führt zur Ermittlung der Teilprozesse auf der nächsten Detaillierungsebene.

Die Tätigkeiten werden in leistungsmengeninduzierte (lmi) und leistungsmengenneutrale (lmn) Teilprozesse unterschieden.[202] Die lmn-Teilprozesse können im Verhältnis der Inanspruchnahme von Personalkapazitäten auf die lmi-Teilprozesse umgelegt werden. Auf dieser Grundlage können durch die Verdichtung der Teilprozesse auf die Hauptprozesse die Hauptprozesskostensätze gebildet werden. Die Teilprozesse stellen damit das Bindeglied zwischen den Kostenstellenkosten und den kostenstellenübergreifend definierten Hauptprozesskosten dar. Die Zuordnung der Kosten zu den Prozessen gemäß ihrer Inanspruchnahme ermöglicht eine prozessorientierte Gemeinkostenplanung und -steuerung sowie eine schrittweise Zuordnung der Prozesskosten der indirekten Bereiche auf Produkte, Aufträge, Kunden oder Marktsegmente um deren Inanspruchnahme von Ressourcen in einer „prozessorientierten Kostenträgerrechnung" abzubilden.[203]

---

[200] Vgl. HORVATH ET AL. (1989), S. 215 f.

[201] Vgl, MAYER (1998), S. 6 ff., HARTMANN ET AL. (2004), S. 185, CONERS (2003), S. 256.

[202] Vgl. HORVATH ET AL. (1993), S. 20 f., MAYER (1998), S. 12 f.

[203] Vgl. MAYER (1998), S. 5, HORVÁTH (2001), S. 555.

MÄNNEL spricht in diesem Zusammenhang von der Prozesskostenrechnung als „ressourcenorientierte Kapazitäts- Aktivitäts- und Prozesskostenrechnung“ und betont ihre Bedeutung gerade für die personalintensiven Dienstleistungsbereiche wie die Logistik.[204] Dementsprechend findet die Prozesskostenrechnung in Dienstleistungsunternehmen Anwendung, in denen für alle Prozesse den Gemeinkostenbereichen von Fertigungsunternehmen vergleichbare Bedingungen herrschen.[205]

Abbildung 8 zeigt die Anwendungsfelder der Grenzplankostenrechnung, des Activity Based Costing, und der Prozesskostenrechnung.

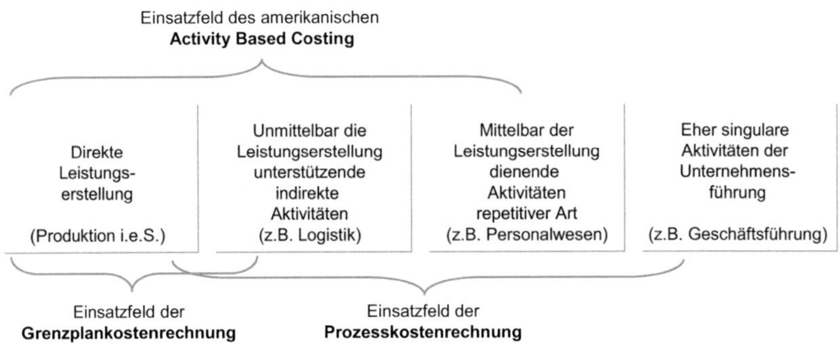

Abbildung 8: Anwendungsfelder von Grenzplankostenrechnung, Acitivity Based Costing und Prozesskostenrechnung

Quelle: HORVATH ET AL. (1993), S. 16.

Dabei darf nicht außer Acht gelassen werden, dass die Prozesskostenrechnung als Vollkostenrechnung, wenngleich mit ausgeklügelten Verfahren zur Weiterwälzung der indirekten Kosten, konzipiert ist. Von einer isolierten Betrachtung der Prozesskosten wird daher gewarnt bzw. wird eine Verwendung der Informationen aus der Prozesskostenrechnung im Rahmen eines umfassenderen Prozessmanagements empfohlen.[206]

[204] Vgl. MÄNNEL (1996b), S. 78 f.

[205] Vgl. HORVÁTH (2001), S. 554.

[206] Vgl. MÄNNEL (1996b), S. 81 f.

3.3 Benchmarking als Methode zur systematischen Prozessverbesserung

Vor dem Hintergrund der anfangs skizzierten Herausforderungen von Kontraktlogistik-Geschäften an das Controlling der Logistikdienstleister wurde Benchmarking als möglicher Lösungsansatz eingeführt und wird im Folgenden näher dargestellt.

Abschnitt 3.3.1 ist der Entstehung und dem Hintergrund des Begriffs „Benchmarking" gewidmet. Dabei wird speziell auf die Ursprünge und Vorläufer des Benchmarkings eingegangen. In den nächsten beiden Abschnitten wird die Definition des Benchmarking und die Abgrenzung zu verwandten Management-Konzepten vorgenommen. Abschnitt 3.3.4 beschreibt schließlich die Varianten des Benchmarkings und deren Potentiale.

3.3.1 Entstehung und Begriff des Benchmarkings

Während der ursprüngliche Begriff „Benchmark" aus der Landvermessung (eine Markierung für Höhen- oder Richtungsvergleiche) stammt, wird unter Benchmarking heute im Allgemeinen der Leistungsvergleich von Organisationen bezeichnet.[207] In der Betriebswirtschaftslehre versteht man unter Benchmarking den Prozess, konsequent nach den besten Ideen und Lösungen für Methoden, Verfahren und Prozessen in Industrie, Handel und Dienstleistungsgewerbe zu suchen, mit dem Ziel, Spitzenleistungen zu erreichen.[208]

Dabei ist der Gedanke an sich durch systematische Vergleiche mit Wettbewerbern oder Unternehmen aus anderen Branchen selbst sprunghafte Verbesserungen zu erzielen nicht neu. Bereits der in den 1930er Jahren entstandene Betriebsvergleich setz auf Erkenntnisse durch den systematischen Vergleich mit den wirtschaftlichen, technischen, sozialen oder organisatorischen Daten einer oder mehrerer Unternehmen.[209] Auch die Gedanken des Industrial Engineering und der Zeitstudien des „Verbands für Arbeitsgestaltung, Betriebsorganisation und Unternehmensentwicklung REFA e.V.", der aus dem 1924 gegründeten "Reichsausschuss für Arbeitszeitermittlung" hervorgegangen ist, beinhalten bereits wesentliche Punkte des Benchmarking.[210]

Die Firmenbesuche japanischer Manager in europäischen und nordamerikanischen Firmen in den 1960er und 70er Jahren können ebenfalls in diesem Zusammenhang gesehen

---

[207] Vgl. TUCHER VON SIMMELSDORF (2000), S. 71.

[208] Vgl. CAMP (1994), S. 13, auch z.B. BICHLER ET AL. (1994), S. 32 ff., GOELDEL (1999), S. 486, PIESKE (1994), S. 19 f.

[209] Vgl. z.B. SCHOTT (1956), S. 11.

[210] Vgl. SCHLAICH (1973), HETTINGER ET AL. (1993), S. 360 ff.

werden. Durch die Erkenntnisse aus diesen Besuchen gelingt es, sprunghafte Verbesserungen in der japanischen Industrie zu erreichen.[211]

Die eigentlichen Neuerungen des Benchmarkings können einerseits in der Entwicklung eines geschlossenen Konzepts, andererseits in der expliziten Forderung nach einer Erweiterung des Blickwinkels über die eigenen Unternehmensgrenzen hinaus gesehen werden.

Das Verständnis des Benchmarkings im Sinne der vorliegenden Untersuchung entsteht Mitte der 1980er in der Praxis und wird bei der amerikanischen Xerox Corporation als Instrument entwickelt, um dem Konkurrenzdruck japanischer Wettbewerber standhalten zu können. Bei Xerox wurde im Rahmen des Programms „Leadership Through Quality" (1983) von einer Gruppe von Managern um KEARNS und CAMP das Instrument des Benchmarking im heutigen Verständnis entwickelt.[212] Neben einem - auf dem Reverse Product Engineering aufbauenden[213] - Vergleich von Leistungsumfang, Funktionalität und Herstellkosten der eigenen Produkte mit denen der Konkurrenz wird ein weiterführender, branchenübergreifender Vergleich mit dem für sein leistungsfähiges Lagersystem bekannten Versandhändler L.L. Bean und anderen Vergleichspartnern (u.a. aus den Bereichen „Pharma" und „Weiße Ware") mit z.T. unerwartet positiven Resultaten durchgeführt.[214]

Wie aufgrund anfänglicher Erfolgsgeschichten zu erwarten war[215], erlebt das Benchmarking Ende der 80er Jahre und seit Mitte der 90er Jahre auch in Deutschland eine Boomphase.

Benchmarking wird als Management-Instrument in zahlreichen Publikationen diskutiert[216], spätestens 1994 mit der deutschen Übersetzung von CAMPS „Benchmarking: the Search for Industry Best Practices that Lead to Superior Performance"[217] ist es auch im deutschsprachi-

---

[211] Vgl. CAMP (1994), S. 3, 17, HORVATH ET AL. (1992), S. 11, ausführlich auch DEMING (1994). Als Beispiel kann hier die Entwicklung des Just-in-Time Konzepts angeführt werden, angeregt durch das Prinzip der Regalbefüllung in US-amerikanischen Supermärkten.

[212] Vgl. DE TORO (1987), S. 16 ff., CAMP (1994), S. 13.

[213] Vgl. HORVATH ET AL. (1992), S. 5.

[214] So kann in den Jahren nach dem Benchmarking ein Produktivitätszuwachs von zehn Prozent p.a., ausgehend von drei bis fünf Prozent in den Vorjahren, erreicht werden. Vgl. TUCKER ET AL. (1987), S. 8 ff.

[215] Hier ist neben dem oben zitierten Benchmarking-Vergleich zwischen Xerox und L.L. Bean das Benchmarking-Projekt von Southwest-Airlines zu nennen, das durch einen Prozessvergleich mit den Abläufen bei den Boxenstopps der nordamerikanischen Indie-Car-Rennen die Standzeiten der Flugzeuge auf 60 % verringern konnte, vgl. TUCHER VON SIMMELSDORF (1998), S. 4.

[216] Vgl. stellvertretend HORVÁTH ET AL. (1992), ESSER (1996), KÜTING ET AL. (1996).

[217] CAMP (1994).

gen Raum ein fester Begriff. Der Großteil der Veröffentlichungen beschreibt dabei die Anwendung von Benchmarking als Managementinstrument in der Praxis.[218]

Für viele skeptische Praktiker ist „Benchmarking" dagegen ein weiteres modisches Schlagwort aus der Management-Theorie mit geringen Erfolgsaussichten in der Praxis. Teilweise wird es auch heute noch missverstanden als neue Bezeichnung für den bekannten Kennzahlenvergleich oder gar als „organisierte Industriespionage".

Trotz dieser Ressentiments stellen FRANZ und KAJÜTER bereits 1997 in einer Befragung von 89 deutschen Großunternehmen zum Verständnis des Kostenmanagements eine breite Verbreitung des Benchmarkings fest. 82% der antwortenden Unternehmen setzen Benchmarking schon ein, weitere 19% planen einen Einsatz. Benchmarking erreicht in dieser Befragung einen Bekanntheitsgrad von 99%.[219] 2001/2002 setzen von 115 befragten Großunternehmen 90 % Benchmarking ein, 36 % planen einen Einsatz.[220]

Der „Vormarsch" des Benchmarkings drückt sich auch in der Entstehung von zahlreichen Benchmarking-Instituten aus, die als Initiatoren und zur Unterstützung von Unternehmen bei der Durchführung von Benchmarking-Projekten fungieren. Den Beginn machen die Aktivitäten des „American Productivity & Quality Center" (APQC), an dem 1992 das „International Benchmarking Clearinghouse" entsteht, oder das „Stragtegic Planning Institute Council on Benchmarking" (SPIC) kurz darauf.[221] Auf europäischer Ebene folgt das „European Benchmarking Centre" unter dem Dach der „European Foundation for Quality-Management" (EFQM) 1992 und das „Benchmarking Centre" der „Oak Business Developers Ltd." In Deutschland werden Benchmarking-Institute von Forschungseinrichtungen gegründet, so 1994 das „Informationszentrum Benchmarking" (IZB), das „Deutsche Benchmarking Clearinghouse" am Lehrstuhl für Logistik der Universität Erlangen-Nürnberg und als dessen Nachfolger 1996 das „Benchmarking Center" (BMC) am Fraunhofer AVK.[222] Aber auch in nicht-institutionellem Rahmen werden zahlreiche Benchmarking-Projekte durchgeführt, sei es unter Beteiligung universitärer Einrichtungen, mit den entsprechenden Zugängen für

[218] Vgl. stellvertretend GOELDEL (1999), BICHLER ET AL. (1994), LASCH (1998), S. 117. LUCZAK ET AL. (2001).

[219] Vgl. FRANZ (1997), S. 487, 492 f., die Umfrage ist auf einen Einsatz des Benchmarking im Rahmen des Kostenmanagements konzipiert.

[220] Vgl. KAJÜTER (2005), S. 91 f. Der sehr hohe Verbreitungsgrad des Benchmarking in diesen Untersuchungen lässt allerdings eine weite Interpretation des Begriffs durch die Befragten vermuten.

[221] Vgl. SIEBERT (1998), S. 17.

[222] Vgl. TUCHER VON SIMMELSDORF (2000), S. 73. LASCH (1998), S. 119 ff.

Recherchen über Publikationen[223], oder von Unternehmensberatungen, bei denen die Ergebnisse und Struktur der Untersuchung meist nur den Teilnehmern bekannt sind.

3.3.2 Definition und Begriffsverständnis

Aus den Erfahrungen bei der Entstehung des Benchmarking bei Xerox in den 1980er Jahren wird folgende Definition abgeleitet:

> „Benchmarking ist der kontinuierliche Prozess, Produkte, Dienstleistungen und Praktiken zu messen gegen den stärksten Mitbewerber oder die Firmen, die als Industrieführer angesehen werden."[224]

Die dabei betonten Aspekte finden sich in der Mehrzahl der Beiträge zum Thema Benchmarking. Diese beziehen sich meist explizit auf die Arbeiten bzw. das Vorgehen von CAMP:[225]

kontinuierlicher Prozess
Um das volle Potential des Benchmarkings auszuschöpfen, darf Benchmarking nicht als einmalige Aktion angesehen werden. Da die Praktiken in Industrie und Dienstleistungsgewerbe ständigen Veränderungen unterliegen, muss eine Spitzenposition ständig erkämpft werden. Benchmarking muss als Konsequenz in einem kontinuierlichen Prozess durchgeführt werden, um sicherzustellen, zu jeder Zeit die besten Praktiken zu erkennen.[226] Betont wird in diesem Zusammenhang auch der strategische Aspekt des Benchmarkings.[227]

systematische Vorgehensweise
Benchmarking erfordert eine systematische Vorgehensweise und darf nicht unorganisiert und von Zufällen getrieben sein. Auch bei kleinen Benchmarking-Projekten ist eine sorgfältige Planung Voraussetzung für den Erfolg, besondere Bedeutung erhält dieser Aspekt aber bei umfangreichen Benchmarking-Projekten, in die viele Mitarbeiter involviert sind.[228]

Messen und Vergleichen
Das Messen und damit die quantitative Beschreibung von Leistungsunterschieden gilt als Voraussetzung zur Identifizierung von „Best Practices".[229] Benchmarking ist aber mehr als eine reine Messtechnik zum Vergleich von Unternehmen bzw. Unternehmensteilen oder

---

[223] Vgl. z.B. MÄNNEL (1998), WESSELMANN (2003), LUCZAK ET AL. (2001)

[224] CAMP (1994), S. 13.

[225] Vgl. stellvertretend HORVÁTH ET AL. (1992), S. 5, BICHLER ET AL. (1994), S. 33 f., APQC (1993), LASCH (1998), S. 122.

[226] Vgl. CAMP (1994), S. 13.

[227] Vgl. JENNINGS ET AL. (1992), S. 22 ff.

[228] Vgl. LASCH (1998), S. 123.

[229] Vgl. CAMP (1994), S. 27.

Prozessabläufen. Zur Identifizierung von Ursache-Wirkungszusammenhängen müssen neben quantitativen Metriken auch qualitative Informationen über die Ursachen der Leistungsunterschiede, also die Rahmenbedingungen und die eingesetzten Praktiken und Technologien, erhoben werden.[230]

Produkte, Dienstleistungen und Praktiken

Grundsätzlich lässt sich Benchmarking auf alle Objekte wirtschaftlichen Handelns, also Produkte und Dienstleistungen bzw. die Prozesse zur Herstellung dieser Produkte und Dienstleistungen, sowie der eingesetzten Praktiken[231], anwenden.[232] Entsprechend findet das Benchmarking sowohl in Industrie und Dienstleistungsgewerbe wie auch zunehmend im öffentlichen Sektor Anwendung. Im Mittelpunkt der Untersuchung sollten nach CAMP die jeweils „betroffenen" Praktiken und Prozesse stehen, da nur über die Änderung bzw. Verbesserung bestehender bzw. eingefahrener Prozessabläufe echte Steigerungen von Effektivität des „Benchmarking-Objekts" erreicht werden kann.[233]

Firmen, die als Industrieführer angesehen werden

CAMP betont, dass sich beim Benchmarking der Blickwinkel nicht nur auf eine bestimmte Branche oder Region beschränkt, sondern unabhängig davon der Vergleich mit den jeweils „weltbesten" Firmen bzw. Geschäftsprozessen gesucht werden sollte.[234] Dabei ist die Durchführung eines Benchmarking-Projekts mit dem jeweils „Weltbesten" als „Wunschpartner" nicht immer möglich.[235] Bei der Wahl der Benchmarking-Partner legen eine Reihe von Autoren pragmatischere Maßstäbe an bzw. klammern diese Frage aus.[236]

Zusammenfassend kann Benchmarking als eine Entwicklung von Zielsetzungen verstanden werden, sowohl hinsichtlich der Zielarten bzw. -dimensionen mit den entsprechenden Metriken als auch der Höhe der Zielvorgaben, jeweils orientiert an den identifizierten Spitzenleistungen. Durch den Benchmarking-Vergleich werden nicht nur die Leistungsunter-

---

[230] Metriken können auch als spezifische Kenngrößen der Praktiken verstanden werden, die es ermöglichen, die Auswirkungen der Einführung von Praktiken im eigenen Unternehmen zu quantifizieren. Vgl. CAMP (1994), S. 5.

[231] Der Begriff "Practices" bzw. Praktiken ist in diesem Zusammenhang sehr weit gefasst und umfasst *„[...] leadership, management or operational methods or approaches [...]"*, vgl. APQC (1993), S. 10. Im Lager können also sehr unterschiedliche Aspekte, wie der (sehr konkret bewertbare) Einsatz von RFID-Labels zur Identifizierung von Packstücken oder aber die (eher auf abstraktem Niveau anzugehende) Kommunikation der aktuellen Leistungswerte – abgearbeitete und offene Aufträge – an die Mitarbeiter in der Linie als Praktiken gesehen werden.

[232] Vgl. CAMP (1994), S. 14 f.

[233] Vgl. CAMP (1994), S. 17.

[234] Vgl. CAMP (1994), S. 72.

[235] Vgl. HOFMANN (2004), S. 43.

[236] Dabei wird zum Teil ein Benchmarking-Instrumentarium entwickelt, das sowohl in internen wie auch in funktionsübergreifenden externen Benchmarking-Projekten angewendet werden kann.

schiede hinsichtlich der Zielgrößen quantifiziert sondern auch explizit nach den Ursachen für diese Leistungsunterschiede gesucht. Somit werden nicht nur realistische, da erreichbare Zielvorgaben - „es gibt jemanden, der das kann" - geschaffen, sondern auch konkret Wege aufgezeigt, wie die Zielvorgaben erfüllt werden können.[237]

3.3.3 Abgrenzung von anderen Management-Konzepten

Auf Basis der zuvor eingeführten Begriffsdefinition lässt sich Benchmarking von Management-Konzepten mit ähnlichen Zielsetzungen oder Vorgehensweisen eindeutig abgrenzen. Im Folgenden werden Instrumente der Marketingforschung (Marktforschung, Wettbewerbsanalyse und Conjoint-Analyse) sowie des prozessorientierten (Reverse Engineerig, Business Process Reengineering) und des qualitätsorientierten Managements (Total Quality Management und Kaizen) kurz skizziert und eine Abgrenzung zum Benchmarking vorgenommen.

3.3.3.1 Methoden aus der Marketingforschung

Marktforschung

Die Marktforschung dient der Analyse von Märkten, Marktsegmenten oder der Akzeptanz von Produkten. Ansatzpunkt sind die Bedürfnisse des Kunden, in der Regel wird der Grad der Kundenzufriedenheit betrachtet, damit ist im Gegensatz zum Benchmarking ein klarer Branchenbezug gegeben. Das Ziel des Benchmarkings, die Realisierung von Prozessverbesserung, lässt sich durch die Marktforschung nicht verwirklichen, sie dient der passenden Ausrichtung der Prozesse auf die Anforderungen der Kunden.[238]

Wettbewerbs- oder Konkurrenzanalyse

Die Wettbewerbs- oder Konkurrenzanalyse ist ein Instrument des strategischen Managements, das der Analyse der Strategien von direkten und indirekten Konkurrenten, bezogen auf deren Aktivitäten im Markt, dient. Informationsquellen sind meist sekundäre Quellen wie Verbands- bzw. Branchenstatistiken oder Marktanalysen. Im Gegensatz zum Benchmarking wird die Wettbewerbsanalyse auf sehr abstrahiertem Niveau durchgeführt, eben zur Analyse der Strategien von Wettbewerbern. Aussagen über Ursache-Wirkungszusammenhänge auf detaillierter Ebene lassen sich daraus nicht ableiten.[239]

---

[237] Vgl. CAMP (1994), S. 20, LASCH (1998), S. 123.

[238] Vgl. NIESCHLAG ET AL. (1994), CAMP (1994), S. 320, S. 671, LASCH (1998), S. 124.

[239] Vgl. NIESCHLAG ET AL. (1994), S. 878, CAMP (1994), S. 320.

Conjoint-Analyse

Die Conjoint-Analyse, auch Conjoint Measurement, ist ein statistisches Verfahren, das zur Messung der Bewertung eines Produktes bzw. einer Dienstleistung[240] durch die potenziellen Kunden angewandt wird. Auf Basis empirisch erhobener Gesamtnutzenwerte wird versucht, den Beitrag der einzelnen Komponenten zum Gesamtnutzen eines Produktes bzw. einer Dienstleistung aus Kundensicht zu ermitteln. Das Verfahren zielt darauf ab, die Auswahlentscheidungen der Kunden zu verstehen und vorhersagen zu können. Insbesondere bei der Neugestaltung von Produkten und Dienstleistungen ist die Conjoint-Analyse ein bedeutendes Instrument, welches die Nutzen- bzw. Nachfrageseite in den Mittelpunkt der Betrachtung rückt.[241]

3.3.3.2 Methoden zur systematischen Prozess- und Produktverbesserung

Reverse (Product) Engineering

Unter Reverse (Product) Engineering wird die Analyse der einzelnen Komponenten und Funktionen von Produkten der Konkurrenz verstanden.[242] Diese Methode ist auf Kostenreduzierungen durch ein Redesign existierender Produkte ausgerichtet, daraus ergeben sich zwar oftmals Hinweise auf Verbesserungsmöglichkeiten der zugrundeliegenden (Produktions-)Prozesse, eine systematische Suche nach Prozessverbesserung im Sinne des Benchmarking erfolgt dabei aber nicht.[243] In der Praxis wird für das Reverse Product Engineering häufig der Begriff des „Produktbenchmarking“ verwendet, die Anfänge des Benchmarking im Sinne der Untersuchung bei Xerox setzen auf der Methode des Reverse Product Engineering auf.[244]

Business Process Reengineering

Beim Business Process Reengineering werden alle Geschäftsprozesse einer grundlegenden Überprüfung unterzogen und radikal neu gestaltet. Ziel sind sprunghafte Verbesserungen in den Bereichen Kosten, Zeit, Qualität und Service.[245] Dabei kann gerade das Infragestellen eingefahrener, „gewachsener“ Prozessstrukturen als Gemeinsamkeit mit dem Benchmarking gesehen werden. Der Unterschied liegt in der Forderung nach radikalen und fundamentalen Eingriffen, die beim Benchmarking nicht erhoben wird.

---

[240] Das bzw. die sich u.U. erst in der Entwicklungsphase befindet, also noch nicht tatsächlich vorhanden ist.

[241] Vgl. BACKHAUS ET AL. (2000), S. 565 ff.

[242] Vgl. HORVATH ET AL. (1992), S. 5.

[243] Vgl. LASCH (1998), S. 125 f.

[244] Vgl. TUCHER VON SIMMELSDORF (2000), S. 91.

[245] Vgl. HAMMER ET AL. (1994), S. 70.

Total Quality Management / Kaizen

Das Konzept des Total Quality Managements (TQM) entwickelt sich seit den 1950er Jahren unter dem maßgeblichen Einfluss der Arbeiten DEMINGS in Japan. Zentraler Gedanke ist dabei die Erfüllung von Anforderungen jedes Prozesses und Mitarbeiters, also die Produktion, nicht die Kontrolle von Qualität.[246] Benchmarking kann dieses kontinuierliche Streben nach Qualität unterstützen, der Gedanke des TQM ist aber umfassender und abstrakter als das konkret auf Prozessverbesserungen durch die Identifikation von „Best Practices" ausgerichtete Benchmarking zu sehen.

Durch die enge inhaltliche Verknüpfung verbreitet sich Benchmarking zum Teil „im Fahrwasser" des TQM im Rahmen von Qualitätspreisen. Bereits 1951 wird in Japan zum ersten Mal der Deming-Preis vergeben, der von der „Japanese of Union Scientists and Engineers" (JUSE) für Erfolge im Qualitätsmanagement von Einzelpersonen und Unternehmen verliehen wird.[247] Diese Qualitätsphilosophie wird in den 1970er und 1980er Jahren von US-amerikanischen Unternehmen übernommen, auch staatliche Anstrengungen zur Steigerungen der Qualität in Unternehmen werden unternommen, insbesondere von Malcolm Baldridge (Secretary of Comerce 1981-87). Der nach ihm benannte „Baldridge Award" basiert auf den Ideen DEMINGS und wird seit 1988 jährlich verliehen. Seit 1992 ist Benchmarking ein fester Bestandteil dieses Preises.[248] Mit ähnlicher Zielsetzung wird 1992 erstmals der „European Quality Award" von der „European Foundation for Quality Management" (EFQM) in Zusammenarbeit mit der „European Organization for Quality" (EOQ) und der Kommission der Europäischen Gemeinschaft verliehen, der sogar zum überwiegenden Teil aufgrund von Benchmarking-Ergebnissen vergeben wird.[249]

Eng verwandt mit dem TQM ist das japanische Konzept Kaizen.[250] Kaizen setzt bei den bestehenden Prozessen und Abläufen an und veranlasst die beteiligten Mitarbeiter, die Prozessqualität in ihren eigenen Bereichen kontinuierlich in kleinen Schritten zu verbessern. Der Gedanke des kontinuierlichen Verbesserungsprozesses hat hier seinen Ursprung. Dabei ist die Mitarbeitermotivation der Motor der Entwicklung.[251]

---

[246] Vgl. DEMING (1994).

[247] Vgl. PEPELS (1996), S. 258 ff.

[248] Vgl. HORVATH ET AL. (1992), S. 5, PEPELS (1996), S. 261 ff.

[249] Vgl. PEPELS (1996), S. 265 ff.

[250] Kaizen bedeutet wörtliche übersetzt „Verbesserungen des status quo in kleinen Schritten als Ergebnis laufender Bemühungen", vgl. IMAI (1993), S. 27.

[251] Vgl. IMAI (1993), S. 27 ff.

3.3.4 Varianten des Benchmarking

Benchmarking kann also als Management-Konzept klar definiert und von verwandten Instrumenten mit ähnlicher Zielsetzung oder Vorgehensweise eindeutig abgegrenzt werden. Dabei wird der Terminus „Benchmarking" selbst häufig zusammen mit unterschiedlichen Attributen verwendet: intern, funktional, generisch, wettbewerbsorientiert, prozessorientiert, global, kostenorientiert, kundenorientiert, leistungsorientiert, strategisch und operational.

Um diese zunächst verwirrende Vielfalt zu systematisieren und somit greifbar zu machen, wird im folgenden Abschnitt eine Klassifizierung des Benchmarkings nach den Kriterien „Perspektive des Benchmarkings", „Zielkategorie des Benchmarkings", „Art des Benchmarking-Objekts" und „Bezugsebene des Benchmarkings / Kreis der Benchmarking-Partner" vorgenommen[252] (vgl. Abbildung 9).

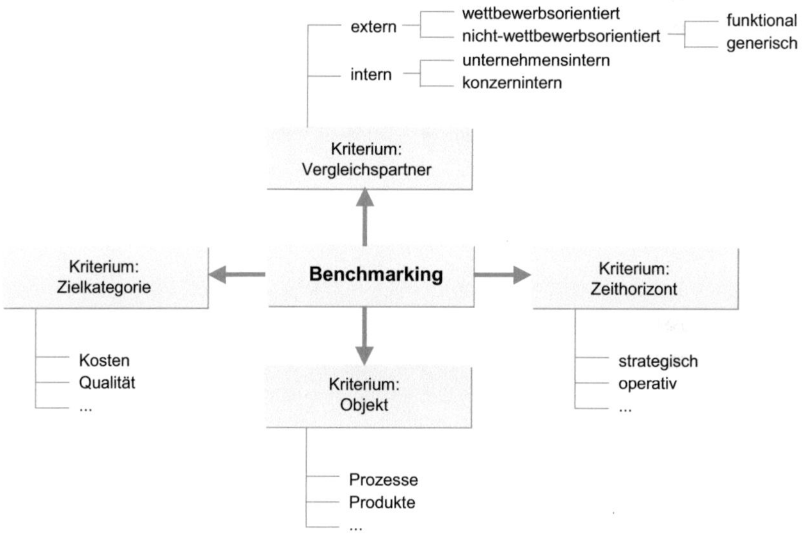

Abbildung 9: Varianten des Benchmarkings

Quelle: PIESKE (1995), S. 41.

[252] Zur Wahl der Kriterien vgl. PIESKE (1995), S. 41, LASCH (1998), S. 134, TUCHER VON SIMMELSDORF (2000), S. 90.

Zeithorizont/Perspektive des Benchmarkings

Die möglichen Perspektiven des Benchmarkings reichen von einer operativen Optimierung bestehender Prozesse und Verfahren über die taktische Um- bzw. Neugestaltung von Prozessen bis hin zu strategischen Überlegungen, wie der Neukonfiguration der Prozessabläufe und der Einführung neuer Verfahren und/oder Produkte. Benchmarking im Sinne CAMPS hat das Erreichen von Spitzenleistungen durch konkrete Prozessverbesserungen zum Ziel und damit sowohl operativen/taktischen wie auch strategischen Charakter.[253] Die Bezeichnung „operativ" oder „taktisch" beschreibt dabei nur den Ansatzpunkt der Betrachtung, da die Einführung von Best Practices immer auch strategischen Charakter hat. Dagegen beschreibt die Bezeichnung „strategisches Benchmarking" einen speziell auf strategische Fragestellungen, etwa der Formulierung der strategischen Unternehmensziele oder umfangreicher Restrukturierungsmaßnahmen, ausgerichteten Benchmarking-Ansatz.[254]

Zielkategorie des Benchmarkings

Die Ermittlung von Zielvorgaben ist ein wichtiger Aspekt des Benchmarking. Diese Ziele lassen sich in mehreren Kategorien beschreiben: Kosten, Produktivität, Qualität, Kundenzufriedenheit und Zeit. Steht eine Zielkategorie im Vordergrund kann der Begriff Benchmarking entsprechend präzisiert werden. So wird etwa im Kontext des Kostenmanagements die Bezeichnung „Cost Benchmarking" oder „Kosten-Benchmarking" verwendet. Während im „allgemeinen" Benchmarking die Zielkategorien gleichermaßen berücksichtigt werden, ist das Kosten-Benchmarking klar auf Kostenreduktionen ausgerichtet.[255]

Art der Benchmarking-Objekte

Als Objekt des Benchmarkings kommen sowohl Produkte und Dienstleistungen, Funktionen, Methoden und Prozesse, aber auch ganze Unternehmen oder Unternehmensteile bzw. deren strategische Ausrichtung in Frage.[256] Die Wahl des Benchmarking-Objekts wird oft mit der Entwicklungsstufe des Benchmarkings in Zusammenhang gesehen. Ausgangspunkt des Benchmarkings ist der Vergleich von Produkten und Verfahren (Produktbenchmarking, Wettbewerbsvergleich), als Weiterentwicklungen dieses Vergleichs sind Funktionen (funktionales Benchmarking) und Methoden bzw. Prozesse Gegenstand des Benchmarkings (Prozessbenchmarking). In der „höchsten" Entwicklungsstufe wird dann die Unternehmens-

---

[253] Vgl. CAMP (1994), S. 192 f.

[254] Vgl. WILDEMANN (2004), S. 56 f., JENNINGS ET AL. (1992), S. 22 ff.

[255] Vgl. HOFFJAN (1997), S. 349, KREUZ (1997), S 284 f.

[256] Vgl. HORVATH ET AL. (1992), S. 7, TUCHER VON SIMMELSDORF (2000), S. 90, WILDEMANN (2004), S. 57.

strategie selbst (s.o.) einem Benchmarking-Vergleich unterzogen (strategisches und globales Benchmarking).[257]

Bezugsebene des Benchmarkings / Kreis der Benchmarking-Partner

Die Bezugsebene des Benchmarkings bestimmt den Kreis der möglichen Benchmarking-Partner. Grundsätzlich ist zwischen unternehmensinternem und unternehmensübergreifendem (externem) Benchmarking zu unterscheiden. Die Klassifikation des Benchmarkings nach dem Kreis der Benchmarking-Partner ist in Abbildung 10 dargestellt.

Art	**Internes Benchmarking**	**Wettbewerbs Benchmarking**	**Funktionales Benchmarking**	**Generisches Benchmarking**
Definition	Vergleich zwischen verschiedenen Geschäftseinheiten	Vergleich mit der direkten Konkurrenz	Vergleich ähnlicher Funktionen mit branchenfremden Partnern	Vergleich über die Branchen- und Funktionsgrenzen hinaus
Ziel	Steigerung der operationalen Effektivität und Effizienz Bessere Kenntnisse der eigenen Abläufe sowie von Stärken und Schwächen	Überprüfung der Position am Markt Aufschließen zum Branchenführer mittels Anpassung der Best Practice Methoden	Optimierung eines für die Überlebens-sicherung der Unternehmung bedeutenden Organistions-bereichs (Funktion)	Paradigmen-Wechsel, Neuausrichtung oder Neugestaltung eines Unternehmens-bereiches oder des Unternehmens
Unterschiede hinsichtlich • Vergleichbarkeit • Innovationspotential • Datenverfügbarkeit	 + ◄ - ◄ + ◄			 ► - ► + ► -

Abbildung 10: Benchmarking Arten nach dem Kreis möglicher Benchmarking-Partner

Quelle: Eigene Darstellung in Anlehnung an CAMP (1994), S. 71 und KLAUS ET AL. (1996), S. 11.

Bei einem internen Benchmarking werden Organisationseinheiten eines Unternehmens, wie Tochtergesellschaften, Niederlassungen bzw. Filialen, Profitcenter, Zweigwerke oder Arbeitsgruppen (z.B. die Lagerstandorte Nord- und Süddeutschland), miteinander verglichen.[258] Da keine zwischenbetrieblichen Schranken zu überwinden sind, ist die Verfügbarkeit

---

[257] Vgl. TUCHER VON SIMMELSDORF (2000), S. 90, WILDEMANN (2004), S. 57.

[258] Vgl. CAMP (1994), S. 77, HOFMANN (2004), S. 42.

von Daten vergleichsweise hoch[259], insbesondere beim Benchmarking von Filialen oder Arbeitsgruppen sind die Objekte meist weitgehend homogen, was die Vergleichbarkeit erhöht. Gleichzeitig sind aber die Erwartungen an das Ergebnis nicht zu hoch anzusetzen: Man wird zwar detaillierte Informationen über das zur Verfügung stehende Leistungspotential und die Leistungsunterschiede erhalten, die Wahrscheinlichkeit, im eigenen Unternehmen auf bisher verborgene Spitzenleistungen mit den entsprechenden Best Practices zu stoßen und so durch wirkliche Veränderungen sprunghafte Verbesserungen erzielen zu können ist dagegen eher gering.[260] CAMP schlägt daher das interne Benchmarking als Grundlage für weiterführende, externe Benchmarking-Untersuchungen vor.[261]

Bei den Varianten des externen Benchmarking wird die Forderung nach einer Erweiterung des Blickwinkels „über den eigenen Tellerrand hinaus“ erfüllt, als Benchmarking-Partner kommen direkte Wettbewerber (Wettbewerbs-Benchmarking), aber auch branchenfremde Unternehmen (funktionales und generisches Benchmarking) in Frage.[262]

Im Wettbewerbs-Benchmarking („Competitive Benchmarking“) wird der Kreis möglicher Benchmarking-Partner auf die direkte Konkurrenz ausgedehnt. Die Vergleichbarkeit ist hier meist ähnlich hoch wie beim internen Benchmarking, die Datenverfügbarkeit ist aber deutlich erschwert, da zumeist Ressentiments zwischen direkten Konkurrenten beim Austausch vertraulicher Informationen bestehen[263], aber auch aufgrund der Vorsicht im Umgang mit kartellrechtlichen Vorschriften.[264] Das Wettbewerbs-Benchmarking erlaubt durch die Beschränkung des Vergleichs auf die Konkurrenz allenfalls ein Einholen, ein Überholen ist nur durch Impulse und Anregungen „von außen“, also aus branchenübergreifenden Untersuchungen zu erwarten.[265]

Das funktionale Benchmarking oder Prozessbenchmarking erfüllt die Forderung nach einer branchenübergreifenden Auswahl der Vergleichspartner.[266] So konnte Xerox (erst) durch einen branchenübergreifenden Vergleich mit dem Versandhändler L.L. Bean, der als Industrieführer in den Funktionen bzw. Prozessen Auftragsbearbeitung und Lagerverwaltung

---

[259] Allerdings gibt es auch die gegenteilige Erfahrung: Oftmals halten die jeweils Verantwortlichen bei internen Benchmarking-Projekten Daten zurück, um kein vermeintlich „schlechtes“ Ergebnis zu erzielen (etwa aus Angst vor Zusammenlegung von Standorten).

[260] Vgl. WATSON (1993), S. 111.

[261] Vgl. CAMP (1994), S. 77.

[262] Vgl. etwa CAMP (1994), S. 77, HORVATH ET AL. (1992), S. 5.

[263] Vgl. PIESKE (1995), S. 45.

[264] CAMP schlägt vor, dieses Dilemma durch das Einschalten einer neutralen dritten Partei zu lösen, so kann ein vertraulicher und anonymer Datenaustausch stattfinden, vgl. CAMP (1994), S. 78 f.

[265] Vgl. HORVATH ET AL. (1992), S. 5.

[266] Vgl. CAMP (1994), S. 79 f., TUCHER VON SIMMELSDORF (2000), S. 99.

gilt, seine Lagerprozesse sprunghaft verbessern.[267] Der Grund dafür, dass sprunghafte Verbesserungen eigentlich nur bei branchenübergreifenden Benchmarking-Untersuchungen erreicht werden können, liegt darin, dass die gleiche Funktion in unterschiedlichen Branchen zum Teil sehr unterschiedliche Bedeutungen hat und damit auch unterschiedlich weit entwickelt sein kann.[268] Das Innovationspotential ist also deutlich höher einzuschätzen als beim internen oder Wettbewerbs-Benchmarking.

Gleichzeitig ist aber das Sicherstellen der Vergleichbarkeit beim funktionalen Benchmarking eine entsprechend hohe Herausforderung. Das Risiko einer Fehlinterpretation der Ergebnisse steigt, etwa weil Leistungsunterschiede möglicherweise nicht in der Anwendung erfolgreicher Praktiken, sondern auf einfacheren Rahmenbedingungen beruhen. Die Akzeptanz der Ergebnisse und die Datenverfügbarkeit werden beim funktionalen Benchmarking schlechter eingeschätzt als bei den beiden zuvor genannten Varianten. Die Ressentiments hinsichtlich eines Datenaustausches sind zwar deutlich niedriger als bei einem Benchmarking mit der direkten Konkurrenz, gleichzeitig ist aber, wie schon festgestellt wurde, der Aufwand zur Sicherstellung bzw. Herstellung einer einheitlichen und vergleichbaren Datenbasis deutlich höher.

Das generische Benchmarking - auch allgemeines Benchmarking - zielt auf Prozesse, die unabhängig von Branche und betrieblicher Funktion vergleichbar sind.[269] Bei dieser Art des Benchmarkings kann das höchste Verbesserungspotential erreicht werden. Die Chance, bei einem Vergleich auf bisher im eigenen Unternehmen unentdeckte Methoden und Praktiken zu stoßen ist bei einem Vergleich, der weder durch Branchen- noch durch Funktionsgrenzen eingeschränkt wird, am größten. Das zuvor bereits angeführte Beispiel von Southwest Airlines, einem Benchmarking-Vergleich zwischen der Bodenabwicklung von Flugzeugen und den Boxenstopps in Indie-Car Rennen, ist dem Bereich des generischen Benchmarkings zuzurechnen.[270]

Analog zum funktionalen Benchmarking sind hier die „Berührungsängste" potentieller Benchmarking-Partner vergleichsweise gering, dem stehen aber ebenfalls entsprechend hohe Anforderungen beim Sicherstellen bzw. Herstellen einer einheitlichen und vergleichbaren Datenbasis gegenüber. Diese Form des Benchmarkings geht über die Untersuchung

---

[267] Vgl. TUCKER ET AL. (1987), S. 8, CAMP (1994), S. 79.

[268] Vgl. HORVATH ET AL. (1992), S. 5. So ist die Lagerverwaltung und die Kommissionierung im Versandhandel von entscheidender strategischer Bedeutung.

[269] Vgl. CAMP (1994), S. 81, CAMP führt hier den Prozess der Auftragsabwicklung als Beispiel an, der über Produkt-, Branchen- und Funktionsgrenzen hinaus zumindest sehr ähnlich und damit vergleichbar ist.

[270] Vgl. TUCHER VON SIMMELSDORF (1998), S. 4.

operativer Abwicklungsformen zur Identifikation von Best Practices hinaus, um sprunghafte Verbesserungen zu erzielen wird dabei die Suche nach neuen Ideen zur Anregung von Verbesserungsimpulsen, auch bezogen auf Verhaltensweisen und Denkstrukturen, besonders betont.[271] Um übertragbare Best Practices zu identifizieren sind ein hohes Maß an Objektivität zur richtigen bzw. adäquaten Interpretation der Ergebnisse und Offenheit (zur Akzeptanz der Ergebnisse) notwendig. Nicht zuletzt aus diesem Grund gilt das generische Benchmarking als anspruchsvollste Benchmarking-Variante.[272]

Das Verständnis des Benchmarkings im Sinne der Untersuchung entspricht dem Prozess-Benchmarking oder funktionalen Benchmarking. Beim Vergleich der betrieblichen Funktion „Lager“ werden branchenübergreifend Lagerstandorte aus unterschiedlichen Wirtschaftszweigen[273] betrachtet. Dabei sind grundsätzlich auch Elemente des generischen Benchmarkings denkbar, z.B. bei der Exportabwicklung oder im Bereich der „Value-added“-Dienstleistungen. Diese werden entsprechend diskutiert, bilden aber – vor allem bei der geplanten Operationalisierung eines Benchmarking-Konzepts für Logistikdienstleister - nicht den Schwerpunkt dieser Untersuchung.

[271] Vgl. TUCHER VON SIMMELSDORF (2000), S. 99.

[272] Vgl. CAMP (1994), S. 82, HOFMANN (2004), S. 42.

[273] Die „offene Lagerhausstudie“ des BMC umfasst Datensätze aus den Branchen Chemie/Pharma, Stahl-/Maschinen-/Fahrzeugbau, Elektrotechnik/High Tech, Holz/Papier/Druck, Einzel- und Großhandel sowie Logistikdienstleistung, vgl. Kapitel 7.1.

4 Anforderungen an ein Controlling in der Kontraktlogistik – Ergebnisse einer Befragung von Praktikern

Die Klärung der grundlegenden Begriffe der Arbeit in Kapitel 3 auf Basis der vorhandenen Veröffentlichungen bringt bereits etwas „Licht ins Dunkel" der Fragestellung. Gleichzeitig wird aber auch deutlich, dass sich auf Basis theoretischer und praxisorientierter Veröffentlichungen kein zufriedenstellendes Bild der Problemstellungen für das Controlling von Kontraktlogistik-Geschäften der Logistikdienstleister und mögliche Lösungsstrategien ableiten lässt. BEREKOVEN weist in der Einleitung zu „Der Dienstleistungsbetrieb" etwas zugespitzt formuliert darauf hin, dass

> "Spötter [...] nicht ganz zu Unrecht [sagen], dass die Wissenschaftler bei ihren Untersuchungen und Beschreibungen zwar von 'Betrieb' oder 'Unternehmung' schlechthin sprechen, in Wirklichkeit aber nur eine Textil- oder Maschinenfabrik in Form einer AG vor Augen haben."[274]

Obwohl die von BEREKOVEN beschriebene Lücke in der Zwischenzeit deutlich verkleinert werden konnte gilt auch heute insbesondere für die Logistik-Dienstleistungswirtschaft tendenziell noch, dass die Mehrzahl der betriebswirtschaftlichen Veröffentlichungen die Perspektive produzierender Unternehmen oder spezifischer Dienstleistungsbereiche wie Handel, Banken oder Versicherungen einnehmen.[275]

Um die beschriebene Lücke für die Arbeit zu schließen und die Anforderungen an ein geeignetes Controlling für Kontraktlogistik-Geschäfte zu ermitteln, wird eine empirische Untersuchung auf Basis qualitativer Methoden der Sozialforschung angestrebt, die prinzipiell auch für betriebswirtschaftliche Fragestellungen zu abgegrenzten, unternehmerischen Sachfragen einsetzbar sind.[276]

Nach ATTESLANDER gliedert sich der Ablauf empirischer Forschungsprojekte in fünf Phasen: Problembenennung, Gegenstandsbenennung, Durchführung (Anwendung von Forschungsmethoden), Analyse (Auswertungsverfahren) und Verwendung (von Ergebnissen).[277] Dieses Vorgehen spiegelt sich in der Struktur der Unterkapitel wider:

In Unterkapitel 4.1 erfolgt die Problembenennung, die Formulierung als wissenschaftliche Fragestellung und die Definition des Forschungsgegenstands, der Objekt der weiteren Betrachtungen ist. In Unterkapitel 4.2 wird die Operationalisierung der Untersuchung bzw.

---

[274] BEREKOVEN (1974), S. 11.

[275] Vgl. CORSTEN (1997), S. 3 f.

[276] Zu den Einsatzmöglichkeiten von Methoden der empirischer Sozialforschung vgl. z.B. ATTESLANDER (2003), S. 21, SCHNELL ET AL. (2005), S. 5 f.

[277] Vgl. ATTESLANDER (2003), S. 23, ähnlich auch SCHNELL ET AL. (2005), S. 8.

deren Durchführung dargestellt. Dabei wird ein geeignetes Forschungsdesign entworfen, um die reichhaltigen Erfahrungen, die in der Praxis vorhanden sind, für die Arbeit zugänglich und nutzbar zu machen. Ferner wird die Anwendung dieser Forschungsmethode beschrieben, um so Transparenz über die Ermittlung der empirischen Erkenntnisse, die Durchführung der Untersuchung und damit die Entstehung der Ergebnisse herzustellen und nachvollziehbar zu machen. Unterkapitel 4.3 ist den Ergebnissen der empirischen Untersuchung gewidmet, d.h. dem Verständnis des Kontraktlogistik-Begriffs in der Praxis, der Umsetzung von Kontraktlogistik-Projekten, der Spannweite bei der Umsetzung des Controllings in den untersuchten Unternehmen sowie dem Einsatz des Benchmarkings als Instrument des Controllings. In Unterkapitel 4.4 werden schließlich die zentralen Ergebnisse im Hinblick auf die Fragestellung zusammengefasst. Inhalt ist die Darstellung der Anforderungen an ein Controlling für die Kontraktlogistik sowie die Darstellung von pragmatischen Lösungsansätzen der Praktiker mit ihren Stärken und Schwächen.

4.1 Definition der Fragestellung und des Untersuchungsobjekts - Anforderungen an ein Controlling für die Kontraktlogistik

Die Fragestellung der empirischen Untersuchung ist an die wissenschaftliche Fragestellung der Arbeit angelehnt: Die Spezifika von Kontraktlogistik-Beziehungen mit den wichtigsten Erfolgs- und Risikofaktoren und daraus resultierend die Anforderungen an ein geeignetes Controlling für den Logistikdienstleister sollen ermittelt werden. Die Lösungsansätze aus der Controlling-Praxis, um diesen Anforderungen zu begegnen, werden mit ihren jeweiligen Stärken und Schwächen erfasst. Zusätzlich erfolgt eine Bewertung der Möglichkeiten des Benchmarkings durch die befragten Experten als geeignetes Instrument (nicht zwingend basierend auf eigenen Erfahrungen aus Benchmarking-Projekten, auch „Vorurteile“ und bestehende Einstellungen sollen aufgenommen werden), um diesen Anforderungen zu begegnen. Ausformuliert lautet die Fragestellung(en) des empirischen Teils:

> *Welche Anforderungen an ein Controlling für Logistikdienstleister ergeben sich in der Praxis der Kontraktlogistik und welche Lösungsansätze gibt es in der Praxis?*
>
> *Wie werden die Möglichkeiten eines Prozessbenchmarkings als Controlling-Instrument eingeschätzt?*

Dabei wird geprüft, ob sich die eingangs geäußerte Vermutung der hohen Bedeutung von Transparenz und (damit eng korrespondierend) von Vertrauen in der Kontraktlogistik bestätigt werden kann. Es wird ermittelt, welche Ausprägungen die Begriffe in den verschiedenen Phasen von Kontraktlogistik-Projekten haben und inwieweit sie zu einer erfolgreichen Beziehung beitragen oder sogar notwendige Voraussetzung für ein Zustandekommen einer solchen Beziehung sind.

Aus der Fragestellung ergibt sich implizit das Untersuchungsobjekt, also die „Grundgesamtheit" bzw. die Menge der Objekte, für die die Ergebnisse gelten sollen[278]: befragt werden „Logistikdienstleister in Kontraktlogistik-Beziehungen". Um die Gültigkeit der ermittelten Aussagen sicherzustellen, muss das Untersuchungsobjekt in sachlicher, räumlicher und zeitlicher Hinsicht präzisiert und exakt abgegrenzt werden.[279]

Für die sachliche Präzisierung der „Logistikdienstleister in Kontraktlogistik-Beziehungen" kann die Definition der Kontraktlogistik aus Kapitel 3.1.4.1 verwendet werden: Kontraktlogistik betreiben diejenigen Logistikdienstleister, die langfristig vertraglich geregelt komplexe Logistikpakete abwickeln, deren Volumen „nicht unbedeutend" ist (in der Praxis mindestens 0,5-1 Mio. Euro Umsatz p.A.). Eine ausführliche Beschreibung des Marktsegments „Kontraktlogistik" auf Basis dieser Definition liefert die Studie „Top 100 der Logistik" von KLAUS.[280]

Eine Einteilung des Marktes erfolgt hier nach den Kriterien „Logistik-Funtkionsbereich" – (also Transport, Lager), „Verkehrsträger" – (also Straße, Schiene, Wasser und Luft) - und „Geographie" – (national und international).[281] Abbildung 11 zeigt die 16 Marktsegmente des deutschen Logistikmarktes nach KLAUS, wobei die für die vorliegende Untersuchung relevanten „Kontraktlogistik-Teilmärkte" fett gedruckt sind.[282]

[278] Vgl. SCHNELL ET AL. (2005), S. 265.

[279] Vgl. STIER (1999), S. 114.

[280] Vgl. KLAUS (2003), S. 110 ff., zur Definition der Kontraktlogistik vgl. S. 107.

[281] Vgl. KLAUS (2003), S. 36.

[282] Obwohl nicht alle Segmente für die Arbeit relevant sind, wurden sie in der Abbildung vollständig angeführt. Dies erleichtert das Verständnis der Tätigkeitsfelder der befragten Logistikdienstleister, die meist in mehreren Bereichen vertreten sind.

	Marktsegmente
„Bulk"- bzw. „Punkt-zu-Punkt"-Ladungs-transportmärkte	1. Nationale Massengutlogistik 2. Nationaler allgemeiner Ladungsverkehr mit nicht-spezialisiertem LKW- und Waggon-Equipment 3. Schwertransporte und Krandienste 4. Nationale Tank- und Silotransporte 5. Nationale sonstige Ladungsverkehre mit spezialisiertem Equipment (wie Automobil-, Flachglas-, Jumbotransporte)
Märkte für Stückgut-transporte und sonstige handlingsbedürftige Güter	6. Nationale allgemeine Stückgutverkehre **7. Konsumgüterdistribution und Konsumgüterkontraktlogistik** **8. Industrielle Kontraktlogistik, insbesondere industrielle Produktions-versorgung und Ersatzteilversorgung** 9. Hängende Kleider Logistik 10. High-Tech-Güter, Messelogistik, Neumöbel- und Umzugstransporte 11. KEP – Paket-, echte Kurier- und spezialisierte Expressfrachtdienste 12. Terminaldienste, nicht integrierte Lagerei-, Umschlags- und sonstige logistische Zusatzdienste
Märkte für internationale Transporte	13. Grenzüberschreitende Transport- und Speditionsleistungen, Schwerpunkt Straße und Schiene 14. Grenzüberschreitende Transport- und Speditionsleistungen, Schwerpunkt Seeschifffahrt und Seehafenspedition 15. Grenzüberschreitende Aircargo-Carrier und Leistungen der Luftfracht-Spedition
Sonstige	16. Mail - Postdienste der Drucksachen- und Briefbeförderung

Abbildung 11: Segmentierung der Logistikmärkte nach Logistik-Funktionsbereichen, Verkehrsträgern und Geographie

Quelle: Klaus (2003), S. 37.

Die Eingrenzung des Segments „Kontraktlogistik" wird insbesondere auf Basis des Kriteriums „Logistik-Funtkionsbereich" durchgeführt. Zur Kontraktlogistik im Sinne der Arbeit gehören die Marktsegmente, in denen komplexe und integrierte Logistikpakete abgewickelt werden. Relevant für die Untersuchung sind dabei die Segmente „Konsumgüterdistribution und Konsumgüterkontraktlogistik" und „Industrielle Kontraktlogistik, insbesondere industrielle Produktionsversorgung und Ersatzteilversorgung".

Aufgrund der Bezugnahme auf die sachliche Abgrenzung des Marktes und somit der Anbieter von Kontraktlogistik nach KLAUS´ „Top 100" bietet sich die Anlehnung an die entsprechenden Eingrenzungen des Feldes Kontraktlogistik in räumlicher Hinsicht an. Die

„Top 100“-Statistik beschreibt jeweils nach dem „Heimatland“-Prinzip die Umsätze der Unternehmen im Inland (hier BRD).[283]

Für die Beschreibung des Untersuchungsobjektes der Arbeit kann diese Definition etwas „aufgeweicht“ werden, da nationale und regionale Besonderheiten der Kontraktlogistik innerhalb Europas nicht Gegenstand der vorliegenden Arbeit sind. Deshalb kann die Grundgesamtheit der relevanten Unternehmen als die Dienstleister beschrieben werden, die in Deutschland Kontraktlogistik betreiben, auch mit Sitz der Zentrale im Ausland.

In zeitlicher Hinsicht sind alle Unternehmen für die Betrachtung relevant, die zum Zeitpunkt der Durchführung der Untersuchung, also bis Mitte 2005, im Kontraktlogistik-Sektor aktiv waren. Auch an dieser Stelle ist die Bezugnahme auf KLAUS´ "Top 100“ von Bedeutung. Die (Unternehmens)Daten dieser Studie beziehen sich auf den Redaktionsschluss im April 2003 und können für die Zwecke der Arbeit mit wenigen Aktualisierungen (insbesondere hinsichtlich Fusionen bzw. Umfirmierungen) genutzt werden.[284]

Natürlich stellt sich an dieser Stelle die Frage, warum nicht auch Expertenmeinungen von verladenden Unternehmen, also den „Auftraggebern/Kunden“ der Kontraktlogistik ermittelt werden. Dem ist entgegenzuhalten, dass in den Antworten der Experten der Dienstleisterseite bereits implizit die Anforderungen der Verlader enthalten sind. Diese beruhen auf Erfahrungen der Befragten aus eben solchen zweiseitigen Beziehungen. Vor allem würde eine solche Ausweitung der Untersuchung den Rahmen der Arbeit sprengen und von der eigentlichen zentralen Fragestellung, nämlich der Anforderungen an ein geeignetes Controlling der Dienstleister, ablenken.

4.2 Untersuchungsdesign – Befragung auf Basis semi-strukturierter Experteninterviews

Bei der Konzeption der empirischen Untersuchung ist zunächst ein der Zielsetzung der Empirie angemessenes Untersuchungsdesign zu bestimmen. Dazu ist die zu verwendende Datenerhebungstechnik und eine geeignete Stichprobe auszuwählen, die hinsichtlich der Fragestellung aussagekräftige und belastbare Aussagen liefert und gleichzeitig dem Rahmen der Arbeit angemessen ist.

---

[283] Dabei werden die im Inland fakturierten Umsätze erfasst, unabhängig davon, ob es sich dabei um Umsätze „für das Ausland“, d.h. „Outbound“-Leistungen handelt, „Inbound“-Leistungen dagegen werden nicht erfasst, vgl. KLAUS (2003), S. 33.

[284] Vgl. KLAUS (2003), S. 34.

4.2.1 Methode der Datenerhebung - semi-strukturierte Experteninterviews

Ziel der Untersuchung ist es, ein möglichst repräsentatives Bild der Praxis der Kontraktlogistik-Anbieter zu erhalten. Es soll explizit das „unstrukturierte“ Erfahrungswissen - auch Meinungen und Einstellungen - der Befragten gesammelt werden. Dabei steht die pragmatische Erfassung reichhaltiger Aussagen aus der Praxis sowie der eingesetzten Techniken, Methoden und Praktiken im Vordergrund – der Fokus liegt hierbei auf der Erfassung qualitativer Aussagen, die Sichtweise der betroffenen Experten in der Logistikdienstleistungswirtschaft soll dargestellt werden.

Zur Erfassung von solch unstrukturiertem Erfahrungswissen eignen sich quantitative Methoden[285] wie stark strukturierte Befragungen nur bedingt, da durch den starren Ablauf und den festgelegten Inhalt der Fragen das Risiko besteht, Sachverhalte, die nicht in die „Schablone“ des Fragebogens passen, nicht oder nur unzureichend aufzunehmen.

Qualitative Methoden[286] wie semi-strukturierte Interviews bieten dagegen in höherem Umfang die Möglichkeit zur Interpretation der Aussagen, dabei gilt zu berücksichtigen, dass „einzelne Antworten auch bei ausgeklügelter Auswertung nicht als isolierte Daten zu werten [sind], sondern vornehmlich als Hinweise auf Zusammenhänge.“[287] Diese Aussage passt zur Verneinung der Aggregierbarkeit unstrukturierter Daten aus derartigen hoch reaktiven Befragungen.[288]

Zum Zwecke der Erfassung unstrukturierter oder teilstrukturierter Informationen mit dem Ziel „Praktikerhypothesen” aus dem „wirklichen Leben” zu bilden, wurden deshalb semi-strukturierte Interviews, ergänzt durch die Analyse von Dokumenten der Logistikdienstleister (etwa Controlling-Reports oder Benchmarking-Fragebögen), als Methode der Datenerhebung ausgewählt.

Dabei bedeutet semi-strukturiert, dass die Gesprächsführung sich an vorformulierten Fragen, dem Interviewleitfaden (der in dieser Untersuchung verwendete Interviewleitfaden befindet sich in Anhang 1), orientiert. Die Abfolge der Fragen ist offen. Der Leitfaden garantiert, dass alle forschungsrelevanten Aspekte angesprochen werden und somit eine grundsätzliche Vergleichbarkeit der einzelnen Interviews erreicht wird.[289] Vorteil ist, dass durch die offene

---

[285] Zur Operationalisierung quantitativer Forschungskonzepte vgl. SCHNELL ET AL. (2005), S. 127 ff.

[286] Die Grundtechniken der qualitativen Datenerhebung sind die Befragung, die Beobachtung, das Experiment und die Inhalts- oder Dokumentenanalyse, vgl. SCHNELL ET AL. (2005) S. 319, ATTESLANDER (2003), S. 59 ff. Für einen Überblick über die verschiedenen Typen der Befragung vgl. ATTESLANDER (2003), S. 145.

[287] ATTESLANDER (2003), S. 144.

[288] Vgl. MILES ET AL. (1999), S. 10.

[289] Vgl. SCHNELL ET AL. (2005), S. 387.

Gesprächsführung und die weiten Antwortspielräume Themen, die sich aus dem Gespräch ergeben, aufgegriffen und weiterverfolgt werden können. So kann auch der jeweilige Stellenwert der angesprochenen Punkte beim Interviewpartner bzw. „Querverbindungen" zwischen einzelnen Aspekten erkannt werden.[290] Die entsprechend hohen Anforderungen an die Vergleichbarkeit der Interviews sind hier insofern garantiert, dass alle Gespräche vom Autor selbst geführt wurden und somit „Reibungsverluste" bei der Abstimmung zwischen Interviewer und Forscher nicht stattfinden.[291]

4.2.2 Auswahl geeigneter Interviewpartner - Erhebungsumfang und Beschreibung der befragten Logistikdienstleister

Wie bei der Beschreibung der Grundgesamtheit gezeigt ist der Markt für Kontraktlogistik anbieterseitig sehr heterogen. Neben „einigen Großen", die insbesondere in der Konsumgüterdistribution den Markt dominieren, finden sich gerade im Bereich industrieller Kontraktlogistik eine Vielzahl (oftmals sehr erfolgreicher) kleiner und mittlerer Anbieter. Eine Vollerhebung ist deshalb aufgrund des Umfangs der Grundgesamtheit im Rahmen der Arbeit nicht möglich.[292]

Bei der Auswahl der Unternehmen wurde ein breiter Focus gesetzt, um ein Bild über die gesamte Landschaft der Kontraktlogistik von mittelständischen Dienstleistern bis hin zu großen Netzwerkbetreibern zu erhalten.

Dieser Betrachtungswinkel scheint gerechtfertigt, da vermutet wurde, dass die Problemstellung der Arbeit gleichermaßen auf alle Ausprägungen der Kontraktlogistik zutrifft. Gleichzeitig wurde darauf geachtet, sowohl Unternehmen aus dem Benchmarking-Arbeitskreis „Lager" als auch Nicht-Mitglieder zu befragen, um ein verzerrtes Bild durch eine mögliche „Voreingenommenheit" der Befragten zu vermeiden.

In der vorliegenden Untersuchung wird kein Anspruch auf Repräsentativität der Stichprobe erhoben: Über eine „bewusste Auswahl"[293] wurden in fünf Fällen bestehende Verbindung über das Benchmarking Center genutzt, neun Unternehmen wurden unabhängig davon angesprochen. In diesem Sinne kann die Stichprobe also nicht als repräsentativ gelten, Aussagen wie „X Prozent der befragten Unternehmen nutzen Benchmarking als Controlling-Instrument" wären aufgrund der Konstellation bzw. Auswahl der Stichprobe nicht sinnvoll.[294]

---

[290] Vgl. SCHNELL ET AL. (2005), S. 387.

[291] Vgl. SCHNELL ET AL. (2005), S. 388.

[292] Vgl. STIER (1999), S. 115 f.

[293] Also keine echte Zufallsauswahl, vgl. SCHNELL ET AL. (2005), S. 298 ff.

[294] Vgl. SCHNELL ET AL. (2005), S. 304 ff.

Hinsichtlich der sachlichen Abgrenzung der Kontraktlogistik wurde das gesamte „Spektrum" der möglichen Ausprägungen von Kontraktlogistik berücksichtigt. Als Kriterien zur Beschreibung der möglichen Ausprägungen wurden dabei der geographische Tätigkeitsbereich (regional, überregional, international) und der Tätigkeitsschwerpunkt (Integrator, Netzwerkbetreiber, Spediteur, Lagerspezialisten), sowie die Unternehmensgröße, bezogen auf den Gesamtumsatz und den Anteil der Kontraktlogistik gewählt.[295] Im Sinne der Definition der Kontraktlogistik in Kapitel 3.1.4.1 wurden keine Unternehmen mit geringer Leistungsbreite und Leistungstiefe in die Untersuchung miteinbezogen. Abbildung 12 zeigt die möglichen Ausprägungen der Kontraktlogistik, die im Rahmen der Experteninterviews abgedeckt wurden. Die Profile der befragten Unternehmen befinden sich in Anhang 2.

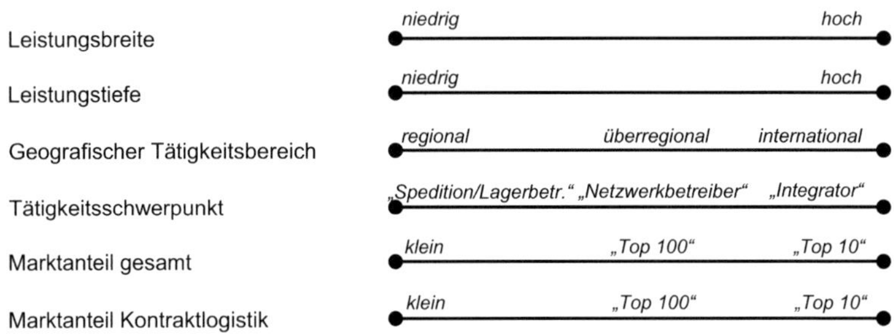

Abbildung 12: „Kontraktlogistik-Spektrum" der befragten Unternehmen

Quelle: Eigene Darstellung

4.2.3 Durchführung der Untersuchung – Interviewleitfaden und Erhebung der Daten

Entwicklung des Interviewleitfadens

Basierend auf Informationen aus der verfügbaren Literatur zu den Themengebieten Logistikdienstleistung, Kontraktlogistik und Controlling wurde ein Interviewleitfaden für Interviews mit Experten aus der Praxis der Logistikdienstleistung erarbeitet. Dieser Fragebogen wurde in einem Pretest mit drei Experten aus der Logistikdienstleistungsbranche erprobt, die bewusst nicht aus dem Kreis der „Stichprobe" gewählt wurden, um eine unnötige Belastung der Bereitschaft zur Unterstützung des Forschungsvorhabens durch die - meist terminlich sehr

---

[295] Zur Auswahl und detaillierten Beschreibung der Kriterien „Leistungsbreite", „Leistungstiefe" und „Tätigkeitsschwerpunkt" vgl. Abschnitt 3.1.2.1.

eingeschränkten - Experten zu vermeiden.[296] Dadurch konnte die Verständlichkeit der Fragen gewährleistet und Kontexteffekte umgangen werden. Der Interviewleitfaden befindet sich in Anhang 1.

Durchführung der Interviews

Zur Durchführung der Interviews mussten zunächst innerhalb der Unternehmen geeignete Interviewpartner gefunden werden, die aufgrund ihrer Tätigkeit über das notwendige Expertenwissen, also über eine detaillierte aber auch übergreifende Kenntnis des Kontraktlogistik-Geschäfts, verfügen. Es wurden Personen angesprochen, die in leitender Funktion direkt im Bereich Kontraktlogistik, im Controlling oder bei kleineren Unternehmen in der Geschäftsführung tätig sind.

Bei der Ansprache der gewünschten Interviewpartner wurde auf bestehende Kontakte des Lehrstuhls bzw. der Fraunhofer ATL zurückgegriffen. Die Resonanz der angesprochenen Praktiker zur Unterstützung des Forschungsvorhaben war sehr positiv: Bis auf eine Ausnahme erklärten sich alle zu einem Gespräch bereit oder verhalfen zu einem Termin mit einem kompetenten Kollegen.

Die Befragungen wurden von Februar bis Juli 2005 durchgeführt. Die Interviews fanden mit zwölf Partnern in persönlichen Gesprächen, mit zwei Partnern telefonisch statt. Die Interviews dauerten abhängig von der Diskussionsbereitschaft der Befragten zwischen dreißig Minuten und zwei Stunden. Zusätzlich zu den Interviews stellten zehn Interviewpartner dem Autor interne Dokumente (Unternehmenspräsentationen bzw. eingesetzte Kennzahlensysteme) für eine Dokumentenanalyse zur Verfügung.

4.3 Ergebnisse der Untersuchung – Problemstellungen der Kontraktlogistik und Anforderungen an ein Controlling in der Praxis

Nachdem die befragten Unternehmen hinsichtlich der Kriterien zur Beschreibung der Kontraktlogistik im Rahmen der konzeptionellen Darstellung der Untersuchung anhand ihrer „Kontraktlogistik-Profile" beschrieben wurden, erfolgt nun die Darstellung der Ergebnisse der Befragung.

Zunächst werden das Verständnis der Kontraktlogistik und die Umsetzung in Projekten in der Praxis dargestellt (4.3.1). Danach werden Erfolgs- und Risikofaktoren in den verschiedenen Phasen einer Kontraktlogistik-Beziehung aufgezeigt (4.3.2) und schließlich die aus den

[296] Die z.T. in der Theorie empirischer Sozialforschung geforderten mehrphasigen Pretests, vgl. SCHNELL ET AL. (2005), S. 348 ff., erschienen im vorliegenden Fall angesichts des begrenzten Stichprobenumfangs nicht sinnvoll.

Spezifika der Kontraktlogistik und den entsprechenden Erfolgs- und Risikofaktoren resultierenden Aufgaben des Controllings beschrieben (4.3.3).

4.3.1 Kontraktlogistik aus der Perspektive der Dienstleister

4.3.1.1 Verständnis und Entwicklung der Kontraktlogistik in der Praxis

Wie entsprechend des pragmatischen Charakters der Kontraktlogistik-Definition aus Abschnitt 3.1.4.1 vermutet wurde, konnte dieses Verständnis in den durchgeführten Interviews bestätigt werden. Logistikdienstleistungen, deren Abwicklung aufgrund der Kombination einer Vielfalt von (Teil-)Dienstleistungen „ausreichend" komplex und kundenspezifisch und deren Größenordnung hinsichtlich des Umsatzes hinreichend[297] ist, werden mittels Kontrakt längerfristig, in der Regel mindestens ein Jahr, geregelt bzw. „abgesichert".

Die Komplexität der angebotenen Logistikpakete wurde von den Interviewpartnern aus zwei unterschiedlichen Richtungen dargestellt: der integrationsorientierten und der abwicklungsorientierten Sicht.

Bei der integrationsorientierten Sicht bildet die Planung und Steuerung der Supply Chain, also der Leistungsumfang (vgl. Abschnitt 3.1.4.1), den Ausgangspunkt zur Charakterisierung der Kontraktlogistik. Dabei steht die Kompetenz zur Integration der Supply Chain des Verladers - sowohl physisch wie vor allem informationstechnisch - im Mittelpunkt. Bei dieser Sichtweise wird die Kompetenz als Berater besonders hervorgehoben. Die Übernahme ganzer Ketten im Sinne eines 4PL geschieht eher in Ansätzen, da die Verlader nicht das „Heft aus der Hand" geben wollen. Bedeutender wird die Fähigkeit zur informationstechnischen Integration der Kette eingeschätzt. Vertreter dieses Ansatzes heben dabei zum Teil die Bedeutung von „Komplettlösungen" hervor. In einem Fall wurde betont, dass dabei eigene Ressourcen nicht „bevorzugt" behandelt, sondern die operativen Leistungspakete jeweils durch den günstigsten bzw. bezüglich der gewünschten Leistung, Flexibilität und Qualität „passenden" Anbieter abgewickelt werden. Dieses Selbstverständnis entspricht tendenziell dem Begriff des Lead Logistics Provider (LLP) (vgl. Abschnitt 3.1.4.2). Eigene Kapazitäten spielen dennoch für alle Befragten eine Rolle, nicht zuletzt aufgrund des damit verbundenen Wissens über die operativen Abwicklungen.

---

[297] Genaue Angaben bezüglich der Höhe des Volumens, ab der ein Vertrag geschlossen wird, konnten nicht in Erfahrung gebracht werden, da dies fall- und insbesondere kundenspezifisch unterschiedlich ist, vgl. ausführlich Abschnitt 4.3.2. Die in 3.1.4.1 genannte Größenordnung von 0,5 bis 1 Mio. Euro Umsatz pro Jahr wurde aber als Orientierungsgröße bestätigt. Einige Befragte hielten den Umsatz hingegen nicht für aussagekräftig.

Bei der abwicklungsorientierten Sicht ist der Ausgangspunkt Art und Umfang der abgewickelten (operativen) Dienstleistungen. Als „Kern“ der Kontraktlogistik werden aus dieser Perspektive die „klassischen“ Lagerdienstleistungen gesehen. Diese werden durch logistiknahe Tätigkeiten, wie Wareneingangsprüfung, Kommissionierung, Konfektionierung, Kitting, Etikettierungen und Verpackung, ergänzt. Auch nicht-logistische Tätigkeiten, wie der Betrieb eines Call-Centers, (technische) Qualitätsprüfung, einfache Montage- und Produktionstätigkeiten, Aufbügeln von Kleidung, Printing-on-Demand etc., wurden in diesem Kontext genannt. Die Abwicklung der Logistikpakete kann dabei in speziell einem Kunden vorbehaltenen, dedizierten Lager oder aber in von mehreren Kunden belegten „Shared Warehouses“ erfolgen. Die Netzwerkbetreiber erachten insbesondere die Abwicklung von Transportleistungen (in diesem Zusammenhang besonders die Inbound- und Outbound-Transporte des betriebenen Lagerstandorts) im Zusammenhang mit Kontraktlogistik-Projekten als wichtig.

Diese Ansätze schließen sich dabei nicht aus, alle Befragten betonten die Bedeutung sowohl der Kompetenz in der Beratung – dabei agieren die hinsichtlich des Kontraktlogistik-Umsatzes „großen“ Unternehmen tendenziell als „Integratoren“ - als auch der Kompetenz der Abwicklung und deren wechselseitige Beeinflussung. Entsprechend konzentriert sich auf der einen Seite keines der befragten Unternehmen ausschließlich auf die Integration, Planung und Steuerung der Kette im Sinne eines 4PL. Auf der anderen Seite erfolgt die Abwicklung logistischer Prozesse ohne Gestaltungsbeitrag der Dienstleister dabei entweder als standardisierte, einfache Logistikleistung Transport und/oder Lager, die keinen eigenen Kontrakt notwendig machen und auch nicht unter den Begriff Kontraktlogistik fallen, oder wird – bei umfangreicher „Breite“ des Logistikpaketes - von den Dienstleistern überwiegend nicht als schwerpunktmäßig interessant erachtet.

Tendenziell stellen dabei die großen Anbieter zunehmend die Logistik-Beratung als „Startpunkt“ für Kontraktlogistik-Geschäfte in den Mittelpunkt, entsprechend sind eigene Stellen oder „Think Tanks“ mit der Erforschung von komplexen Problemstellungen in der Supply Chain und deren Lösungen, insbesondere hinsichtlich der Informationstechnik, betraut. Die Kompetenz in der Beratung und damit der Erfolg werden dabei mit dem spezifischen „Know-how“ bzw. den Erfahrungen in der Logistik begründet, die sich in der langjährigen Kenntnis von Methoden und Praktiken, aber auch der Märkte für (standardisierte) Logistikdienstleistungen wie Lager und Transport ausdrückt.

Zum Teil finden solche Beratungsleistungen, ursprünglich konzipiert als Instrument in der Anbahnung einer Kontraktlogistik-Beziehung, also noch im Vorfeld der Angebotserstellung und getrennt vom „eigentlichen“ Kontraktlogistik-Projekt statt und werden unabhängig vergütet. Kommt ein Vertrag über die Abwicklung des in dem Beratungsprojekt entworfenen

Konzepts zustande, werden die Beratungskosten mit den realisierten Einsparungen bzw. der Vergütung für das Kontraktlogistik-Projekt verrechnet.

Bei kleineren Anbietern steht zumeist die Abwicklung klar abgegrenzter Logistikpakete selbst im Vordergrund, dabei fungiert der Logistikdienstleister aber neben seiner Tätigkeit als „Operateur" der Logistikpakete auch als Logistik-Berater. Im Zuge der Angebotserstellung wird ein Konzept für die Übernahme und Abwicklung der ausgeschriebenen Prozesse entworfen. In „überschaubaren" und von einem starken Vertrauensverhältnis geprägten Beziehungen wurde dabei sogar ein Fall beschrieben, in dem die Kunden auch über das gemeinsame Kontraktlogistik-Projekt hinaus auf das Logistik-Know-how des Dienstleisters zurückgreifen.

In jedem Fall aber wird Kontraktlogistik als mehr angesehen als die rein operative Abwicklung auch komplexer Logistikpakete, ein Befragter bezeichnete die Kontraktlogistik „als Organisationsentwicklung", bei dem die Logistikprozesse des Verladers gezielt durch den Dienstleister weiterentwickelt werden. Nur so kann für beide Parteien das volle Potential der Kontraktlogistik ausgeschöpft werden.

Alle Befragten schätzen die Chancen wie auch die Risiken, die mit Kontraktlogistik verbunden sind, erwartungsgemäß sehr hoch ein. Insbesondere aufgrund der Risiken herrschte auch Übereinstimmung hinsichtlich der besonderen Sorgfalt, mit der solche Geschäfte abgewickelt werden müssen.

4.3.1.2 Organisatorische Einbindung in das Unternehmen

In der Aufbauorganisation der befragten Logistikdienstleister findet sich der Begriff „Kontraktlogistik" meist nicht. Üblicherweise wird der Bereich „Kontraktlogistik" in den Geschäftsmodellen unter der Bezeichnung „Logistik" bzw. den englischen Begriffen „Logistics" bzw. „Logistics Solution" institutionalisiert. Dabei ist natürlich eine gewisse Doppeldeutigkeit festzustellen, da Logistik zwar allgemein als Bezeichnung für Transport und Lagerung, in diesen Fällen aber auch zur Beschreibung der Kontraktlogistik in Abgrenzung zum Transport verwendet wird.

Bei den befragten Logistikdienstleistern ist die Kontraktlogistik in der Aufbauorganisation fast immer mit einer eigenen Sparte vertreten. Eine Ausnahme bilden die Lagerspezialisten, da in diesen Fällen der Schwerpunkt des gesamten Unternehmens die Kontraktlogistik ist.

Die Kontraktlogistik ist bis auf die beschriebene Ausnahme in der Organisation neben den „klassischen" Sparten landgebundene Verkehre und Luft-/Seetransporte als eigene Sparte beispielsweise unter der Bezeichnung „Logistik", „Logistics", „Logistics Solution" o.ä. verankert. In mehreren Fällen wird die Kontraktlogistik als eigenständiges Tochterunternehmen geführt, weitere Unternehmungen denken über die Ausgliederung der Kontraktlogistik in ein selbständiges Unternehmen nach.

Die organisatorische Abgrenzung und die Ausgliederung wird vor allem vor dem Hintergrund möglicher Interessenskonflikte des „traditionellen", logistik- und kostenorientierten Speditionsbereichs, bei dem insbesondere das „klassische" Know-how des Spediteurs gefragt ist, und des „neuen", logistik- und managementorientierten Kontraktlogistikbereichs gesehen, bei dem Management-Know-how über die gesamte Kette und oft aufgrund der Kundenanforderungen (branchen)spezifische Qualifikationen im Vordergrund stehen.

Eine Controllingfunktion ist dabei typischerweise nur in den jeweiligen Zentralen institutionalisiert, bei großen Anbietern auch „gestaffelt" entsprechend der Organisationsstruktur, z.B. nach Länder- und Regionalgesellschaften.

Die Controlling-Funktionen auf operativer Ebene werden dagegen als „Self-Controlling" in der Regel - Ausnahmen bilden eigentlich nur sehr große Projekte - von den Projektverantwortlichen und -mitarbeitern selbst durchgeführt. Mehrere Interviewpartner bezeichneten dabei die Wahrnehmung von Aufgaben des Controllings als Kernaufgabe der jeweiligen Projektverantwortlichen.

4.3.1.3 Umsetzung der Kontraktlogistik – Phasen der Beziehung

In der Praxis können Kontraktlogistik-Geschäfte auf zwei unterschiedliche Weisen zustande kommen: „informell" durch direkte Übernahme von Logistikfunktionen oder „formell" durch Ausschreibung des Outsourcing-Objekts durch den Verlader.[298]

„Informelle" Verfahren finden überwiegend im Kontext bereits bestehender Geschäftsverbindungen meist im speditionellen Bereich Anwendung. Dabei wird ein Vertrag häufig erst nach Übernahme der Logistikfunktionen geschlossen. Die meisten solcher Projekte fallen aber entsprechend ihrer geringen Komplexität und niedriger Umsätze nicht unter die in der Arbeit verwendete Definition der Kontraktlogistik, auch wenn sie in der Praxis oftmals den Ausgangspunkt für umfangreichere Kontraktlogistik-Geschäfte bilden. Der größere Anteil der Outsourcing-Projekte, insbesondere komplexe und umfangreiche Logistikpakete, werden zudem durch Ausschreibungen und zum Teil mehrstufige Auswahlverfahren vergeben.

Der „idealtypische" Ablauf der „formellen" Vergabe von Kontraktlogistik-Projekten bis zum Vertragsschluss aus Sicht der Logistikdienstleister wurde in den Gesprächen als mehrstufiger Prozess beschrieben:

---

[298] Ein Vertrag kommt dabei implizit auch stillschweigend zustande. Im Kontext der Arbeit wird der Begriff Vertrag als Kontrakt im Sinne eines expliziten, schriftlichen Rahmenvertrages zwischen Verlader und Dienstleister gesehen.

- Ausschreibung und Entscheidung zur Beteiligung an der Ausschreibung,
- Ist-Analyse und Erstellung eines Grobkonzepts, Abgabe des Angebots,
- Präsentation der Angebote und Auswahl durch den Verlader,
- Abstimmung und Detaillierung des Konzepts, Vertragsgestaltung und Vertragsschluss,
- Implementierung des Konzepts,
- laufende Abwicklung und Kontrolle und
- ggf. Anpassung des Kontrakts.

Anfangspunkt eines Kontraktlogistik-Geschäfts ist der Entschluss eines verladenden Unternehmens zum Outsourcing entsprechend komplexer Logistikpakete und deren Ausschreibung. Auf Basis einer Gegenüberstellung der Informationen des Grobpflichtenhefts der ausgeschriebenen Prozesse und der eigenen Kapazitäten zur Planung, Finanzierung und Umsetzung sowie des zur Verfügung stehenden Know-hows, insbesondere in Form qualifizierter Mitarbeiter, trifft der Dienstleister - unter Beteiligung des höheren Managements - die Entscheidung über die Teilnahme an der Ausschreibung. Bei einer Beteiligung wird dem Verlader eine „Selbstauskunft“ erteilt, um die Teilnahme an der Ausschreibung zu signalisieren, diese beinhaltet passende Referenzen und möglicherweise erste Lösungsansätze und Kostenschätzungen.

Dem folgt eine Analyse der bestehenden physischen und informationstechnischen Prozesse durch den Dienstleister. Dabei werden insbesondere das Mengengerüst, der Servicegrad, die bestehenden Kostenstrukturen und der vorhandene Personalstock betrachtet. Auf der Basis der Ist-Analyse wird ein Grobkonzept für die Abwicklung dieser Prozesse erarbeitet. Oft werden dabei externe Experten für technische und informationstechnische Fragen hinzugezogen. Das Grobkonzept enthält erste Aussagen u.a. über Flächenbedarfe und eingesetzte bzw. benötigte Technologien (sowohl Transport und Lagertechnik als auch Informationstechnik) und gegebenenfalls über mögliche Haftungsübernahmen und einen Personalübergang. Dieses Grobkonzept stellt ein erstes Angebot dar, dass der Dienstleister dem Verlader in einer persönlichen Präsentation vorstellt.

Auf der Grundlage dieses Grobkonzepts trifft der Verlader eine (noch nicht vertraglich fixierte) Auswahl des späteren Logistikpartners. Häufig findet dabei zunächst eine Vorauswahl statt, die Phase der Angebotserstellung wird dann z.T. mehrfach durchlaufen.

Besonders bei Projekten, die aufgrund ihres Umfangs oder ihrer Komplexität eine hohe Beratungsleistung zur Erstellung der Konzepte seitens des Dienstleisters erforderlich machen, wird oftmals eine „Consulting Fee“ für den Fall der Nichtberücksichtigung oder ggf.

eine vorvertragliche Absicherung durch eine Absichtserklärung bzw. „Letter of Intent“ vereinbart.

Der „ausgewählte“ Dienstleister erstellt in enger Zusammenarbeit mit dem Verlader die Detaillierung des Konzepts mit einem Pflichten- bzw. Lastenheft. Dieses beinhaltet die Definition und Beschreibung der „neuen“ physischen und informationstechnischen Prozessstrukturen, der geplanten Methoden und Praktiken, Projektlaufzeiten und Meilensteine, die Benennung der Mitarbeiter (sowohl des Verladers als auch des Dienstleisters) des Projektteams, sowie gegebenenfalls Regelungen über Haftungsübernahmen und Personalübergang.

Weiterhin werden die Abrechnungsmodalitäten festgelegt. Bei den Abrechnungsmodellen gibt es zwei grundsätzliche Varianten, sog. „Cost-Plus“-Modelle und „Activity-Based“-Modelle.

Bei den – insbesondere in den USA üblichen – „Cost-Plus” Modellen verrechnet der Dienstleister die Kosten für das Projekt, also Kosten für Flächen und Gebäude, Technik und Personal zuzüglich seiner Vergütung, direkt mit dem Kunden. Dabei sind sog. „Open Book“ Vereinbarungen üblich. Der Dienstleister muss seine Kostenstrukturen offen legen. Dies ist für den Dienstleister interessant, da er kaum Risiken bzgl. möglicher Schwankungen zu tragen hat. Allerdings bestehen auch nur wenig Anreize für Verbesserungen der Abläufe bzw. für Kostenoptimierungen.

Die „Activity-Based“ Modelle basieren auf vereinbarten Abrechnungssätzen pro Einheit („Unit-Price“), z.B. pro Palette, Paket, in der Automobilindustrie auch pro Fahrzeug. Diese Modelle sind für den Verlader interessant, da es so zu einer „echten“ Flexibilisierung der Fixkosten kommen kann. Andererseits ergeben sich Risiken für den Dienstleister besonders im Anfangsstadium der Beziehung bis sich die Prozesse „eingeschwungen“ haben. Es bestehen aber auch starke Anreize für Prozessverbesserungen und besonders für Kosteneinsparungen, die Ziele des Dienstleisters und die des Verladers werden über das Abrechnungsmodell angenähert („Act like an Owner“).

Meistens werden in der Praxis jedoch kombinierte Modelle nachgefragt. Häufig wird ein Fixkostenblock für Service und Abschreibungen pauschal abgegolten, die Kosten für das Handling werden pro abgewickelter Einheit abgerechnet. Diese kombinierten Modelle vereinigen die Vorteile des „reinen“ „Cost Plus“- und „Activity-Based“-Modells. Üblich sind auch Vereinbarungen, in denen stufenweise von kosten- zu mengenorientierten Abrechnungsmodalitäten übergegangen wird.

Nach Erstellung des Feinkonzepts mit Pflichten- und Lastenheft sowie der Einigung über die Abrechnungsmodalitäten und Regelungen über gemeinsame Investitionen und den Personalübergang erfolgt die endgültige Ausgestaltung des Vertrags und der Vertragsabschluss.

Die Implementierung des Konzepts erfolgt durch das Projektteam, dabei liegt das Augenmerk auf der Behebung und Analyse auftretender Fehler und der präventiven Fehlervermeidung. In dieser Phase ist insbesondere eine enge Zusammenarbeit mit den Verantwortlichen seitens des Verladers bedeutend.

In der laufenden Abwicklung ist die Transparenz und Nachvollziehbarkeit für die Kontrolle durch den Verlader von elementarer Wichtigkeit. Dies wird zum einen (im operativen Bereich) durch die Online-Bereitstellung der Tagesdaten erreicht, dabei hat z.T. der Verlader Zugriff auf das System des Dienstleisters, z.T. arbeitet der Dienstleister direkt im Kundensystem. Eine übergreifende Abstimmung und Verbesserung der Prozesse wird typischerweise in regelmäßigen - oft wöchentlichen - Treffen durchgeführt.

Zusätzlich erfolgen regelmäßige Reports und Meetings, angefangen bei wöchentlichen Meetings der Projektmitarbeiter in der Implementierungsphase bis hin zu vierteljährlichen Qualitätszirkeln mit den jeweiligen Verantwortlichen. Die im Rahmen dieser Berichte und Treffen gebrauchten bzw. kommunizierten Kennzahlen zur Erfolgs- und Fortschrittskontrolle werden oftmals bereits im Vertrag vereinbart.

Nachverhandlungen und Anpassungen des Vertrags können zwei Gründe haben: entweder (unerwartete) Verbesserungen, die an den Kunden weitergegeben werden können, oder (bedeutende) Änderungen oder Schwankungen im Mengengerüst, die die Kalkulationsgrundlage des Angebots „hinfällig" machen. Die Weitergabe von Einsparungen an den Kunden festigt dabei die Beziehung und wird oft als Voraussetzung einer erfolgreichen Kooperation angesehen. Nachverhandlungen aufgrund von Mengenschwankungen sind insbesondere dann problematisch, wenn der Dienstleister aufgrund zu geringer Auslastung seinen Preis nicht halten kann. Hier zeigt sich die Problematik der gegenseitigen Abhängigkeit der Vertragspartner.

Die Phasen einer Kontraktlogistik-Beziehung und die jeweils typischen Aufgaben bzw. Tätigkeiten aus Sicht des Verladers und aus Sicht des Dienstleisters sind in Abbildung 13 zusammengefasst.

Phasen der Beziehung	**Tätigkeiten aus Sicht des Verladers**	**Tätigkeiten aus Sicht des Logistikdienstleisters**
Ausschreibung	Vorauswahl Dienstleister Erstellung des Grobpflichtenhefts Einholen der Selbstauskünfte	Erteilen der Selbstauskunft Prüfung der Teilnahme an der Ausschreibung auf Basis der internen Ressourcen und der Unternehmensstrategie
Angebotserstellung	Unterstützung der Ausschreibung	Ist-Analyse der Prozesse Erstellung des Grobkonzepts (unter Einbeziehung externer Experten) Angebotserstellung
Präsentation der Angebote und Auswahl	Auswertung und Beurteilung der Angebote ggf. Nachverhandlungen bzw. „zweite Runde“ Auswahl DL ggf. „Letter of Intent (LOI)“	Präsentation des Angebots beim Verlader ggf. weitere Detaillierung und/oder Nachbesserung des Angebots ggf. „Consulting Fee“
Feinkonzept und Vertragsgestaltung	Unterstützung bei Erstellung des Feinkonzepts Pflichtenheft Vertragsgestaltung (unter evtl. Einbeziehung eines Juristen)	Feinkonzept Lastenheft Vertragsgestaltung (unter evtl. Einbeziehung eines Juristen)
Implementierung	Fehlerbehebung und –analyse Fehlervermeidung	Fehlerbehebung und –analyse Fehlervermeidung
Laufende Abwicklung	Schnittstellenübergreifende Abstimmung und Verbesserung der Prozesse Monitoring und Kontrolle	Schnittstellenübergreifende Abstimmung und Verbesserung der Prozesse Bereitstellung von Informationen vor allem über Qualität, Leistung und Kosten
Anpassung des Angebots	Nachverhandlungen Anpassung des Angebots	Nachverhandlungen Anpassung des Angebots

Abbildung 13: Aufgaben von Dienstleister und Verlader in den Phasen der Kontraktlogistik

Quelle: Eigene Darstellung.

4.3.1.4 Ausgestaltung des Kontrakts

Der Kontrakt ist der „Kern“ jeder Kontraktlogistik-Beziehung. Verträge kommen grundsätzlich bei jeder Art von Logistikdienstleistung - zumindest stillschweigend - zu Stande. In der Kontraktlogistik werden jedoch explizit Verträge in Schriftform zur Absicherung der Risiken von Verlader und Dienstleister geschlossen. Wünschenswert wäre dabei, möglichst umfassend alle Eventualitäten zu regeln, um die hohe gegenseitige Abhängigkeit, die typisch für Kontraktlogistik-Geschäfte ist, entsprechend abzusichern.

Dies ist (meist) mit beträchtlichen Kosten verbunden und lässt sich in der Praxis normalerweise nicht realisieren. Deshalb wird meist eine „salvatorische Klausel“ eingefügt, die Regelungen für den Fall vorsieht, dass Fragen nicht oder nicht wirksam bzw. nicht durchführbar geklärt wurden. So kann der Vertrag trotz möglicher Lücken wirksam bleiben. Weiterhin wird übereinstimmend gesagt, dass der Kontrakt zwar der Absicherung dient, ein Durchsetzen vor Gericht aber meist zu kostspielig bzw. zu langwierig ist. Deshalb wird oft ein Schlichter für eventuelle Konflikte im Vertrag benannt.

In der Praxis geht die Entwicklung laut einigen Aussagen zu immer „dünneren“ vertraglichen Regelungen und zu immer kürzeren Vertragslaufzeiten, insbesondere bei Anschlussverträgen. Diese Entwicklung wurde nicht von allen Befragten bestätigt. Dennoch gelten umfassende Verträge als anstrebenswert um Konflikte und meist hohe Folgekosten durch Nachverhandlungen zu vermeiden bzw. so gering wie möglich zu halten.

Die folgenden Elemente sind typische Inhalte eines Kontraktlogistik-Vertrags. Die Aufzählung muss als idealtypisch angesehen werden, wobei die meisten Dienstleister auf ähnliche Standardelemente zu Vertragsgestaltung zurückgreifen. Die Aufzählung spiegelt dabei nicht die Reihenfolge im Vertrag wieder.

- Festlegen von Regelungen zum Leistungsniveau und der Qualität der einzelnen logistischen Module bzw. Verweis auf die Regelungen im Pflichtenheft (ggf. mit Bonus-/Malusvereinbarungen), Kennzahlen und Berichtszeiträume bzw. –intervalle und ggf. ein kontinuierlicher Verbesserungsprozess, der den Dienstleister zur Nutzung der jeweils aktuellen betriebswirtschaftlichen und technischen Optimierungsmethoden verpflichtet („Open Future”-Klausel),
- Vergütungsregeln und Abrechnungsmodelle, hier werden neben dem Abrechnungsmodell besonders die Anpassung der Vergütung (z.B. nach Einführung der LKW-Maut) sowie Fälligkeiten und weitere Zahlungsmodalitäten festgelegt,
- Regelungen zu Leistungsschwankungen, Auslastungsverpflichtungen oder Mindestmengengarantien bzw. Preisanpassungsregelungen,

- Regelungen zu Leistungsstörungen, Haftungsregelungen und Versicherungen, meist auf Ebene der einzelnen Teilmodule,
- Regelung zur Sicherung der beiderseitigen Vertragsdurchführung, z.B. Rückfallklauseln in Peripherieverträge zur Leistungssicherstellung, Ausübung von Pfand- oder Zurückbehaltungsrechten,
- Regelungen über Vertragsdauer, Rücktritt, Kündigung, ggf. Geheimhaltungsvereinbarungen und Schutzrechte für eingebrachte – technische - Lösungen, Abwerbeverbot für Personal,
- Benennung von Parteien und Vertragspartnern, ggf. von Drittbeteiligten, z.B. Sicherungsverpflichtete oder Subunternehmer; Regelungen über gemeinsame Gremien und Treffen, z.B. Projektlenkungsausschuss und „Jour Fixe“.

4.3.2 Erfolgs- und Risikofaktoren in den Phasen der Kontraktlogistik – Bedeutung von Vertrauen und Transparenz

4.3.2.1 Vor Vertragsschluss – Ausschreibung und Angebot

Referenzprojekte werden von allen Befragten als wichtiger, wenn nicht sogar entscheidender Erfolgsfaktor bei der Akquisition von Kontraktlogistik-Geschäften gesehen. Durch Referenzen, die idealerweise aus der gleichen Branche sind, aber in jedem Fall vergleichbar sein und deutliche Parallelen etwa beim Technikeinsatz (z.B. Kommissioniertechnik) oder hinsichtlich der verwendeten Software (z.B. SAP R/3) aufweisen sollten, kann dem Kunden am glaubhaftesten die eigene Leistungskompetenz demonstriert werden. Dabei wurde auch die Bedeutung eines professionellen Kundenmanagements angesprochen.

In Selbstauskünften, die meistens von Verladern eingeholt bzw. diesen z.B. in Form von Unternehmenspräsentationen zur Verfügung gestellt werden, spätestens aber bei der Präsentation des Angebots ist es entscheidend, den Kunden vom Know-how und der Fähigkeit zu überzeugen, seine spezifischen Gegebenheiten abbilden zu können. Dabei ist vor allem die IT-Kompetenz (in zunehmendem Maße) von zentraler Bedeutung. Die Netzwerkanbieter verweisen auf die Bedeutung ihrer Netze als Alleinstellungsmerkmal, dieser Faktor ist aber - diese Aussage wurde von den meisten Befragten gestützt - nur für spezifische Projekte (insbesondere in der Konsumgüterdistribution) von Bedeutung. Zertifizierungen wurden dagegen übereinstimmend nicht unbedingt als Vorteil gegenüber Mitanbietern sondern eher als notwendige Voraussetzung gesehen, um bei der Ausschreibung überhaupt berücksichtigt zu werden: Qualitätszertifikate (z.B. ISO 9000 ff.) sind fast schon branchenübergreifend Standard, zusätzlich müssen oft branchenspezifische Standards vorgewiesen werden (z.B. Tapa-Zertifizierung (Sicherheitsstandard) in der Elektrobranche, oder Regelungen der FDA[299] in den Bereichen Pharma/Medizintechnik).

Nicht zuletzt um die Kompetenz des eigenen Unternehmens zu vermitteln, wird es von der Mehrzahl der Befragten ausdrücklich betont, dass es wichtig sei, bereits frühzeitig einen persönlichen Kontakt zum ausschreibenden Unternehmen, also zu den Verantwortlichen im Outsourcing-Projekt, herzustellen. Hierbei kann die geographische Nähe zum Kunden, etwa durch eine Niederlassung, von Vorteil sein.

Dabei geht es vor allem darum, die genauen Zielvorstellungen des Kunden herauszufinden. Weitgehende Übereinstimmung herrschte dabei, dass Informationen über die reinen Ausschreibungsunterlagen hinaus notwendig seien. Viele Kunden haben wenig oder keine Erfahrung mit Outsourcing-Projekten und teilweise selbst nur unvollständige Informationen bzw. Kenntnis der eigenen Abläufe. Daraus resultieren z.T. unrealistische Zielvorstellungen oder auch die einseitige Konzentration auf einzelne (dem Verlader bekannte, aber zur Beschreibung der Leistungspakete unzureichende) Schlüsselgrößen wie z.B. die Flächenkosten. Durch persönlichen Kontakt kann ein Bild von den Vorstellungen des Kunden gewonnen und zusätzlich der Kunde im Hinblick auf die Potentiale aber auch Grenzen eines Logistik-Outsourcing sensibilisiert werden.

Gleichzeitig geht es darum, die Angaben über das Mengengerüst und dessen „Stabilität“ zu überprüfen bzw. die diesbezüglichen Aussagen wenn möglich zu validieren. Ebenso sollten die Prozessdefinitionen sowie mögliche „vor- und nachgelagerte Ereignisse“ überprüft werden. Der Grund liegt in der hohen Bedeutung dieser Angabe für die Erstellung des Grobkonzepts und für die Kalkulation des Angebots. Dabei geht es nicht unbedingt (nur) darum, die „Ehrlichkeit“ der Angaben, auch im Hinblick auf mögliche Schwierigkeiten, zu überprüfen. Oft weisen die Ausschreibungsunterlagen auch diesbezügliche Lücken auf, da dem Kunden solche Schwierigkeiten u.U. selbst nicht bekannt sind.

Weiterhin wurde im Zusammenhang mit einem frühzeitigen Kontakt und der Einrichtung eines Informationsflusses zwischen Verlader und Dienstleister besonders betont, wie wichtig es sei „sensible“ Themen persönlich und „mit Einfühlungsvermögen“ (auch oder gerade hinsichtlich des Betriebsrates) zu klären. Die wichtigsten Punkte sind dabei ein möglicher Personalübergang (nach § 613a BGB), Regelungen zu Haftung und Versicherung, eventuelle Inventarübernahmen, die Laufzeit des Projekts (ggf. mit Anschlussverträgen) und der Vereinbarungen über ein Vorgehen zur Schadensbegrenzung bei vorzeitigen Ende der Beziehung, falls eine Rückabwicklung notwendig wird.

[299] Die US-amerikanische Behörde Food and Drug Administration (FDA) regelt den Marktzugang für Arzneimittel, Lebensmittel, Medizinprodukte und strahlenemittierende Geräte in den U.S.A..

Gerade durch die persönliche Ansprache solcher Themen kann das Vertrauen des Kunden gewonnen bzw. gestärkt werden. Dabei wurde wiederholt ausgesagt, dass Kunden oft keine ausreichende Datengrundlage zur Bewertung ihrer eigenen Ist-Prozesse haben und sich aus diesem Grund, erschwert durch mangelnde Erfahrung, bei der Bewertung logistischer Prozesse schwer tun. Durch den persönlichen Kontakt kann dem Kunden leichter der Mehrwert und die Kosten von Leistungen vermittelt und nähergebracht werden.

Dann ist es wichtig, dem Kunden ein sauberes, transparentes und nachvollziehbares Angebot zu präsentieren. Dabei wird nicht unbedingt der preisgünstigste Anbieter berücksichtigt (hier stellt sich dem Verlader in besonderer Weise bei komplexen Ausschreibungen die Frage, ob das Angebot realistisch ist), sondern ein „Preiskorridor" muss erreicht werden. Dabei ist natürlich die Marktkenntnis des Dienstleisters gefragt, aber es sollten auch weitere Informationen vom Verlader eingeholt werden. Gleichzeitig ist es bedeutend, eine faire Preis- und Konditionenpolitik zu betreiben, denn nur durch gegenseitigen Nutzen kann eine Kontraktlogistik-Beziehung dauerhaft erfolgreich sein.

Bei der Ausgestaltung des Grobkonzepts bzw. Leistungspakets müssen die Zielpräferenzen des Kunden (noch vor dem Preis) hinsichtlich Qualität und Flexibilität erreicht werden. Für besonders wichtig hielten es die Befragten aus mittelständischen Unternehmen, die spezifischen Wünsche des Kunden genau abzubilden und nicht nur eine „Standardlösung" anzubieten. Für die „Großen" ist die Fähigkeit zu solchen spezifischen, kundennahen Lösungen ebenfalls ein zentraler Erfolgsfaktor, sie beschreiben aber auch Standardlösungen für manche Situationen als passend, etwa aufgrund kürzerer Implementierungsdauern oder kostengünstigerer Abwicklung.

Hierbei ist die Fähigkeit bedeutend, die Problemstellungen des Kunden richtig zu erfassen und zu beurteilen. Eine fundierte Analyse der Mengenstrukturen und der Prozesse ist dafür die Voraussetzung. Auch die Bedeutung von Simulationen und „What-if"-Analysen wurde betont, um die „Solidität" des Angebots bzw. kritische Schwellen bei möglichen Schwankungen definieren und ggf. vertraglich absichern zu können. Dabei können die kritischen Parameter nochmals besprochen werden.

Ebenso wichtig ist die Transparenz und Nachvollziehbarkeit des Angebots. Viele Verlader erwarten bei der Ausschreibung die vollständige Offenlegung der (geplanten bzw. prognostizierten) Kostenstrukturen des Dienstleisters, dies kann als Vorstufe zu späteren „Open Book" Vereinbarungen gesehen werden. Dabei sollten sowohl das Leistungspaket als Ganzes, wie auch die einzelnen Teilprozesse nachvollziehbar sein. Diese Transparenz bildet dann auch die Basis, in einer zweiten Runde das Angebot nachzuverhandeln. Durch die Transparenz können einzelne „große" (Kosten)Blöcke erkannt werden. So lassen sich u.U. auch Missverständnisse aufklären, die zu fehlerhaften Kalkulationsgrundlagen geführt haben.

Negativ ausgedrückt wurde übereinstimmend festgestellt, dass Angebote, die zwar hinsichtlich Qualität, Flexibilität und Kosten interessant sind, aber nicht nachvollzogen werden können, oft sehr kritisch beurteilt werden und meist keinen guten Eindruck hinterlassen. Ein Befragter äußerte, dass Kompetenz erst in Kombination mit Transparenz das notwendige Vertrauen für einen Vertragsschluss etablieren kann.

Ein weiteres Risiko für den Dienstleister ist es, wenn sich der Entscheidungsprozess des Kunden in die Länge zieht und langwierige und kostspielige Verhandlungen durchgeführt werden. In solchen Fällen ist oft eine unsaubere Vorbereitung des Outsourcing-Projekts durch den Kunden oder unklare Entscheidungsstrukturen der Grund für Verzögerungen.

Neben dem Risiko, das Geschäft nicht zu bekommen, existiert für den Dienstleister natürlich auch das Risiko, sich mit dem Geschäft zu „übernehmen“. Mangelnde Erfahrung des Dienstleisters, etwa bei Projekten in einer neuen Branche, können ebenfalls zum Risiko werden, etwa bei der Übernahme von (häufig unterschätzten) Haftungsrisiken, der Kapitalbindung durch neue Technologien oder fehlenden spezifischen Qualifikationen der Mitarbeiter. Aber auch die internen Kalkulationsgrundlagen – z.B. für Wirtschaftlichkeits- und Investitionsrechnungen - müssen stimmen, um nicht Gefahr zu laufen, Angebote abzugeben, die nicht gehalten werden können und ernsthafte Probleme in der Abwicklungsphase nach sich ziehen.

Zu kurze Laufzeiten des Kontrakts bedeuten häufig in sehr spezifischen Beziehungen ein hohes Risiko für den Dienstleister. Durch die Enge der Bindung entsteht leicht die Möglichkeit, dass beim Aushandeln von Anschlussverträgen diese Abhängigkeit ausgenutzt wird und so entsprechend unvorteilhafte Konditionen zur Folge haben.

4.3.2.2 Nach Vertragsschluss - Implementierung und laufende Abwicklung der Projekte

Der Erfolg der Implementierung hängt zum Teil auch davon ab, neben den Verantwortlichen bereits frühzeitig die nötigen Spezialisten, also eigene Logistikexperten und IT-Spezialisten, die Prozessverantwortlichen und Mitglieder des Outsourcing-Teams des Verladers und ggf. externe (IT-)Berater einzubinden. Besonders wichtig ist in diesem Zusammenhang die enge Zusammenarbeit mit den Mitarbeitern des Verladers zur Fehlerbehandlung, Fehlervermeidung und Fehleranalyse. In dieser Phase „rächt“ es sich, wenn die Ist-Analyse nicht sauber bzw. auf Basis lückenhafter Kalkulationsgrundlagen oder Erfahrungen durchgeführt wurde, da es dann wahrscheinlicher ist, dass unvorhergesehene Probleme auftreten. Besonders bei der Implementierung neuer Softwarelösungen ist es von entscheidender Bedeutung, mögliche Ausfallrisiken abzuschätzen und evtl. einen Parallelbetrieb durchzuführen. In jedem Fall aber müssen „Notfallszenarios“ eingeplant werden.

Wichtigster Erfolgsfaktor in laufenden Projekten ist laut Aussage aller Befragter natürlich Zuverlässigkeit in der Abwicklung der vereinbarten Leistungen und das Einhalten der Qualitätsvereinbarungen.

Dabei ist ein – wie ein Interviewpartner sich ausdrückte – „aktiver Verbesserungsprozess“, an dessen Einsparungen der Kunde entsprechend beteiligt wird, erstrebenswert, die aktive Entwicklung des Geschäfts und die Erzielung entsprechender Vorteile für den Kunden wird von mehreren Befragten betont. Dadurch erhöht sich auch die Chance auf mögliche Folgeaufträge.

Dies muss dem Kunden natürlich entsprechend vermittelt werden, die Abrechnungen müssen – wie schon der Vertrag – transparent und nachvollziehbar sein. Der Kunde muss durch regelmäßige Reports und Meetings über die Prozessleistung, insbesondere über die erreichte Qualität informiert, aber auch auf Verbesserungsmöglichkeiten aufmerksam gemacht werden.

Oftmals werden – wie schon angesprochen wurde - Vereinbarungen über Reports und Meetings bis hin zu verwendeten Kennzahlen bereits im Vertrag festgeschrieben. Dabei werden schwerpunktmäßig Kennzahlen zur Qualität der Prozessabläufe (etwa Anteil „Shipped on Time“ oder „Delivered on Time“), zur Produktivität (etwa durchgesetzte Einheiten pro Mannstunde), zu den Kosten (etwa pro Einheit) und zu den Zeiten (etwa Bearbeitungszeiten von Aufträgen) verwendet.

Im Rahmen des Reportings weisen alle Befragten auf die Bedeutung regelmäßiger Treffen mit dem Kunden hin, diese finden auf verschiedenen Ebenen unterschiedlich häufig statt:

- In der Implementierungsphase finden wöchentlich, z.T. sogar täglich Treffen mit den Entscheidungsträgern im Bereich des Projektmanagements statt, diese dienen der Vermeidung und Analyse von Fehlern.
- In laufenden Projekten wird in relativ kurzen Abständen in Treffen die Feinabstimmung der Prozesse und die schnittstellenübergreifende Abstimmung mit vor- und nachgelagerten Stufen durchgeführt, persönliche Treffen zwischen den Projektverantwortlichen finden bei räumlicher Nähe (Dienstleister ist auf dem Gelände des Verladers) häufig statt. Dabei gibt es durchaus Branchen, in denen tägliche Treffen üblich sind (z.B. Automotive).
- In längeren Abständen, typischerweise quartalsmäßig, finden Qualitätszirkel mit den operativ Verantwortlichen, dem Projektmanagement und idealerweise mit Entscheidungsträgern aus dem Management zur Begleitung und Kontrolle der Abwicklung der vereinbarten Leistung und des KVP statt. Die mittelständischen Dienstleister betonen in diesem Zusammenhang den Vorteil der nachvollziehbaren Entscheidungsstruktu-

ren. Letztendlich dienen solche Qualitätszirkel der gemeinsamen, aktiven Verbesserungen der Leistungen. Wenn so erreichte Einsparungen dem Kunden weitergegeben werden können, erhöht dies natürlich die Zufriedenheit und ist für den Erfolg einer Beziehung von hoher Bedeutung.

Die Reports und Meetings dienen letztendlich dem Herstellen von Transparenz über die Prozesse. Dabei müssen natürlich entsprechend die internen Informationen zur Verfügung stehen. In diesem Zusammenhang wurde von der Mehrzahl der Interviewpartner explizit auf die Bedeutung der Prozesskostenrechnung und –kalkulation hingewiesen.

Direkte Transparenz kann aber auch zum Risiko für Dienstleister werden. So wurde berichtet, dass bei hohem Kostendruck oder im Extremfall bei wirtschaftlichen Schwierigkeiten des Auftraggebers vom Dienstleister auch Einsparungen, ggf. an vereinbarten Margen, eingefordert werden.

4.3.3 Beitrag des Controllings zu erfolgreichen Kontraktlogistik-Geschäften

Hauptaufgabe des Controllings für eine erfolgreiche Kontraktlogistik-Beziehung ist demnach, für Transparenz und Nachvollziehbarkeit der (geplanten) Prozesse und Abläufe zu sorgen. Die Transparenz ist auf mehreren Ebenen von Bedeutung:

Vor Vertragsschluss

Vor Vertragsschluss werden fundierte finanzielle und nicht-finanzielle Kalkulationsgrundlagen benötigt, um ein stringentes und nachvollziehbares Angebot auf Basis eines fundierten Grobkonzepts abgeben zu können. Dies erhält dadurch besondere Bedeutung, da (verdeckte) Kalkulationsfehler nicht unbedingt zur Rücknahme des Angebots berechtigen und so u.U. für den Dienstleister bindend sind.

Die Mehrheit der Befragten sah hier eine Schwäche der bestehenden Controlling-Systeme, Kalkulationsgrundlagen seien zwar im finanziellen Bereich meist durchgängig vorhanden, allerdings seien gerade die nicht-finanziellen Informationsgrundlagen hinsichtlich spezifischer Fragestellungen lückenhaft. Dadurch werde ein hoher Grad an Erfahrung und Expertenwissen für eine saubere Kalkulation notwendig, was wiederum die Nachvollziehbarkeit erschwere. Darüber hinaus bestehe zum Teil das Problem, die Solidität der eigenen Kalkulationsgrundlage zu vermitteln und somit Vertrauen in die „Ehrlichkeit“ des Angebots zu schaffen, z.B. tauche öfter die Frage auf, „geht das nicht günstiger, mit weniger Personal?“.

Bei entsprechend umfangreichen Projekten evtl. unter Einbeziehung mehrerer Standorte genügt es laut Aussage mehrerer Befragter nicht, „einfach“ einen Preis zu nennen und diesen durch „interne“ Transparenz zu stützen. Hier verlangen die Kunden Kosten-Benchmarks besonders bezüglich der Kosten alternativer Szenarien.[300]

Dabei wurde von einigen Befragten die Bedeutung von Benchmarks besonders herausgestellt, die über reine Kostenaussagen auch detaillierte Angaben zu den Prozessabläufen und Praktiken und somit zur Vergleichbarkeit bzw. Anwendbarkeit auf die spezifische Problemstellung beinhaltet. Diese Benchmarks dienen nicht nur der Untermauerung der internen Kalkulation sondern sind auch für den Kunden nachvollziehbar.

Zusammenfassend kann festgestellt werden, dass die Hauptaufgabe des Controllings vor Vertragsschluss in der Unterstützung der Erstellung eines transparenten und nachvollziehbaren Angebots zu sehen ist.

Nach Vertragsschluss

Nach Vertragsschluss muss ein laufender Informationsfluss über das Leistungsniveau der Prozesse, insbesondere bezüglich des Einhaltens der Qualitätsvereinbarungen, etabliert werden. Die Bereitstellung der hierfür notwendigen Informationen erfolgt durch das Controlling (der laufenden Projekte). Diese Daten werden oft laufend „online“ zur Verfügung gestellt. Darunter fallen die Einhaltung von Lieferterminen, die mögliche Aufarbeitung von Rückständen und die tägliche Überwachung durch den Kunden - „wenn wir scannen, will das der Kunde wissen!“. In solchen Fällen sind die Informationen oft „online“ aus dem System des Dienstleisters abrufbar oder werden direkt in das Kundensystem eingespeist. Die Grenzen zwischen den Aufgaben des Controlling und der Informationstechnik sind in solchen Fällen fließend.

Elementare Aufgabe des Controllings nach Vertragsschluss ist das Schaffen der Informationsgrundlage für die Abrechnungen. Gerade bei variablen Abrechnungsmodellen (Activity Based) ist die Prozesstransparenz entscheidend. Durch den Einsatz der Prozesskostenrechnung, die von den meisten Befragten explizit als notwendige Voraussetzung für die erfolgreiche Abwicklung von Kontraktlogistik-Projekten gesehen wird, kann die geforderte Transparenz (zumeist) zufriedenstellend erreicht werden.

Für die Treffen und Meetings der Leistungsgremien (Qualitätszirkel) werden darüber hinaus Angaben zu möglichen Leistungsverbesserungen und dem Fortschritt im kontinuierlichen Verbesserungsprozess gefordert. Hier wird es als wichtig erachtet, auch im Detail auskunftsfähig zu sein. Diese Angaben müssen ebenfalls den Kriterien „Transparenz“ und „Nachvollziehbarkeit“ entsprechen. Die geforderte Kostentransparenz kann durch den

[300] Diese Kosten-Benchmarks werden in der Regel über einen Marktvergleich alternativer Angebote eingeholt und entsprechen damit nicht der Definition des Benchmarking im Sinne der Arbeit (vgl. Abschnitt 3.3.2).

Einsatz der Prozesskostenrechnung in der Regel gelöst werden. Die Nachvollziehbarkeit wird dabei durch den zeitlichen Kontext der Entwicklung des Projekts erreicht. Auch hier betonen einige Befragte das Potential von Benchmarks, so können Informationen durch externe Bezugspunkte „abgesichert“ werden.

Ein Interviewpartner mit expliziten Erfahrungen im Benchmarking stellte für mögliche Nachverhandlungen, die unter Umständen unter hohem Kostendruck seitens des Verladers geführt werden, fest, dass Benchmarks eben durch den externen Bezugspunkt, den sie darstellen, von großem Nutzen sein können, um eine „Rechtfertigung“ für die eigenen Abläufe und die damit verbundenen Kosten zu haben.

4.4 Zusammenfassung der Ergebnisse – Anforderungen aus der Praxis an ein Controlling für die Kontraktlogistik

Zentraler Erfolgsfaktor für Logistikdienstleister bei der Akquisition von Kontraktlogistik-Geschäften ist es, den (potenziellen) Kunden von der eigenen Kompetenz und Leistungsfähigkeit hinsichtlich der spezifischen Kundenanforderungen überzeugen zu können.

Die Leistungsfähigkeit des Dienstleisters kann vom Kunden nicht direkt überprüft werden. Abweichungen von den Angaben des Dienstleisters können - wenn überhaupt - erst bei der Implementierung oder der laufenden Abwicklung des Projekts festgestellt werden, also wenn eine vertragliche Bindung und die Bindung durch gemeinsame Investitionen - selbst wenn es nur um die gemeinsame Ausarbeitung des Feinkonzepts geht - bereits besteht.

Deshalb ist von Seite des Kunden ein gewisses Vertrauen in die Angaben des Dienstleisters notwendig. Dieses Vertrauen kann einerseits durch die Transparenz der durch den Dienstleister geplanten bzw. abgewickelten Prozesse und Abläufe im Projekt, also der Prozess- oder „internen“ Transparenz, erreicht werden. Zusätzlich ist es von großem Nutzen, diese interne Transparenz durch „externe Bezugspunkte“, z.B. in Form von Benchmarks oder Vergleichspreisen, untermauern zu können. Diese „Objektivierung der Angaben“ kann als „externe Transparenz“ bezeichnet werden.

In laufenden Projekten sind die Erbringung der vertraglich vereinbarten Leistung und die Nachvollziehbarkeit dieser Leistungen entscheidend. Gleichzeitig sollten kontinuierlich Verbesserungen realisiert und in Form von Kosteneinsparungen an die Kunden weitergegeben werden. In diesem Zusammenhang sind die „internen“ Controlling-Aufgaben der Planung, Steuerung und Kontrolle in der Organisation des Dienstleisters (auf Ebene der Projekte sowie aggregiert nach Kunden oder Regionen, Ländern usw.) zu nennen. Dazu gehören aber auch die schnittstellenübergreifende Abstimmung und Verbesserung der Prozesse sowie die Aufgabe der Informationsbereitstellung sowohl für die „eigenen“ Manager als auch für den Kunden.

Die Hauptaufgabe eines „idealen“ Controllings für die Kontraktlogistik-Geschäfte der Logistikdienstleister ist es demnach, die oben geforderte interne Transparenz über die Abläufe und Prozesse in den Projekten zu gewährleisten, „externe“ Transparenz in Form vergleichbarer Bezugspunkte zu anderen - „externen“ oder auch „internen“ - Projekten herzustellen, sowie gezielt nach Verbesserungsmaßnahmen zu suchen und entsprechende Vorschläge zu unterbreiten.

5 Anforderungen an ein Controlling in der Kontraktlogistik – Beitrag der Transaktionskosten- und Principal-Agent-Theorie

In Kapitel 4 wurden die Anforderungen an ein Controlling für die Kontraktlogistikgeschäfte von Logistikdienstleistern in einer empirischen Untersuchung beschrieben. Der empirische Teil der Arbeit vermittelt ein Bild von den Herausforderungen und Möglichkeiten, die das Kontraktlogistikgeschäft für die Dienstleister bedeutet, den kritischen Erfolgsfaktoren sowie den daraus abgeleiteten Anforderungen an ein geeignetes Controlling-Instrumentarium.

Ziel des fünften Kapitels ist es, ein theoretisches Fundament zu schaffen, um die in der Praxis gesammelten Aussagen zu untermauern, aber auch um die Aussagen aus Theorie und Praxis gegenüberstellen und so kritisch hinterfragen und bewerten zu können.

5.1 Theoretisches Fundament für die empirischen Erkenntnisse – Auswahl geeigneter Ansätze

Wie in Kapitel 3.1 dargestellt wurde, handelt es sich bei Kontraktlogistik-Beziehungen um langfristig angelegte, vertraglich geregelte Kooperationen zwischen Verladern und Logistikdienstleistern, die auf gegenseitigen Nutzen ausgelegt sind („Win-Win-Beziehung"). Im Wesentlichen handelt es sich bei den betrachteten Herausforderungen in Kontraktlogistik-Beziehungen um Koordinationsprobleme. Die Beschreibung solcher Probleme in Kooperationen ist Gegenstand verschiedener theoretischer Ansätze der Betriebswirtschaftslehre, der Soziologie, der Verhaltenswissenschaften und der Volkswirtschaftslehre.[301] Im Folgenden werden Ansätze vorgestellt, die ein ausreichend fundiertes Theoriegebilde darstellen und somit über reine Beobachtungsaussagen zur Beschreibung von Kooperationen hinaus Erklärungsansätze und Handlungsvorschläge bieten. Im Sinne der theoretischen Fundierung der in den Experteninterviews gewonnenen Erkenntnisse über die Anforderungen an ein Controlling für Kontraktlogistik-Geschäfte wird auf die Betrachtung formaler mathematisch-theoretischer Modelle verzichtet und die Betrachtung auf realtheoretische Modelle fokussiert, die Zusammenhänge der Wirklichkeit abbilden und analysieren.[302]

Neoklassische Theorie

In der neoklassischen Theorie wird der Markt neben staatlichen Lenkungsmechanismen als alleinige Koordinationsform beschrieben.[303] Prämissen sind dabei vollständige Transparenz

[301] Vgl. MÖLLER (2002), S. 99 ff.

[302] Vgl. KÜPPER (2004), S. 24 f.

[303] Vgl. z.B. NEUMANN (1987), S. 10.

des Marktes und Rationalität der Marktteilnehmer,[304] also die Annahme des „homo oeconomicus". Erklärungsansätze für die Entstehung oder Ansätze zur Gestaltung von Organisationsformen bzw. Kooperationen liefert die neoklassische Theorie nicht.[305]

Neue Institutionenökonomie

Die neue Institutionenökonomie beschäftigt sich unter Auflösung der Prämissen der Neoklassik insbesondere mit der Koordination wirtschaftlicher Aktivitäten. Dabei wird die Wirkung von Institutionen[306] auf die Verhaltensweisen der Wirtschaftseinheiten, also die privaten Haushalte und Unternehmen, untersucht. So knüpft die neue Institutionenökonomie an der Kritik an neoklassischen Ansätzen an, die die Existenz von Institutionen vernachlässigt und den Markt als alleiniges Koordinationsinstrument unbegrenzt rationaler Individuen sieht.[307]

Gegenstand der Neuen Institutionenökonomie können Institutionen der Politik (Verfassungsökonomik, Neue Politische Ökonomik), des Rechts (Property-Rights-Theorie) und der Wirtschaft (Transaktionskostentheorie, Principal-Agent-Theorie) sein.

Die Verfassungsökonomik und die Neue Politische Ökonomik befassen sich vornehmlich mit den Verhaltensregeln in der Gesellschaft, die Property-Rights-Theorie oder Theorie der Verfügungsrechte befasst sich mit der rechtlichen Ausgestaltung von Verfügungsrechten, die in Nutzungs-, Ertrags-, Änderungs- und Überlassungsrechte unterschieden werden.[308]

Aus diesem Grund finden die letzten beiden Teilbereiche der Neuen Institutionenökonomik zunehmend Anwendung in der Betriebswirtschaftslehre und in Teildisziplinen wie Unternehmensführung, Personalmanagement, Controlling oder Logistik.[309]

Spieltheorie und Verhaltenstheorie

Die Spieltheorie und die Verhaltenstheorie beschreiben die Verhaltensweisen von Individuen in soziale Tauschsituationen bzw. Kooperationen.[310] Dabei werden sowohl unbewusste als auch willentliche Handlungen insbesondere empirisch untersucht. Die Spieltheorie beschäftigt sich mit Handlungsstrategien in Systemen mit vorgegebenen Regeln (Spielen) und leitet

---

[304] Vgl. NEUMANN (1987), S. 27 f.

[305] Vgl. COASE (1937), S. 389.

[306] Durch Institutionen in diesem Sinn werden Rechte und Pflichten definiert, solche Institutionen sind also rechtliche, technische, organisatorische oder kulturelle Regeln und Normen, beispielsweise Gesetze, Verträge, DIN-/ISO Normen, Unternehmensleitsätze aber auch die Landessprache, Benimmregeln sowie Sitten und Bräuche, vgl. auch PICOT (2002), S. 176.

[307] Vgl. SCHANZ (1999), S. 41 f. Zu den Prämissen der Neoklassik vgl. NEUMANN (1987), S. 27 f.

[308] Vgl. PICOT ET AL. (2003), S. 107 ff.

[309] Vgl. PICOT (2002), S. 176, zur Anwendung in der Betriebswirtschaftslehre vgl. stellvertretend JOST (2001a), JOST (2001b).

[310] Vgl. JUNG (1999), S. 229 f.

optimale Strategien ab.[311] In den Verhaltenswissenschaften werden insbesondere die Annahme de „homo oeconomicus" und der damit verbundene Nutzenbegriff der Spieltheorie aufgelöst. Dabei fließen Erkenntnisse der Psychologie und der Sozialpsychologie in die Betrachtung ein.[312]

In den Ansätzen der Spiel- und Verhaltenstheorie ist demnach insbesondere das Verhalten der Akteure in der Kooperation Betrachtungsgegenstand. Dadurch beleuchten diese Theorien sicherlich interessante Aspekte des Controllings, scheinen aber weniger geeignet zur umfassenden Ableitung bzw. Fundierung konkreter Anforderungen. Darüber hinaus werden in der Neuen Institutionenökonomie, zunehmend auch in einer verhaltenstheoretischen Betriebswirtschaftslehre,[313] Erkenntnisse dieser Ansätze genutzt.[314]

Organisations- und Netzwerktheorie

Die Organisationstheorie in der Betriebswirtschaftslehre beschäftigt sich in besonderer Weise mit der instrumentellen Sicht der Organisation. Die Organisation kann für Unternehmen als Mittel zum Erreichen der Unternehmensziele interpretiert werden.[315] Dabei kann der Terminus „Organisation" sowohl im Sinne des Prozesses der Organisation (Ablauforganisation), also der Betrachtung der räumlichen und zeitlichen Beziehung von Prozessen[316], als auch im Sinne der Institution „Organisation" (Aufbauorganisation), also die Entscheidungsprozesse als Durchlauf durch Standardprogramme bzw. „Standard Operation Procedures", interpretiert[317] werden.

Ursprünglich wurde in der Organisationstheorie das Gebilde „Organisation" weitgehend als gegeben betrachtet, die Ausführungen konzentrierten sich vor allem auf das interne Funktionieren der Organisation.[318] Getrieben durch die Veränderung der Wettbewerbssituation und der rasanten Entwicklungen im Bereich der Informations- und Kommunikationstechnik beschäftigt sich die Organisationstheorie zunehmend mit ebendieser Organisation und Koordination unternehmensübergreifender Netzwerke, d.h. der gemeinsamen Leistungs-

[311] Vgl. FONTANARI (1996), S. 87 f.

[312] Vgl. SCHANZ (1999), S. 44 f., KRUPP (2005), S. 77 ff.

[313] Vgl. SCHANZ (1999), S. 43.

[314] Vgl. KRUPP (2005), S. 130.

[315] Als Begründer der soziologischen Organisationstheorie gilt Max WEBER (1864-1920). Die Entwicklung der betriebswirtschaftlichen Organisationstheorie wurde maßgeblich durch die Arbeiten von Nordsieck beeinflusst, der bereits 1934 die Ablauforganisation ausgerichtet auf die „Betriebsaufgabe" beschreibt und so auch als früher Vertreter einer Prozessorientierung gilt, vgl. NORDSIECK (1934), auch KOSIOL (1962), zur Entwicklung der Organisationstheorie in Deutschland vgl. FRESE (2002).

[316] Vgl. NORDSIECK (1934), KOSIOL (1962), GAITANIDES (1983).

[317] Vgl. ausführlich MARCH ET AL. (1958), ALLISON (1971).

erstellung durch mehrere Unternehmen.[319] Dabei kommen neben den „traditionellen" Ansätzen der Organisationstheorie[320] zunehmend die Ansätze der Neuen Institutionenökonomie zum Einsatz.

Über die Organisationstheorie[321] (siehe oben), aber auch durch betriebswirtschaftliche Teildisziplinen wie Controlling[322] oder Logistik[323] finden diese Ansätze zur Untersuchung unternehmensübergreifender Kooperationen in der Betriebswirtschaftslehre vermehrt Anwendung.[324] Insbesondere die Transaktionskostentheorie und die Principal-Agent-Theorie scheinen daher zur Untersuchung der Fragestellung der Arbeit geeignet.

Aufgrund der oben dargestellte Überschneidungen kann im Folgenden sowohl auf Publikationen der Neuen Institutionenökonomie zurückgegriffen werden, speziell auf Beiträge zur Transaktionskosten- und Pricipal-Agent-Theorie, als auch auf Beiträge der Organisationstheorie, des Controllings und der Logistik, die ihrerseits wiederum an den Ansätzen der Neuen Institutionenökonomie anknüpfen.

5.2 Konzeptionelle Grundlage der Betrachtung von Kooperationen - die Transaktionskosten- und Principal-Agent-Theorie

5.2.1 Entstehung der neuen Institutionenökonomie und zentrale Gedanken

Zentraler Ausgangspunkt der Ansätze der Neuen Institutionenökonomie war die Kritik an den Ansätzen der Neoklassik. Diese beschreibt in der Allokations- und der Preistheorie - abgesehen von staatlichen Eingriffen - den Markt als alleinige Koordinationsform.[325] Die Prämissen der vollständigen Transparenz oder Informationssymmetrie, der rational agierenden Wirtschaftssubjekte – „homo oeconomicus" - und die Annahmen eines Marktgleichgewichts wurden als nicht zufrieden stellend erachtet. Der Preis bestimmt die Entscheidungen der Wirtschaftssubjekte, mit dem Markt werden alle Koordinationsprobleme gelöst. Die

[318] Vgl. PICOT ET AL. (1997), S. 29 ff.

[319] Vgl. PICOT ET AL. (2003), S. 2 ff., SYDOW (1992), S. 15 ff.

[320] Exemplarisch seien hier die Entscheidungstheorie, situative Ansätze aber auch ökonomische und verhaltenstheoretische Ansätze wie Effizienzbetrachtungen oder Motivationstheorien, aufgeführt, vgl. PICOT ET AL. (1997), S. 37 ff.

[321] Vgl. z.B. MÄNNEL (1996a), BÖHME (1999), HANKE (1993), BAUR (1990).

[322] Vgl. z.B. MÖLLER (2002), PFAFF ET AL. (2000), BERLIEN (1993).

[323] Vgl. z.B. KRUPP (2005), S. 129 ff.

[324] Vgl. auch JOST (2001a), JOST (2001b).

[325] Vgl. stellvertretend NEUMANN (1987), S. 10, S. 27 ff.

Existenz von Organisationen, in denen Koordination hierarchisch durchgeführt wird, kann dadurch nicht erklärt werden.[326]

Die Ansätze der Neuen Institutionenökonomie versuchen diese Prämissen aufzulösen und beziehen zunächst Kosten für die Informationsbeschaffung und die Überwindung von Informationsasymmetrien,[327] später auch verhaltensrelevante Merkmale wie die Möglichkeit opportunistischen Verhaltens der Akteure[328] mit in die Überlegung ein. Diese Annahmen der Neuen Institutionenökonomie erklären die Kosten für die Koordination wirtschaftlicher Tätigkeiten. Dadurch kann letztendlich die Existenz von Unternehmen bzw. Organisationen deutlich gemacht werden. Die im Zuge der Informationsasymmetrien notwendige Beschaffung von Informationen und das Aushandeln individueller Tauschbedingungen kann unter Umständen durch hierarchische Koordination günstiger gelöst werden als bei einer Beschaffung auf dem Markt, die Transaktionskosten sind entsprechend geringer.[329]

Diese grundlegenden Überlegungen wurden von zahlreichen Autoren zu einem komplexen Theorie-„Gebäude" weiterentwickelt. Die wirtschaftlich relevanten (Teil-)Theorien sind dabei die Property-Rights-Theorie, die Principal-Agent-Theorie und die Transaktionskostentheorie. Dabei sind diese Ansätze nicht als klar abgegrenzte Theorien zu sehen, die sich gegenseitig ausschließen, vielmehr setzen die Ansätze z.T. aufeinander auf, ergänzen oder überschneiden sich.

Das Problem der Vertragsgestaltung wird dabei schwerpunktmäßig in der Transaktionskostentheorie behandelt, die Principal-Agent-Theorie beschäftigt sich mehr mit Informationsasymmetrien und daraus resultierenden Möglichkeiten zu opportunistischem Verhalten der Akteure.

Die Anbahnung und Gestaltung des Vertrags und das Vorhandensein von Informationsasymmetrien zwischen Verlader und Dienstleister als Akteure der Kontraktlogistikbeziehung wurden in der empirischen Untersuchung in Kapitel 4 als zentrale Herausforderungen für Logistikdienstleister gesehen. Aus diesem Grund scheinen die Transaktionskosten- und die Principal-Agent-Theorie für die Fragestellung der Arbeit besonders relevant.

Diese Ansätze werden im Folgenden eingehender erläutert und dienen als konzeptionelle Grundlage der weiteren Ausführungen.

---

[326] COASE bemerkt dazu: „In view of the fact that while economists treat the price mechanism as a co-ordinating instrument, they also admit the co-ordinating function of the ´entreprenuer´, it is surely important to inquire why co-ordination is the work of the price mechanism in one case and of the entrepreneur in another", vgl. COASE (1937), S. 389.

[327] Vgl. WEGEHENKEL (1980a), S. 11 f.

[328] Vgl. insbesondere WILLIAMSON (1985)

5.2.2 Transaktionskostentheorie – die Kosten des Vertrags

Die Transaktionskostentheorie erklärt die Vorteilhaftigkeit unterschiedlicher ökonomischer Organisationsformen zur Lösung des Koordinationsproblems mit einer Analyse der Kosten des Vertrags in unterschiedlichen Situationen.[330] Dabei wird der Einfluss unterschiedlicher Merkmale der Transaktion auf die Höhe der Transaktionskosten untersucht. Ziel der Transaktionskostentheorie ist damit die Identifikation der für spezifische Transaktionen jeweils günstigsten Organisationsform.[331]

5.2.2.1 Transaktionskosten

Allgemein können die Transaktionskosten in Abgrenzung zu den Produktionskosten als „Betriebskosten des Wirtschaftssystems", als Kosten der Koordination oder eben als Kosten des Vertrags definiert werden.[332] Williamson unterscheidet ex-ante und ex-post Transaktionskosten.

Ex-ante Transaktionskosten entstehen vor Vertragsschluss und umfassen die Kosten für Anbahnung bzw. Recherchen, für den Entwurf, für Verhandlungen und für die Absicherung von Verträgen. Die ex-ante Transaktionskosten können als versunkene Kosten interpretiert werden.[333] Der Vertrag kann in der Praxis aber nie so umfassend und vollständig ausgearbeitet werden, dass alle Eventualitäten geregelt sind. Ebenso ist die Durchsetzung von Verträgen auf gerichtlichem Weg meist langwierig und mit hohen Kosten verbunden.[334]

Aus diesem Grund müssen ex-post Transaktionskosten, also Transaktionskosten, die nach Vertragsschluss entstehen, berücksichtigt werden. Zu den ex-post Transaktionskosten gehören Kosten von Nachverhandlungen, die durch Abweichungen von - vertraglich vereinbarten - Richtgrößen entstehen oder beim Versuch, Fehlentwicklungen zu korrigieren, Kosten von Beherrschungs- und Überwachungssystemen zur Schlichtung von Streitigkeiten, auch wenn diese nicht - wie es häufig der Fall ist – vor Gericht ausgetragen werden, sowie

---

329 Vgl. COASE (1937), S. 387 f.

330 Vgl. WILLIAMSON (1990), S. 22 f. PICOT ET AL. (2003), S. 27.

331 Vgl. WILLIAMSON (1990), S. 47, PICOT ET AL. (2003), S. 49.

332 Vgl. WILLIAMSON (1990), S. 22 f.

333 Vgl. WEGEHENKEL (1980b), S. 18 f.

334 Vgl. RIPPERGER (1998), S. 32 f.

Kosten der Kontrolle.[335] Ex-post Transaktionskosten fallen als laufende Kosten der Beziehung an.[336]

Dabei ist zu beachten, dass die ex-ante und ex-post Transaktionskosten in engem Zusammenhang stehen und sich zum Teil gegenseitig bedingen. Dabei ist der Trade-off zwischen ex-ante Transaktionskosten und ex-post Transaktionskosten zu berücksichtigen.[337] Eine getrennte Betrachtung ist daher nicht sinnvoll.

Als Einflussgrößen auf die Höhe der Transaktionskosten lassen sich einerseits die charakteristischen Eigenschaften der Transaktion, anderseits die Koordinations- und Motivationseigenschaften alternativer Koordinationsformen benennen. Dabei dürfen die grundlegenden Verhaltensannahmen, also die begrenzte Rationalität der Akteure und die Möglichkeit des Opportunismus, nicht außer Acht gelassen werden. [338]

5.2.2.2 Eigenschaften von Transaktionen

Zur Charakterisierung von Transaktionen benennt WILLIAMSON Spezifität, Unsicherheit und Häufigkeit der Transaktion als Einflussgrößen.[339] PICOT/REICHWALD/WIGAND führen zusätzlich die Transaktionsatmosphäre zur Charakterisierung von Transaktionen an.[340]

Die Spezifität einer Transaktion beschreibt, inwieweit zur Durchführung der Transaktion spezifische Investitionen seitens der Akteure notwendig sind. Grundsätzlich existieren vier Dimensionen der Spezifität: [341]

- Standortspezifität, d.h. Investitionen in ortsgebundene Anlagen, etwa ein (beim Auftraggeber gelegenes) Produktionsversorgungslager,
- Sachkapitalspezifität, d.h. Investitionen in spezifische Maschinen und Technologien, z.B. Investitionen in die informationstechnische Anbindung an das System des Kunden,

---

[335] Vgl. WILLIAMSON (1990), S. 22 ff., zu den Arten der Transaktionskosten vgl. auch PICOT ET AL. (2003), S. 49.

[336] Vgl. WEGEHENKEL (1980b), S. 20.

[337] Vgl. MÄNNEL (1996a), S. 86.

[338] Vgl. WILLIAMSON (1990), S. 47 f., WILLIAMSON (1975), S. 21 ff., PICOT ET AL. (2003), S. 50. Auf die begrenzte Rationalität der Akteure und die Möglichkeit des Opportunismus wird in Kapitel 5.2.3 näher eingegangen.

[339] Vgl. WILLIAMSON (1990), S. 59 f., JOST (2000), S. 202.

[340] Vgl. PICOT ET AL. (2003), S. 52.

[341] Vgl. PICOT ET AL. (2003), S. 51, WILLIAMSON (1990), S. 62, 108, JUNG (1999), S. 44 ff.

- Humankapitalspezifität, d.h. Investitionen in Qualifikationen der Mitarbeiter, sei es durch Fortbildungsmaßnahmen oder Neueinstellungen, und
- zweckgebundene Sachwerte, die zwar strenggenommen unspezifisch sind, bei Nichterfüllung des Vertrags aber Überkapazitäten darstellen würden.

Die Spezifität der notwendigen Investitionen drückt das Risiko der Investition hinsichtlich der Möglichkeit der Nichterfüllung des Vertrags aus. Dies gewinnt vor dem Hintergrund der begrenzten Rationalität und des möglichen Opportunismus der Akteure besondere Bedeutung.

Dabei wird im Zusammenhang mit der Spezifität der Transaktion auch deren strategische Bedeutung hervorgehoben. Transaktionen mit hoher Spezifität und hoher strategischer Bedeutung lassen sich als Kernkompetenzen[342] interpretieren und sollten unternehmensintern oder in langfristigen Kooperationen abgewickelt werden.[343]

Die Unsicherheit einer Transaktion beschreibt die Wahrscheinlichkeit und das Ausmaß nicht vorhersehbaren Änderungen. In der Praxis drückt sich die Unsicherheit in Änderungen von Terminen, Preisen, Konditionen oder Mengen aus. Dabei kann zwischen Unsicherheit, die sich aus Änderungen der Umweltfaktoren ergeben, wie zufälligen Naturereignissen oder Veränderungen im Verbraucherverhalten, und Unsicherheit aufgrund von Kommunikationsproblemen oder opportunistischem Verhalten unterschieden werden.[344] Der Faktor der Unsicherheit ist für Transaktionen mit hoher Spezifität von Bedeutung, bei weniger spezifischen Transaktionen können verhältnismäßig leicht neue Beziehungen hergestellt werden, die Verhaltensunsicherheit ist in diesem Fall eher zweitrangig.[345]

Die Häufigkeit der Transaktion determiniert die Amortisationszeit von Investitionen in spezifische Beherrschungs- und Überwachungssysteme. Häufig durchgeführte Transaktionen rechtfertigen eher den Aufbau eigener Kapazitäten oder das Eingehen langfristiger Verträge mit den entsprechend hohen absoluten Kosten für Beherrschung und Überwachung, seltene Transaktionen werden - sofern möglich - bevorzugt über Märkte abgewickelt.[346]

Die Transaktionsathmosphäre umfasst die relevanten sozialen, rechtlichen und technologischen Rahmenbedingungen unter denen die Transaktion stattfindet. Beispiele hierfür sind

[342] Zum Konzept der Kernkompetenzen vgl. PRAHALAD ET AL. (1990).

[343] Vgl. PICOT ET AL. (2003), S. 51, zu den Gefahren „falschen“ Outsourcings vgl. BETTIS ET AL. (1992).

[344] Vgl. WILLIAMSON (1990), S. 65 ff, PICOT ET AL. (2003), S. 52.

[345] Vgl. WILLIAMSON (1990), S. 68.

[346] Vgl. WILLIAMSON (1990), S. 69, PICOT ET AL. (2003), S. 52.

die Werthaltung der Transaktionspartner, die sich z. B. in Unternehmensleitlinien ausdrücken, die rechtlichen Regelungen in der Branche, z.B. die Allgemeinen Deutschen Spediteurbedingungen (ADSp), oder technische Infrastrukturen. PICOT/REICHWALD/WIGAND heben dabei die Bedeutung der Informations- und Kommunikationstechnologie besonders hervor. Durch den Einsatz von I&K-Technologie lässt sich die Informationsverarbeitungskapazität der Akteure erhöhen und damit Informations- und Kommunikationskosten senken.[347]

Abbildung 14 zeigt Beispiele für Transaktionen, systematisiert nach den Kriterien „Spezifität" und „Häufigkeit".

		Investitionsmerkmale		
		nichtspezifisch	**gemischt**	**hochspezifisch**
Häufigkeit	**gelegentlich**	Kauf von Standardausrüstung	Kauf von spezialgefertigter Ausrüstung	Errichtung einer Werkanlage
	wiederholt	Kauf von Standardmaterial	Kauf von spezialgefertigtem Material	Standortspezifische Übertragung von Zwischenprodukten aufeinanderfolgender Produktionsstufen

Abbildung 14: Beispiele für Transaktionen unterschiedlicher Spezifität und Häufigkeit
Quelle: WILLIAMSON (1990), S. 82.

Die Bestimmung der Charakteristika der Transaktion ist die Voraussetzung für das Finden einer geeigneten Koordinationsform um eine bestmögliche Leistungserstellung hinsichtlich der Kosten und der Flexibilität zu erreichen.

[347] Vgl. PICOT ET AL. (2003), S. 52.

5.2.2.3 Koordinationsformen zwischen Markt und Hierarchie

Die Extrempunkte auf einer Skala der möglichen Koordinationsformen bilden die Pole „Markt" und „Hierarchie". Dabei bedient sich der Markt des Preises als Koordinationsinstrument, in der Hierarchie erfolgt die Koordination über Pläne und Anweisungen.[348] Zwischen diesen Polen existiert eine Fülle an hybriden Organisationsformen, z.B. Joint Ventures, Kooperationen und Franchising- oder Lizenzsysteme.[349] Die Hierarchie stellt die Koordination durch langfristige Arbeitsverträge sicher, in Zwischenformen werden Verträge mit unterschiedlichem Umfang bzw. Detaillierungsgrad und Laufzeiten geschlossen. Der Einkauf am Markt wird durch einmalige Kaufverträge geregelt.[350] Abbildung 15 zeigt die Organisationsformen ökonomischer Aktivitäten zwischen Markt und Hierarchie.

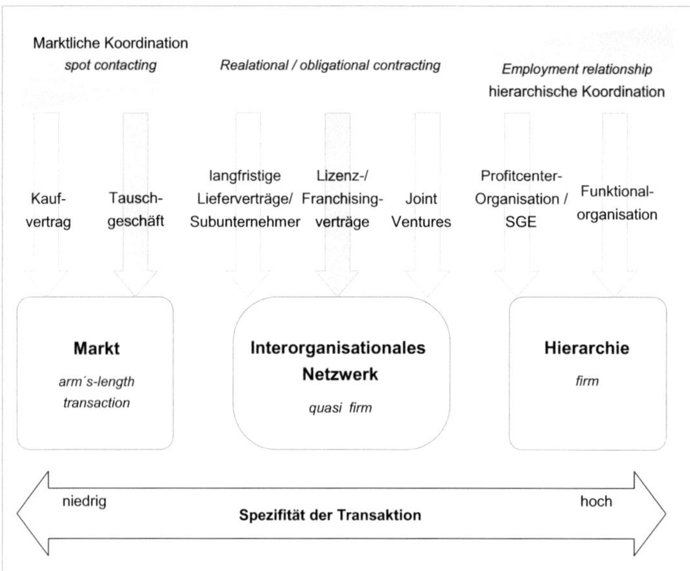

Abbildung 15: Organisationsformen zwischen Markt und Hierarchie

Quelle: Ergänzte Darstellung nach SYDOW (1992), S. 104.

[348] Vgl. SIEBERT (1999), S. 22, PICOT ET AL. (2003), S. 53, SYDOW (1992), S. 98.

[349] Vgl. Picot (1991), S. 339 f., JUNG (1999), S. 60 ff.

[350] Vgl. SYDOW (1992), S. 104, PICOT ET AL. (2003), S. 53.

Allgemeingültige Aussagen über passende Organisationsformen zu den jeweiligen Transaktions-„Kategorien“ lassen sich nicht machen. Hierzu müssen fallspezifisch die Merkmale der Transaktion beschrieben und mit den Eigenschaften der Kooperationsform verglichen werden. Tendenziell werden aber nicht-spezifische Transaktionen eher über Spotmärkte abgewickelt, spezifische Transaktionen über langfristige Vereinbarungen. Eine ähnliche Tendenz besteht hinsichtlich der Unsicherheit. Seltene Transaktionen werden nach Möglichkeit über Märkte abgewickelt, während häufige Transaktionen eher langfristig abgesichert werden, um die entsprechend höheren Ausfallrisiken einzudämmen. Dies kann über langfristige vertragliche Bindungen, aber auch durch vertikale Integration, also gemeinsames Eigentum an Ressourcen, realisiert werden.[351]

Die Entstehung von Kooperationen im Rahmen der Kontraktlogistik kann so durch die Transaktionskostentheorie zumindest zum Teil erklärt werden. Durch die detaillierte Beschreibung und Kategorisierung dieser Kosten und der empirischen Absicherung ihrer Relevanz leistet die Transaktionskostentheorie einen bedeutenden Beitrag zum Management der Transaktionskosten in der Kontraktlogistik seitens des Logistikdienstleisters und damit zur erfolgreichen Ausgestaltung und Durchführung solcher Logistik-Kooperationen.

5.2.3 Principal-Agent-Theorie – die Problematik asymmetrischer Information

Die Principal-Agent-Theorie beschäftigt sich mit Interessenskonflikten und Informationsasymmetrien in einer (vertraglich geregelten) Auftrags- oder Delegationsbeziehung zwischen Auftraggeber („Principal“) und Auftragnehmer („Agent“).[352] Solche Principal-Agent-Beziehungen finden sich sowohl im innerbetrieblichen Kontext, etwa die Delegation von Aufgaben in hierarchischen Beschäftigungsstrukturen, z.B. in Beschäftigungsverhältnissen, als auch zwischen Unternehmen, etwa in Outsourcing-Beziehungen.[353]

5.2.3.1 Interaktionen zwischen Principal und Agent

Principal-Agent-Beziehungen sind dabei immer durch ihre vertikale hierarchische Struktur gekennzeichnet, im einfachsten Fall einer bilateralen Beziehung stellt sich dies wie folgt dar: Der Auftraggeber oder Principal delegiert eine Aufgabe an den Auftragnehmer oder Agent,

---

[351] Vgl. JUNG (1999), S. 39 ff.

[352] Vgl. JOST (2001b), S. 11 ff. In der Literatur wird zwischen deskriptiven, also beschreibenden und erklärenden, sowie normativen, mathematisch orientierten Ansätzen der Principal-Agent-Theorie unterschieden. Im Folgenden wird der deskriptive Ansatz verfolgt.

[353] Vgl. JOST (2001b), S. 11, S. 87, SYDOW (1992), S. 172.

dieser soll die zum Erfüllen der Aufgabe nötigen Tätigkeiten und Entscheidungen im Sinne des Principals selbständig durchführen.[354]

Wie eingangs angedeutet beschäftigt sich die Principal-Agent-Theorie mit unterschiedlichen Interessen bzw. Zielsetzungen und unterschiedlich verteilter Information zwischen Principal und Agent.[355] Dabei wird wie in der Transaktionskostentheorie explizit die Möglichkeit zu opportunistischem Handeln aufgrund der unterschiedlichen Zielsetzungen und der Informationsasymmetrien in die Betrachtung miteinbezogen.[356] Aus diesem Grund ist eine vertragliche Regelung der Transaktionsbeziehung zwischen Principal und Agent notwendig.[357]

Abbildung 16 zeigt den Interaktionsprozess zwischen Principal und Agent unter Annahme symmetrischer Informationsverteilung. Die erste und zweite Phase beschreiben dabei Angebot und Annahme des Vertrags, Phase drei beschreibt die Entscheidung des Agents über die Arbeitsanstrengung bezüglich der vereinbarten Leistungserbringung. In Phase vier werden zufällige - da beide Parteien die gleiche, aber keine vollständige Information haben - Einflüsse von außen beschrieben (exogene Einflüsse). Phase fünf schließlich umfasst die Erfüllung des Vertrags und die Entlohnung des Principal.[358]

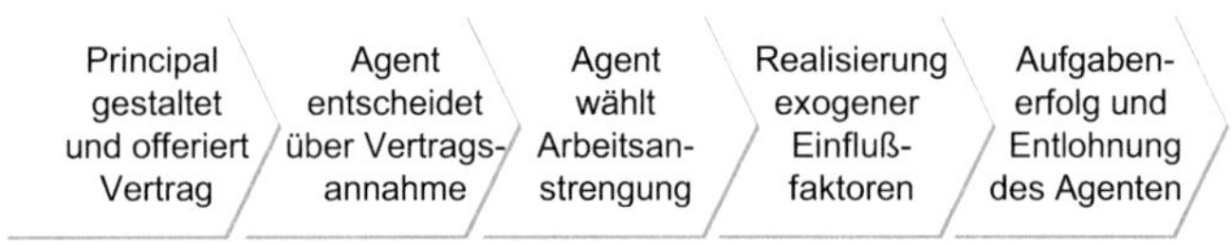

Abbildung 16: Interaktionsprozess zwischen Principal und Agent bei Informationssymmetrie

Quelle: Eigene Darstellung nach JOST (2001b), S. 24.

Dieses Modell wird im Folgenden dazu genutzt, die Auswirkungen von Informationsasymmetrien auf die Interaktionen zwischen Principal und Agent zu verdeutlichen.

---

[354] Vgl. JOST (2001b), S. 12.

[355] Vgl. JOST (2001b), S. 11 f.

[356] Vgl. KRUPP (2005), S. 132.

[357] Vgl. JOST (2001b), S. 13 f.

[358] Vgl. JOST (2001b), S. 24.

5.2.3.2 Interessenskonflikte zwischen Principal und Agent

Basierend auf der Annahme begrenzter Rationalität[359] versuchen sowohl Principal als auch Agent ihren individuellen Nutzen zu maximieren. Die Nutzenfunktion des Agents kann als Differenz zwischen der Entlohnung durch den Principal einerseits, den eigenen Kosten der Leistungserstellung und den Transaktionskosten andererseits interpretiert werden.

Die Nutzenmaximierung des Principals kann – mathematisch formuliert - durch die Maximierung der aus der Transaktion resultierenden Einnahmen und/oder durch die Minimierung der Transaktionskosten und der Entlohnung des Agents erfolgen. Letzteres unterliegt zwei Nebenbedingungen: Der Agent muss durch die Kooperation einen höheren Nutzen erzielen können als bei Alternativen und die Anstrengungen bzw. der Arbeitseinsatz beim Erledigen der delegierten Aufgaben werden entsprechend des Entlohnungsniveaus unterschiedlich hoch ausfallen.[360] Demnach sind die Zielvorstellungen von Principal und Agent gegenläufig, stabile Principal-Agent-Beziehungen existieren nur dann, wenn aus der Differenz zwischen den durch den Principal erzielten Erlösen bei der Vermarktung der Leistung und dem Aufwand des Agents zur Erstellung der Leistung eine Bezahlung für den Agent sowie eine Marge für den Principal gedeckt sind, die höher ist als die jeweils zur Auswahl stehenden Alternativen.

Bei der Betrachtung von Principal-Agent-Beziehungen zwischen Unternehmen ist zusätzlich die Risikoverteilung zu berücksichtigen: Durch arbeitsteilige Leistungserstellung zwischen rechtlich selbständigen Organisationen werden hierarchische Koordinationsformen - also die Leistungserstellung innerhalb einer Organisation mit Weisungsbefugnis des Pincipals und der entsprechende Kontroll- und Sanktionierungsaufwand - mit marktlichen Elementen angereichert.[361] Dadurch wird der Preis, der auch innerhalb von Organisationen etwa als interner Verrechnungspreis zwischen Profit Centern genutzt wird, als Koordinationsfunktion aufgewertet. Das interne hierarchische Kontrollproblem und damit das Risiko der Leistungserstellung wird somit teilweise auf den Agent abgewälzt. Konsequenz daraus ist aber auch ein gewisser Kontrollverlust über die abgewickelten Prozesse. Die Kooperation als hybride Organisationsform zwischen Markt und Hierarchie vereinigt also marktliche Preismechanismen sowie hierarchische Kontroll- und Sanktionierungsmöglichkeiten. Dabei ist ein Trade-off zwischen Risikoübernahme bzw. Kontrollverlust aus Sicht des Principal und Anreizgestaltung

---

[359] Vgl. KRUPP (2005), S. 86 ff.

[360] Vgl. BEER (1997), S. 42.

[361] Je nach „Ausgangsposition" der Betrachtung wird in diesem Kontext von Internalisierung und Externalisierung bei vollständiger Risikoverlagerung bzw. Quasi-Internalisierung und Quasi-Externalisierung bei partieller Risikoverlagerung gesprochen. Vgl. SYDOW (1992), S. 172, auch Abbildung 15 in Abschnitt 5.2.2.3.

bzw. Entlohnung und Risikoprämie aus Sicht des Agents anzustreben.[362] Die Lage des „Optimums“ ist gemäß den Ausführungen zur Transaktionskostentheorie insbesondere von den Eigenschaften der Transaktionen zwischen Principal und Agent abhängig.

5.2.3.3 Informationsasymmetrien und Lösungsstrategien

Vor dem Hintergrund der Informationsasymmetrien scheint es besonders schwierig die zuvor beschriebenen Interessenskonflikte auszugleichen, da erst durch die Existenz der Informationsasymmetrien opportunistisches Verhalten seitens des Agents überhaupt möglich wird. Bei gleich verteilter Information würde ein Verhalten des Agents, das den vertraglichen Vereinbarungen und damit den Interessen des Principals entgegenläuft, sofort entdeckt werden, der Agent läuft Gefahr, vom Principal mit entsprechenden Sanktionen belegt zu werden.[363]

Informationsasymmetrien führen nach ARROW zu Unsicherheiten hinsichtlich der Eigenschaften („Hidden Characteristics“) und der Handlungen („Hidden Action“) sowie der Informationsbasis des Agents („Hidden Environmental Knowledge“, auch: „Hidden Information“).[364] Diese Aufzählung kann durch die Möglichkeit verborgener Absichten („Hidden Intention“) ergänzt werden.[365]

„Hidden Characteristics“ und das Problem der „Adverse Selection“

Verborgene Eigenschaften oder „Hidden Characteristics“ sind ex ante, also bereits vor Vertragsschluss wirksam und beeinflussen so die Auswahl des Agents durch den Principal. Diese wirken sich auf die Leistungserstellung aus. Der Agent besitzt Informationen über seine Leistungsfähigkeit, die dem Principal ex ante nicht bekannt sind. Verborgene Eigenschaften des Agents stehen bereits vor Beginn der Interaktion fest, sie werden deshalb im Modell des Interaktionsprozesses dem eigentlichen Beginn der Interaktion vorangestellt (vgl. Abbildung 17).

Bei unvollständigen Informationen über die Eigenschaften geht der Principal meist von einem Agent mit durchschnittlicher Leistungsfähigkeit aus. Dabei läuft er Gefahr einer „Gegenauslese“ bzw. „Adverse Selection“[366], da weniger leistungsfähige Agents versucht sind, eine höhere Leistungsfähigkeit vorzutäuschen und damit in den „Genuss“ des auf durchschnittli-

---

[362] Vgl. SYDOW (1992), S. 172 f., MÄNNEL (1996a), S. 87.

[363] Diese Situation entspricht der Tit-for-Tat Strategie in der Spieltheorie: Opportunistisches Verhalten wird sofort erkannt und in der folgenden Runde sanktioniert, vgl. KRUPP (2005), S. 57 ff.

[364] Vgl. ARROW (1985), S. 38 ff., auch JOST (2001b), S. 25 ff.

[365] Vgl. SPREMANN (1990), S. 566.

[366] Vgl. MILGROM ET AL. (1992), S. 149 ff.

che Leistungen ausgelegten Vertrags zu kommen. Überdurchschnittlich leistungsfähige Agents dagegen werden den Vertrag nicht annehmen.[367]

Dem kann entgegengewirkt werden, indem der Agent dem Principal Informationen über seine Eigenschaften offen legt bzw. der Principal solche Informationen fordert. Dieses in der Literatur als „Signaling" bezeichnete Vorgehen besteht zum Beispiel in der Information über besondere Qualifikationen und im Nachweis, diese auch tatsächlich vorweisen zu können. Da diese „freiwillige" Weitergabe von Informationen mit Kosten verbunden ist, kann davon ausgegangen werden, dass nur „ehrliche" Agents mit entsprechenden Erfolgsaussichten diesen Aufwand tragen.[368]

Möglichkeiten des Umgangs mit Informationsasymmetrien seitens des Principals ist das „Screening", also das Einholen von Informationen zum Ausgleich seiner Informationsdefizite. Da auch das Screening mit hohen Kosten verbunden ist, besteht in der Praxis eine starke Tendenz zur Institutionalisierung, z.B. durch Gütesiegel oder Qualitätsnormen.

In Märkten, die durch „Hidden Characteristics" geprägt sind, ist der „gute Ruf" bzw. die entsprechende Reputation für die Agenten von besonderer Bedeutung.[369] Dieser gute Ruf hat dabei eine ähnliche Wirkung auf den Interaktionsprozess wie das Signaling.

„Hidden Action" und das Problem opportunistischen Verhaltens

Die Möglichkeit zu verdecktem Handel, also zur „Hidden Action", kann der Agent dergestalt ausnutzen, dass er nicht die mögliche bzw. vereinbarte Leistung erbringt. Dem Principal bleibt dies verborgen, da er nur unzureichende Informationen über das tatsächliche und das mögliche Leistungsniveau hat. Eine Entlohnung findet dann in voller Höhe statt, ohne dass die im Rahmen der Vereinbarung angemessene Leistung erbracht wurde. Dies ist möglich, da das Ergebnis der Leistungserstellung des Agents meist nicht nur von dessen Handeln, sondern auch durch den Einfluss exogener Einflüsse bestimmt wird. Die Gefahr des opportunistischen Verhaltens des Agents wird als „Moral Hazard" bezeichnet.[370]

Die „Hidden Action" kann in der Phase der Leistungserstellung des Interaktionsprozesses stattfinden, das Verhalten des Agents bei der Leistungserstellung ist für den Principal nicht beobachtbar (vgl. Abbildung 17).

Dem Problem der „Hidden Action" kann durch das Einholen zusätzlicher, verifizierbarer Informationen über die endogenen Einflussfaktoren begegnet werden. Dabei ist zu berück-

---

[367] Vgl. JOST (2001b), S. 28.

[368] Vgl. JOST (2001b), S. 29.

[369] Vgl. MAILATH ET AL. (2001), S. 416 f.

[370] Vgl. SPREMANN (1990), S. 571 f.

sichtigen, dass wiederum diese Informationen meist selbst nicht kalkulierbaren Schwankungen unterworfen sind. Deshalb bedeutet eine Kopplung der Entlohnung an die Informationen über endogene Einflüsse ein zusätzliches Risiko für den Agent. Aufgrund der Annahme von Risikoaversion beim Agent muss dieses Risiko entsprechend entlohnt werden. Außerdem verursacht die Informationsbeschaffung selbst wiederum Kosten.[371]

„Hidden Information“ und das Problem opportunistischen Verhaltens

Verborgene Informationen beziehen sich auf die unterschiedliche „Fähigkeit“ zur Beurteilung der erbrachten Leistung durch den Principal und den Agent. Der Agent erwirbt im Zuge der Durchführung seiner Aufgabe Wissen bzw. Informationen über die Zusammenhänge zwischen exogenen Einflüssen und der Höhe des Leistungsniveaus, die dem Principal verborgen bleiben.[372] Die Gefahr für den Principal besteht in nun der Möglichkeit des Agents, schlechte Ergebnisse seiner Arbeit dem für ihn nicht beeinflussbaren Wirken endogener Faktoren zuzuschreiben, eine Beurteilung des Leistungsniveaus ist dem Principal nicht möglich (vgl. Abbildung 17).

Die Möglichkeit der „Hidden Information“ sollte bereits vor Vertragsschluss berücksichtigt werden. Anreizsysteme müssen so gestaltet sein, dass es für den Agent vorteilhaft ist, seine Informationen bzw. sein Wissen mit dem Principal zu teilen und vor allen Dingen diese Informationen im Sinne des Principals zu nutzen.[373]

„Hidden Intention“ und das Problem opportunistischen Verhaltens

Bei hoher Spezifität der Transaktionen werden spezifische Investitionen notwendig, die bei Wegfall der Vertragsbeziehung nicht oder nur schwer anderweitig genutzt werden können (vgl. Abschnitt 5.2.2.2). So kann der Agent in ein Abhängigkeitsverhältnis mit dem Principal geraten. Die Möglichkeit des opportunistischen Verhaltens hinsichtlich des Ausnutzens einseitiger Abhängigkeiten - etwa bei Lücken im Vertrag oder bei Nachverhandlungen – besteht bereits vor Beginn des Interaktionsprozesses und wird in der Literatur als ´Hold Up´ bezeichnet (vgl. Abbildung 17). Dieser Problematik kann durch vertikale (Quasi)Integration, z.B. durch langfristige Kooperationsverträge oder dem Schaffen gegenseitiger Abhängigkeiten, z.B. durch gemeinsames Eigentum an spezifischen Ressourcen, begegnet werden.[374]

[371] Vgl. Jost (2001b), S. 26 f.

[372] Vgl. Arrow (1985), S. 39, Jost (2001b), S. 30 f.

[373] Vgl. Arrow (1985), S. 42 ff., Jost (2001b), S. 31.

[374] Vgl. Picot et al. (2003), S. 59, Spremann (1990), S. 568 ff.

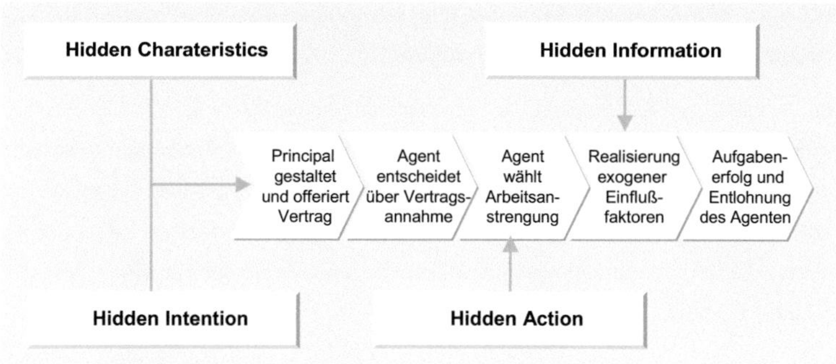

Abbildung 17: Interaktionsprozess zwischen Principal und Agent bei Informationsasymmetrien

Quelle: Eigene Darstellung nach JOST (2001b), S. 26 ff.

5.2.3.4 Problemstellungen und Lösungsansätze der Principal-Agent-Theorie

Zusammenfassend lassen sich die Problemstellungen und Lösungsansätze in einer Tabelle gegenüberstellen. Abbildung 18 zeigt die jeweils aus Informationsasymmetrien zwischen Principal und Agent resultierenden Problemstellungen der „Adverse Selection" und opportunistisches Verhalten im Sinne des „Moral Hazard" und der „Hold Up-Problematik", den Zeitpunkt des Auftretens, der Ursache und des Ursprungs der Informationsasymmetrie sowie Lösungsansätze der Principal-Agent-Theorie.

Problemstellung	**Adverse Selection**	**Opportunistisches Verhalten - Moral Hazard**		**Opportunistisches Verhalten - Hold Up**
Zeitpunkt	ex ante	ex post		ex post
Ursache	Hidden Characteristics	Hidden Action	Hidden Information	Hidden Intention
Ursprung der Informations-asymmetrie	exogen	endogen	exogen	endogen
Lösungsansatz	Beseitigung/ Reduzieren der Informations-asymmetrie durch Signalling Screening	Interessensangleichung durch Anreizsysteme Reduktion der Informations-asymmetrien durch Monitoring		Interessens-angleichung durch Vertragsgestaltung Risikoverteilung

Abbildung 18: Problemstellungen und Lösungsansätze der Principal-Agent-Theorie im Überblick

Quelle: Eigene Darstellung nach PICOT ET AL. (2003), S. 59, BEER (1997) S. 48.

5.2.4 Beitrag der Ansätze der Neuen Institutionenökonomie zur Charakterisierung von Kooperationen in der Kontraktlogistik

Den oben angeführten Ansätzen der Neuen Institutionenökonomie ist gemeinsam, dass die Beschreibung, Bewertung und Auswahl von Koordinationsmechanismen innerhalb und zwischen Unternehmen anhand ökonomischer Kriterien erfolgt. Die Aufmerksamkeit wird auf den Verbrauch knapper Ressourcen zur Koordination gelenkt und deren effizienter Einsatz beschrieben. Durch die geradlinige Theoriekonstruktion erreichen sie einen hohen Erklärungsgehalt mit großem Allgemeinheitsanspruch.

Zur Beschreibung und zum besseren Verständnis der Problemstellungen in Kooperationen in der Kontraktlogistik können die Erkenntnisse über die Koordination und die Phasen marktlicher, kooperativer und hierarchischer Koordinationssysteme genutzt werden. Als Lösungsansätze werden Steuerungs-, Kontroll- und Anreizsysteme vorgestellt und bewertet.

Obwohl sich die Transaktionskosten- und Pricipal-Agent-Theorie in wesentlichen Punkten hinsichtlich der Betrachtungsperspektive unterscheiden, weisen sie doch auch viele Gemeinsamkeiten auf und beeinflussen sich wechselseitig. Gemeinsamkeiten und Unterschiede sowie der Gestaltungsbeitrag zur Erklärung und Verbesserung von Kooperationen in der Logistik werden in Abbildung 19 zusammenfassend dargestellt.

	Transaktionskostentheorie	**Principal-Agent-Theorie**
Untersuchungsgegenstand	Koordinationsmechanismen Verträge	Koordinationsmechanismen Verträge
Eigenschaften der Transaktionssituation	Spezifität Häufigkeit Unsicherheit Transaktionsathmosphäre	Informationsasymmetrien ungleiche Risikoverteilung Unsicherheit
Verhaltensannahmen	individuelle Nutzenmaximierung Möglichkeit des Opportunismus beschränkte Rationalität beschränkte Risikoneigung	individuelle Nutzenmaximierung Möglichkeit des Opportunismus beschränkte Rationalität beschränkte Risikoneigung
Perspektive	ex ante und ex post	ex ante
Problemstellungen	Anfallen von Transaktionskosten als "Betriebskosten des Wirtschaftssystems"	Adverse Selection Moral Hazard Hold Up
Effizienzkriterium	Transaktionskosten (i.e.S.)	Agency-Kosten (werden in der Literatur zu den Transaktionskosten i.w.S. gerechnet)
Gestaltungsbeitrag für Logistik-Kooperationen	Kriterien zur Beschreibung und Kategorisierung der Transaktionen Hinweise auf den „passenden" vertikalen Integrationsgrad bzw. die „passende" Kooperationsform Gestaltung des Vertrags bzw. „Enge" der vertraglichen Bindung	Signalling und Screening zur Auswahl des Logistikdienstleisters bzw. zur optimalen Vorbereitung auf Ausschreibung, Angebotserstellung und Vertragsschluss Gestaltung passender Entlohnungssysteme mit entsprechenden Anreizen zur Interessensangleichung Ausgleichsmechanismen bei ungleich verteilten Investitionen und Risiken

Abbildung 19: Transaktionskosten- und Principal-Agent-Theorie und deren Gestaltungsbeitrag für Logistik-Kooperationen

Quelle: Eigene Darstellung in Anlehnung an BEER (1997), S. 70.

5.3 Ergebnisse der theoretischen Überlegungen – Anforderungen an ein Controlling aus der Transaktionskosten- und Principal-Agent-Theorie

5.3.1 Kontraktlogistik – Charakterisierung aus Sicht der Transaktionskostentheorie

Unter dem Begriff Kontraktlogistik versteht man in einer pragmatischen Sichtweise die vertraglich geregelte langfristige Abwicklung komplexer Logistikpakete durch einen Logistikdienstleister. Die Charakterisierung von „Logistik-Kooperationen" im folgenden Abschnitt erfolgt auf Basis der Transaktionskostentheorie.

5.3.1.1 Kontraktlogistik – Logistik-Kooperationen zwischen Markt und Hierarchie

Die Transaktionskostentheorie beschreibt solche vertraglich geregelten Beziehungen als Kooperation, bzw. als hybride Organisationsform zwischen Markt und Hierarchie. Abhängig von den Eigenschaften der Transaktion, insbesondere deren Spezifität, ist es sinnvoll marktliche und hierarchische Elemente in unterschiedlicher „Intensität" zu kombinieren. Dies kann entsprechend durch die Ausgestaltung des Vertrags realisiert werden.[375]

Dabei wird die Rolle hierarchischer und marktlicher Koordinationsinstrumente im Vertrag festgeschrieben bzw. wird bewusst auf Regelungen verzichtet. Bei ersteren handelt es sich um Möglichkeiten der Einflussnahme auf den Dienstleister, wie Weisungsbefugnis, Mitspracherecht und Kontrollmöglichkeiten des Verladers, bei letzterer um Freiräume des Dienstleisters hinsichtlich der Abwicklung, die letztendlich über Preis und Qualität mit dem Verlader koordiniert werden.[376]

Die grundsätzliche Aussage der Transaktionskostentheorie, wenig spezifische Bindungen marktlich zu regeln und hoch spezifische Bindungen entsprechend langfristig vertraglich abzusichern bzw. durch Quasi-Integration mit hierarchischen Elementen anzureichern, wird durch die Beobachtungen in der Praxis bestätigt. Die Vereinbarung gemeinsamer Gremien (z.B. in vierteljährlichen Qualitätszirkeln), die letztendlich der gemeinsamen Planung und Kontrolle der Prozessabläufe dient, ist ein Beispiel für ein hierarchisches Elemente im Sinne der Transaktionskostentheorie.

---

[375] Zur Ausgestaltung hybrider Organisationsstrukturen in der Automobilindustrie vgl. z.B. HANKE (1993), S. 116 ff., MÄNNEL (1996a), S. 136 ff.

[376] Vgl. PICOT ET AL. (2003), S. 52 ff., SYDOW (1992), S. 104 ff.

5.3.1.2 Transaktionskosten in den Phasen von Kontraktlogistik-Beziehungen

Entsprechend der Definition der Transaktionskosten als Betriebskosten des Wirtschaftssystems[377] können die Kosten für die Tätigkeiten, die jeweils in den in Kapitel 4.3.1.3 beschriebenen Phasen der Anbahnung bis zur laufenden Abwicklung von Kontraktlogistik-Geschäften anfallen, als Transaktionskosten angesehen werden. Die entsprechenden Tätigkeiten sind in Abbildung 13 dargestellt (Kapitel 4.3.1.3). Dabei werden die in den Phasen anfallenden Transaktionskosten maßgeblich von der Spezifität und der Unsicherheit der Transaktionen beeinflusst. In der Regel führt eine hohe Spezifität und Unsicherheit zu entsprechend hohen ex-ante Transaktionskosten der Suche und Vereinbarung, da eine Vielzahl an Kriterien geprüft werden muss.[378] Auch die ex-ante Transaktionskosten der Kontrolle und Vertragsanpassung werden durch die Spezifität und die Unsicherheit der Transaktionen weitgehend vorbestimmt: Je höher die Spezifität und Unsicherheit, desto höher die Kosten der Kontrolle und von eventuellen Anpassungen.[379]

Dabei lassen sich die Aussagen der Praktiker in Kapitel 4 entsprechend der Aussagen der Transaktionskostentheorie interpretieren. Sowohl der Zusammenhang von ex-ante- und ex-post-Transaktionskosten konnte bestätigt werden, als auch der Einfluss der Spezifität und Unsicherheit der Logistikleistung auf den jeweiligen Aufwand, insbesondere bei der Analyse und Konzepterstellung bzw. –verfeinerung und –anpassung, aber auch in den Verhandlungen und bei der Vertragsgestaltung.

5.3.1.3 Transaktionseigenschaften logistischer Dienstleistungen

Die jeweils „passende“ Form der Kooperation, die durch die Intensität der vertraglichen Bindung charakterisiert werden kann, ergibt sich nach der Transaktionskostentheorie aus den Eigenschaften der Transaktionen zwischen Verlader und Dienstleister, in erster Linie aus deren Spezifität. Die Logistikpakete, die an Logistikdienstleister fremdvergeben werden, determinieren die Eigenschaften der Transaktionen. Wie in Abschnitt 3.1.4 dargestellt existiert ein breites Spektrum an logistischen Dienstleistungen, die in marktlichen oder kooperativen Beziehungen zwischen Verlader und Dienstleister abgewickelt werden können (vgl. Abbildung 4). Im Folgenden werden die identifizierten „Typen“ logistischer Dienstleistungen, von einfachen Transportdienstleistungen bis hin zu komplexen Logistikpaketen mit Managementverantwortung, hinsichtlich ihrer Transaktionseigenschaften beschrieben.

---

[377] Vgl. WILLIAMSON (1990), S. 22 f.

[378] Vgl. JUNG (1999), S. 89 ff.

[379] Vgl. JUNG (1999), S. 102 ff.

Operative Abwicklung einfacher, vorgegebener Logistikdienstleistungen

Bei der Abwicklung einfacher, vorgegebener Logistikdienstleistungen handelt es sich um standardisierte oder leicht definierbare Leistungen, zumeist Transport, Umschlag und/oder einfache Lagertätigkeiten, die im engeren Sinne wie bereits erläutert nicht zur Kontraktlogistik zählen (vgl. Kapitel 3.1.4.1).

Diese Art der Transaktionen machen spezifische Investitionen in Sachkapital oder speziell qualifizierte Mitarbeiter über das Maß der typischen Kernkompetenzen von Logistikdienstleistern hinaus in der Regel nicht notwendig. Dadurch ist für Verlader ein Wechsel des Vertragspartners einerseits relativ problemlos, andererseits kann ein Logistikdienstleister solche einfachen Leistungen bei Wegfallen des Vertrages auch anderweitig vermarkten. Dabei bestehen für den Dienstleister dennoch Unsicherheiten hinsichtlich der Spezifität, wenn standortspezifische Investitionen etwa in ein Lager am Werk des Verladers oder der Aufbau hoher Kapazitäten notwendig sind. Gleichzeitig ist aber wie bereits dargestellt wurde der Konkurrenzdruck in diesem Bereich logistischer Dienstleistungen besonders hoch.

Aus diesem Grund ist für Dienstleister eine vertragliche Absicherung solch „einfacher“ Geschäfte mit dem Verlader zwar erstrebenswert, scheitert jedoch meist an der mangelnden Bereitschaft der Verlader, die aus ihrer Sicht durch langfristige Verträge die günstigen Möglichkeiten der marktlichen Abwicklung und damit der niedrigen Bindung an Partner aufgeben würden. Das erklärt die Anstrengung vieler Logistikdienstleister, durch die Einbindung solcher Leistungen in komplexere Pakete oder durch die Übernahme zusätzlicher Managementverantwortung die Spezifität der Transaktionen zu „erhöhen“. Dadurch werden vertragliche Bindungen für den Verlader interessant, dem Dienstleister kann es auf diese Weise gelingen, dem hohen Wettbewerbsdruck wenigstens ein Stück weit zu entgehen.

Abwicklung des Logistikpakets mit Managementverantwortung

Bei der Variante der Abwicklung einfacher Logistikpakete mit Managementverantwortung durch den Logistikdienstleister werden nicht nur die operative Abwicklung der Logistikpakete durch den Dienstleister, sondern im Rahmen taktischer und strategischer Aufgaben auch Funktionen des Controllings und Beratungsaufgaben durch den Dienstleister übernommen. Ein Beispiel für diese Variante der Kontraktlogistik ist der Betrieb eines Lagers mit Bestandsverantwortung durch den Dienstleister.

Die Spezifität der Transaktionen ist so gegenüber der ausschließlich operativen Abwicklung solcher Logistikpakete deutlich erhöht. Die hohen Transaktionskosten bei der Suche eines neuen Partners für den Verlader machen für diesen eine längerfristige vertragliche Bindung mit dem Dienstleister interessant bzw. zur Absicherung des Ausfallrisikos der Logistikkette notwendig.

Operative Abwicklung komplexer logistischer und logistiknaher Aktivitäten

Die Abwicklung komplexer Logistikpakete beinhaltet neben „klassischen" Logistikfunktionen auch logistiknahe „Value-added"-Dienstleistungen, wie leichte Montagearbeiten, Verpacken, Kommissionieren etc.

Die Spezifität der Transaktionen wird durch die „Ergänzung" bzw. „Anreicherung" der „klassischen" Logistikfunktionen durch zum Teil hochspezifische „Value-added"-Dienstleistungen insgesamt stark erhöht. „Value-added"-Dienstleistungen sind in der Mehrzahl der Fälle stark kundenspezifisch ausgerichtet und machen meist Investitionen in Spezialmaschinen und/oder besondere Qualifikationen der Mitarbeiter nötig. Beispiele hierfür sind etwa Press- oder Stanzmaschinen für die Vorproduktion im Automobilsektor oder die Beschäftigung medizinisch-kaufmännischer Angestellter für Qualitätskontrollen in Lagern für die Pharmaindustrie. Dabei werden oft auch spezifische Investitionen in Immobilien nahe am Standort des Verladers, teilweise auch direkt auf dessen Betriebsgelände, notwendig.

Entsprechend der hohen Spezifität besteht sowohl für Verlader als auch für Dienstleister ein starker Anreiz zur langfristigen vertraglichen Absicherung der Kooperationsbeziehung.

Eigenverantwortliche Planung, Steuerung und Abwicklung komplexer logistischer und logistiknaher Aktivitäten

Bei dieser Variante der Kontraktlogistik wird neben der operativen Abwicklung komplexer Logistikpakete auch die taktische und operative Managementverantwortung durch den Logistikdienstleister wahrgenommen. So werden etwa im Bereich der Ersatzteillogistik zum Teil ganze Supply Chains durch Logistikdienstleister geplant, gesteuert und abgewickelt. In der Automobilindustrie betrifft dies ganze Teile der Supply Chain, etwa im Bereich Beschaffung; im Handel wird teilweise die Distribution zum Einzelhandel eigenverantwortlich durch Dienstleister durchgeführt.

Für den Verlader bedeutet diese Form der Kontraktlogistik den höchsten Grad an Transaktionsspezifität. Der Logistikdienstleister muss in jedem Fall hochqualifizierte Logistikmanager beschäftigen, um die komplexe Planung und Steuerung der Kettenabschnitte bewerkstelligen zu können. Investitionen in Sachkapital sind zwar grundsätzlich notwendig, müssen aber nicht zwingend vom Auftragnehmer selbst durchgeführt werden. In der Praxis beauftragt der auftragnehmende Dienstleister oft selbst wieder Dienstleister mit der operativen Abwicklung. Beim Modell des 4PL wird sogar gefordert, dass dieser selber keine Investitionen in Sachanlagen tätigt, um neutral über die Auswahl von Subdienstleistern entscheiden zu können. Auch in diesem Bereich der Logistikdienstleistung besteht sowohl für Verlader als auch für Dienstleister ein starker Anreiz zur langfristigen vertraglichen Absicherung der Kooperationsbeziehung. Dabei werden oft gemeinsame „Good-Will"-Vereinbarungen über den Vertrag hinaus geschlossen, und gemeinsame Zielsetzungen kooperativen Handelns gesetzt.

5.3.2 Erfolgsfaktoren in der Kontraktlogistik – Management von Informationsasymmetrien aus Sicht der Principal-Agent-Theorie

Eine Beziehung zwischen Verlader und Logistikdienstleister kann wie bereits erläutert als Interaktion zwischen Principal und Agent im Sinne der Principal-Agent-Theorie gesehen werden. So hat der Verlader als Auftraggeber die Rolle des „Principal", der Logistikdienstleister als Auftragnehmer die Rolle des „Agent".

Im folgenden Abschnitt werden die in 4.3.2 dargestellten Erfolgs- und Risikofaktoren aus Sicht der Praktiker in Zusammenhang mit den Lösungsansätzen zum Management von Informationsasymmetrien der Principal-Agent-Theorie gesetzt.

5.3.2.1 Anbahnung des Vertrags (ex ante)

In den Phasen vor Vertragsschluss, also Ausschreibung, Angebot, Feinabstimmung und Vertragsschluss, kommt entsprechend der Principal-Agent-Theorie die ungleiche Informationsverteilung hinsichtlich möglicher verborgener Eigenschaften, also der „Hidden Characteristics" zum Tragen. So beeinflussen „Hidden Characteristics"´ die Auswahl eines Logistikdienstleisters, die daraus resultierende Problematik wurde als „Adverse Selection" beschrieben, als das Risiko, bei der Vergabe des Vertrags tendenziell eher weniger leistungsfähige Anbieter „anzuziehen" bzw. leistungsstarken Anbietern keinen ausreichenden Reiz zur Teilnahme an der Ausschreibung zu bieten.[380] Ohne weitere Informationen besteht die Tendenz, von einer durchschnittlichen Leistungsfähigkeit des Dienstleisters auszugehen, damit werden leistungsstarke Anbieter gegenüber leistungsschwachen Anbietern benachteiligt. Die Aussage mehrerer Praktiker, dass (überraschend) preisgünstige Angebote beim Verlader eher Misstrauen auslösen und deshalb bevorzugt Angebote berücksichtigt werden, die einen gewissen als realistisch empfundenen „Zielkorridor" erreichen, passt in dieses Bild.

Als Lösungsansatz für diese Art der Informationsasymmetrien schlägt die Principal-Agent-Theorie die Beseitigung oder zumindest ein Reduzieren der Informationsasymmetrie durch Signalling oder Screening vor. Entsprechend wurde von allen befragten Praktikern betont, dass es entscheidend ist, den Principal vom eigenen Know-how und der Fähigkeit zu überzeugen, seine spezifischen Gegebenheiten abbilden zu können.

[380] Diese in Abschnitt 5.2.3.3 beschriebene Problematik der „Adverse Selection" ist „in Reinform" eher in Märkten zu finden, die aufgrund entsprechender Transaktionshäufigkeiten - und entsprechender Vergleichbarkeit der Transaktionen – einen gewissen „Anpassungsprozess" auslösen, der eben verstärkt „schwache" Agents anzieht bzw. „leistungsstarke" Anbieter abschreckt. Die in der Kontraktlogistik auftretenden „Hidden Characteristics" führen aber zu ähnlichen unerwünschten Auswirkungen, allerdings werden leistungsfähige Anbieter i.d.R. nicht wie in der „Adverse Selection" beschrieben von einer Ausschreibung abgehalten.

Zum Teil werden Informationen über die Leistungsfähigkeit des Dienstleisters auch aktiv durch den Principal angefordert, indem er „Selbstauskünfte" bei den Verladern einholt, die entsprechend Informationen über das Unternehmen, den Unternehmenshintergrund und eben Referenzen beinhalten. Dieses Vorgehen kann als „Screening" interpretiert werden.

Die teilweise sehr aufwändige Bewertung und der Vergleich mehrerer Angebote durch den Verlader ist ebenfalls dem „Screening" zuzurechnen. Zusätzlich zu einem „quantitativen" Vergleich der Zielerreichung der Angebote wird deren Realisierbarkeit untersucht, anders gesagt, es wird so weit wie möglich geprüft, inwieweit der Agent für fähig gehalten wird, sein Angebot auch einzuhalten. In diesem Kontext ist auch die Durchführung persönlicher Angebotspräsentationen zu sehen. In diesem Zusammenhang werden Zertifikate und Auditierungen oft als grundlegende Voraussetzung für die Berücksichtigung in der Ausschreibung angesehen.[381]

Gleichzeitig versuchen Dienstleister, frühzeitig einen persönlichen Kontakt zu dem ausschreibenden Unternehmen herzustellen, und so durch Informationen über die eigene Leistungsfähigkeit und durch überprüfbare Referenzen die Problematik der „Hidden Characteristics" zu entschärfen. Dieses Vorgehen kann als „Signalling" im Sinne der Transaktionskostentheorie interpretiert werden. Der mit solchen Informationsmaßnahmen verbundene hohe Aufwand und idealerweise die Überprüfbarkeit der Angaben, die eben vor allem bei Referenzen gegeben ist, signalisieren dem Verlader, dass die vermutete bzw. beschriebene Leistungsfähigkeit auch tatsächlich gehalten wird.

5.3.2.2 Implementierung und laufende Abwicklung der Projekte (ex post)

Nach Vertragsschluss äußern sich die Informationsasymmetrien in der Möglichkeit verborgener Handlungen und verborgener Informationen des Dienstleisters, die sich in der Problematik möglichen opportunistischen Handels seitens des Dienstleisters ausdrücken sowie die Möglichkeit bestehender verborgener Absichten, die durch die Enge und Spezifität der Beziehung zum tragen kommen.

Die Problematik solchen opportunistischen Handels entsteht vor allem durch unzureichende Informationen des Dienstleisters über die tatsächliche Leistungserbringung. Dem wird in der Praxis durch die überwiegend sogar vertraglich fixierte Vereinbarung von Kennzahlen und Messsystemen sowie regelmäßiger Meetings vorgebeugt. So können die Informationsasymmetrien wenigstens teilweise ausgeglichen werden, dieses Vorgehen wird in der Principal-Agent-Theorie als „Monitoring" bezeichnet. Gleichzeitig wird auch versucht, über

---

381 PEPELS beschreibt die Auditierung als „vom laufenden Arbeitsprozess losgelöste Überprüfung, die durch Personen durchgeführt wird, die für gewöhnlich unabhängig vom jeweiligen Arbeitsbereich sind." Eine Auditierung durch Dritte wird als Zertifizierung bezeichnet, vgl. PEPELS (1996), S. 36.

die Vereinbarung von Leistungsstandards, insbesondere hinsichtlich der Qualität, und damit verbundenen Bonus- bzw. Malusregelungen dem Dienstleister Anreize zu geben, im Sinne des Principal zu handeln. Entsprechend der Aussagen der Principal-Agent-Theorie erhöht sich dadurch das Risiko des Dienstleisters, insbesondere durch den Einfluss endogener, für ihn nicht beeinflussbarer Faktoren, speziell durch „Ereignisse vor- und nachgelagerter Stufen“. Für die Dienstleister sind solche Vereinbarungen im Normalfall nicht verhandelbar und meist Voraussetzung, um den Auftrag zu bekommen. Ebenso müssen die Kosten solcher „Monitoring“-Maßnahmen als Transaktionskosten sowohl vom Verlader als auch vom Dienstleister bei der Kalkulation des Projekts berücksichtigt werden.

In diesem Zusammenhang ist aber auch die Existenz verborgener Informationen („Hidden Information“) zu berücksichtigen. Aufgrund des Wissens, das der Dienstleister bei der Abwicklung der fremdvergebenen Prozesse erwirbt, bzw. der zunehmenden Distanz des Verladers zu den eigentlichen Abwicklungen kann der Dienstleister das tatsächliche Leistungsniveau und den Einfluss endogener Faktoren darauf besser beurteilen als der Verlader. Dies bietet dem Dienstleister die Möglichkeit, seine Leistungen durch exogene Einflüsse zu erklären.

Dem wird in der Praxis durch die Vereinbarung von Meilensteinen in einem Verbesserungsprozess sowie durch die Vereinbarungen über die Aufteilung realisierter Einsparungen zwischen Verlader und Dienstleister entgegengewirkt. Auf diese Weise wird versucht eine Interessensangleichung zwischen Agent und Principal zu erreichen. Für den Dienstleister besteht so ein zusätzliches Interesse, Informationen bzw. Wissen mit dem Auftraggeber zu teilen und vor allen Dingen diese Informationen im Sinne des Principals zu nutzen.

Auch die Vereinbarung von Elementen variabler Abrechnungsmodalitäten kann in diesem Zusammenhang gesehen werden. Da der Dienstleister nicht den gesamten Kostenblock des Projektes „weiterreichen“ kann, ist die Erhöhung des Leistungsniveaus bzw. die Senkung der Kosten sein ureigenstes Interesse. Anders ausgedrückt ist insbesondere die Vergütung der Leistung durch Übernahme der Kosten und einer prozentualen „Management Fee“ als kontraproduktiv zu sehen, da somit unterschiedliche Zielsetzungen von Principal und Agent eher verstärkt werden.

Die Problematik verborgener Absichten entsteht durch die hohe Spezifität von Kontraktlogistik-Geschäften und dem entsprechend hohen Ausfallrisiko für Verlader und Dienstleister. Dieses Ausfallrisiko ist insbesondere bei Investitionen in Immobilien in geografischer Nähe zum Verlader oder bei Investitionen in spezifische Maschinen gegeben. In der Praxis wird versucht, diesem Risiko durch das Schaffen gegenseitiger Abhängigkeiten, z.B. durch die gemeinsame Übernahme von Investitionen in spezifische Anlagen, entgegenzuwirken. Auch die von beiden Seiten geforderte vertragliche Absicherung der Beziehung kann auf die Problematik des „Hold Up“ zurückgeführt werden.

5.3.3 Aufgaben des Controllings – Anforderungen aus Sicht der Transaktionskosten- und Principal-Agent-Theorie

Aus den vorhergehenden Überlegungen auf Basis der Transaktionskosten- und der Principal-Agent-Theorie lassen sich folgende grundlegende Aufgaben des Controlling ableiten:

- Bereitstellung und Aufbereitung der Informationen für „Signalling“, insbesondere finanzielle und nicht-finanzielle Daten zur Erstellung des Grobkonzepts und Angebots bzw. für den Vertrag (ex ante)[382],
- Bereitstellung von Daten zur laufenden Kontrolle durch den Kunden und zur Abrechnung,
- Bereitstellung der Datengrundlage und Aufbereitung der vereinbarten Kennzahlen und Reports zur schnittstellenübergreifenden Abstimmung und Verbesserung der Prozesse[383] und
- Sicherung der Leistungserstellung und Initiierung von Verbesserungsmaßnahmen als Basis des Kontraktlogistik-Geschäfts und damit als Gegenstand der Transaktionen.

Die Bereitstellung und Aufbereitung der Informationen für das „Signalling“ kann mit den internen Funktionen der Informationsversorgung verglichen werden. Aufgabe des Controllings in dieser Phase ist es, fundierte Kalkulationsgrundlagen zu schaffen, auf deren Basis das Grobkonzept und Angebot erstellt werden kann. Hierfür werden neben finanziellen Kalkulationsgrundlagen aus der Kostenrechnung auch nicht finanzielle Informationen benötigt, also Informationen über Ursache-Wirkungszusammenhänge und konkrete Abwicklungsalternativen.[384] Dabei erfüllt das Controlling auch die Aufgabe der Unterstützung der Unternehmensführung in strategischer Hinsicht, nämlich bei der Bewertung von Chancen und Risiken eines Kontraktlogistik-Projekts. Entscheidend ist in dieser Phase, dem Kunden ebenfalls mit möglichst fundierten und idealerweise überprüfbaren Angaben über das geplante Konzept zu versorgen, sodass dieser wiederum die Bewertung seiner Chancen und Risiken durchführen kann.

---

[382] Vgl. PICOT ET AL. (2003), S. 534.

[383] Vgl. PICOT ET AL. (2003), S. 536, dort wird betont, dass eine „totale“ Transparenz in der Praxis nicht erreicht werden kann.

[384] Vgl. MÄNNEL (1993), S. 26 ff.

Nach Implementierung des Konzepts wird ein laufender Informationsfluss über das Leistungsniveau der Prozesse etabliert. Die Bereitstellung der hierfür notwendigen Informationen erfolgt durch das Controlling. Die Trennung zwischen den Aufgaben des Controllings und der Informationstechnik ist in solchen Fällen fließend. In diesem Zusammenhang ist auch die Informationsgrundlage für die Abrechnungen zu sehen. Durch das Vorhalten der operativen Daten und zeitliches Aggregieren bleiben die Abrechnungen nachvollziehbar und transparent. Für die Transparenz des Angebots ist das „Schaffen von Objektivität", also der Möglichkeit zur Bewertung der Angaben über die Transparenz hinaus, erstrebenswert.

Die Bereitstellung der Datengrundlage und Aufbereitung der vereinbarten Kennzahlen und Reports entspricht der internen Funktion der Informationsversorgung, nur eben als Informationsversorgung des Kooperationspartners bzw. der gemeinsamen Ausschüsse. Auf Basis dieser Informationen erfolgt die unternehmensübergreifende Koordination von Plänen gemeinsam mit Mitarbeitern des Kunden, insbesondere eine Abstimmung mit vor- und nachgelagerten Stufen in der Supply Chain.[385]

Dabei soll das Controlling nicht nur Transparenz über die Abläufe des Kontraktlogistik-Geschäfts herstellen, sondern zusätzlich externe Vergleichswerte schaffen, die dem Kunden eine Beurteilung der Leistung des Dienstleisters ermöglichen.[386] Damit können den Risiken der opportunistischen Nutzung der „Hidden Action" und der „Hidden Information" des Dienstleisters entgegengewirkt werden. Letztendlich werden so im Sinne des „Monitoring" die Transaktionskosten gesenkt.

5.4 Zusammenfassung der Ergebnisse – Anforderungen an das Controlling in Kontraktlogistik-Geschäften

Die Aufgaben des Controllings können zusammenfassend als deren „interne" Funktionen, die in Teilkapitel 3.2.2 dargestellt wurden, und deren in Kapitel 5 abgeleiteten „externen" Funktionen zur erfolgreichen Gestaltung der Kooperation gesehen werden.

Die Sicherung der Leistungserstellung und Initiierung von Verbesserungsmaßnahmen kann weitgehend mit den „internen" Funktionen des Controllings aus Teilkapitel 3.2.2 gleichgesetzt werden. Controlling dient der Unterstützung einer effektiven und effizienten Produktion der Dienstleistung und kann demnach nicht durch die Ansätze der Neuen Institutionenökonomie erklärt werden, da diese sich explizit in Abgrenzung zur Produktion mit den Transferprozessen der Wirtschaft beschäftigen. Gerade deswegen kann auf die Berücksichtigung dieser

---

[385] Vgl. GIESA ET AL. (2000), S. 48, die über die „internen" Aufgaben hinaus die Schaffung von Transparenz der Strukturen und Abläufe sowie die Unterstützung der Interaktionen zwischen den Partnern betonen.

[386] Vgl. FROSCHMAYER (2003), S. 224.

Aufgabe des Controllings im Hinblick auf eine erfolgreiche Kooperation nicht verzichtet werden, weil die effiziente Abwicklung der Transaktionen nur auf der Basis einer qualitativ hoch stehenden Leistungserstellung funktionieren kann.

Aus der Transaktionskosten- und Principal-Agent-Theorie ergeben sich darüber hinausgehende Aufgaben des Controllings für Kontraktlogistik-Geschäfte. Diese entsprechen dem Schaffen von „interner" Transparenz über die geplanten oder übernommenen Prozesse und Abläufe sowie das „Schaffen von Objektivität", also der Möglichkeit zur Bewertung der Angaben über die geplanten oder erbrachten Leistungen. Diese „Objektivierung" der Angaben wird im Folgenden als Schaffen von „externer" Transparenz bezeichnet.

Letztendlich dient das Controlling somit als Instrument zur Verringerung der beschriebenen Informationsasymmetrien zwischen Verlader und Dienstleister und kann damit zum Aufbau von Vertrauen in der Kontraktlogistik-Beziehung genutzt werden.

6 Rahmenkonzept eines Controllings für Logistikdienstleister vor den spezifischen Anforderungen in der Kontraktlogistik

In den vorausgehenden Darstellungen wurden die Anforderungen an ein Controlling für die Kontraktlogistik-Geschäfte der Logistikdienstleister in Expertengesprächen ermittelt und theoretisch überprüft bzw. untermauert. Im folgenden sechsten Kapitel wird nun untersucht, inwieweit sich die bewährten Controlling-Instrumente für die spezifischen Anforderungen in der Kontraktlogistik eignen und welche Instrumente einen sinnvollen Beitrag liefern können.

Unter den Gesichtspunkten aus Kapitel vier und fünf können die beiden zentralen Anforderungen an das Controlling für Kontraktlogistik-Geschäfte von Logistikdienstleistern als das Schaffen von „interner“ und „externer“ Transparenz beschrieben werden.

6.1 Schwächen bewährter Ansätze des Controllings vor den Anforderungen in Kontraktlogistik-Geschäften

Die Herstellung „interner“ Transparenz, also eine möglichst „wirklichkeitsnahe“ Abbildung der Kosten entsprechend ihrer Verursachung und Inanspruchnahme, ist vor dem Hintergrund eines effektiven Einsatzes von Mitarbeitern und anderen Ressourcen sowie der Koordination zwischen den Partnern zu sehen. Sie dient dabei

- der Planung der Prozesse sowie der laufenden Steuerung und Kontrolle, gerichtet auf einen effektiven und effizienten Einsatz besonders der Mitarbeiter,
- der Unterstützung der Kapazitäts- und Ressourcenauslastung und der Ableitung von Hinweisen auf Prozessschwachstellen und Kostensenkungspotentiale bzw. als Basis für einen kontinuierlichen Verbesserungsprozess,
- der Koordination zwischen den Partnern und
- als Datengrundlage für die Angebotskalkulation sowie für die Abrechnungen.

Zusätzlich zur Transparenz über die internen Prozesse des Dienstleisters wird die „Objektivierung“ der Angaben auf Ebene der Prozesse der direkten Leistungserstellung durch das Schaffen externer Bezugspunkte gefordert. So sollen neben Kostenangaben auch (qualitative und quantitative) Aussagen über die Vergleichbarkeit geschaffen werden, also Informationen über die hinter den Kosten- und Leistungsdaten stehenden Prozesse: Eine solche „externe“ Transparenz ist wichtig,

- um eigene Stärken und Schwächen zu erkennen und ggf. Maßnahmen einleiten zu können,

- um Vergleichswerte für die Angebotskalkulation bereitstellen zu können und so nicht zuletzt die Glaubwürdigkeit des Angebots beim Kunden zu erhöhen und
- um Vergleichswerte für das laufende Reporting bereitzustellen und eine Bewertung der Angaben zu ermöglichen.

Damit dient die „externe“ Transparenz primär der Verminderung von Informationsasymmetrien und letztendlich der Senkung der Transaktionskosten. Zusätzlich können dadurch eigene Stärken und Schwächen erkannt bzw. gegenüber den Vergleichsinformationen identifiziert werden.

Der nächste Schritt zur Beantwortung der Fragestellung ist die Untersuchung der vom Controlling bereitgehaltenen Instrumente zur Schaffung dieser beiden „Dimensionen“ von Transparenz. Dabei sei zunächst auf die in 3.2.3.1 dargelegte Bedeutung von Kennzahlen und Kennzahlensystemen zur Ableitung mess- und somit überprüfbarer Ziele für die jeweiligen Anwender hingewiesen. Damit soll letztendlich Transparenz auf allen Ebenen der Anwendung geschaffen werden.

Ein wichtiger „Informationslieferant“ für die Kennzahlen ist dabei die Kosten- und Leistungsrechnung. Im Folgenden wird zunächst die Eignung der bewährten Kostenrechnungssysteme betrachtet. Von ihrer grundlegenden Konzeption sind diese auf interne Vergleiche ausgerichtet und müssen damit vor dem Hintergrund der „internen“ Transparenz gesehen werden. Um die Aspekte der „externen“ Transparenz ebenfalls zu berücksichtigen, werden Controlling-Instrumente in die Betrachtung aufgenommen, die zur Schaffung „externer“ Bezugspunkte ausgerichtet sind und somit als „Ergänzung“ für die bewährten Kostenrechnungssysteme dienen können.

6.1.1 Eignung der „bewährten“ Kostenrechnungssysteme zum Schaffen von „interner“ Transparenz

Wie alle Dienstleistungen - und die indirekten Bereiche von Fertigungsunternehmen - ist auch das Kontraktlogistik-Geschäft durch einen hohen Anteil an Bereitschaftskosten und der dominierenden Bedeutung der Mitarbeitereffektivität gekennzeichnet.[387] Zusätzlich entsteht bei Kontraktlogistik-Geschäften die Problematik, dass unterschiedliche (Kunden)Prozesse u.U. stark unterschiedliche Ressourcennutzungen mit sich bringen und entsprechend gemäß der Inanspruchnahme von Ressourcen an die Kunden weiterverrechnet werden müssen. Dies wird besonders im Falle eines „Shared Warehouse“ deutlich, bei dem die Kosten eines Lagers durch mehrere Kunden gedeckt – bzw. als Leerkapazitäten erkannt - werden

[387] Vgl. MÄNNEL (1993), S. 27.

müssen. Die Problematik der Kuppelproduktion im Transport, die als spezifisches Charakteristikum dieser logistischen Kernfunktion gilt, wird in den folgenden Betrachtungen, die speziell auf Lager- und „Value-added"-Dienstleistungen Bezug nehmen, ausgeklammert.[388]

Bewährte Kostenrechnungssysteme wie die Einzelkosten- und Deckungsbeitragsrechnung haben im Bereich kurzfristiger Produktions- und Absatzentscheidungen hohe Relevanz.[389] Sie konzentrieren sich in erster Linie auf die Produktion.[390] Die Problemstellungen solcher Entscheidungen sind bei in langfristigem Rahmen erbrachten Leistungen der Kontraktlogistik weniger bedeutend. Dennoch kann es nützlich sein, die Instrumente der flexiblen Grenzplankostenrechnung und der Deckungsbeitragsrechnung einzusetzen, insbesondere in „überschaubaren" Unternehmen oder Bereichen, etwa bei der kurzfristigen Entscheidung über die Belegung von Kapazitäten in einem „Shared Warehouse".

Bei komplexen Abwicklungen, etwa bei der Kalkulation eines möglichen Kontraktlogistik-Geschäfts oder der Ableitung von Prozessverbesserungen, sind diese Instrumente nur sehr begrenzt einsetzbar. In der Mehrzahl der Fälle werden sie die für die Betrachtung komplexer Logistikpakete geforderte Prozesssicht nicht ausreichend unterstützen können.[391]

Die Prozesskostenrechnung dagegen basiert in ihrer Grundausrichtung auf einer konsequenten Prozessorientierung. Sie wurde primär konzipiert, um die Prozesse der indirekten Bereiche von Fertigungsunternehmen entsprechend ihrer Inanspruchnahme auf die direkt wertschöpfenden, primären Prozesse „umzulegen". Entsprechend der Ausführungen in Kapitel 3.2.3.3 sind die Aufgaben der Prozesskostenrechung die Planung, Steuerung und Kontrolle der Prozesse sowie die Kalkulation interner Verrechnungssätze zu ermöglichen und Schwachstellen aufzudecken. Als ressourcenorientierter Ansatz unterstützt sie die Planung und Auslastung der Kapazitäten.

Die Erstellung industrieller Dienstleistungen im Rahmen der Kontraktlogistik entspricht weitgehend der Leistungserstellung in den indirekten Bereichen von Fertigungsunternehmen. Der größte Kostenanteil der Prozesse ist vom Arbeitszeitaufwand der Mitarbeiter abhängig.[392] Aus diesem Grund kann die Eignung der Prozesskostenrechnung zur Schaffung von „interner" Transparenz im Sinne der Arbeit vermutet werden.[393] Gerade für die Verrechnung

[388] Zur Anwendung der Prozesskostenrechnung auf Systemverkehre vgl. HARTMANN ET AL. (2004), 185 ff.

[389] Vgl. MAYER ET AL. (1991), S. 301.

[390] Vgl. LORSON (1993), S. 273.

[391] Vgl. MÄNNEL (1996b), S. 84.

[392] Vgl. MAYER (1998), S. 13.

[393] Vgl. auch HORVÁTH ET AL. (1999), S. 525, BOOS ET AL. (2004), S. 276 f.

unternehmensübregreifender Logistikleistungen etwa in der Supply Chain wird der Prozesskostenrechnung hohe Bedeutung zugemessen.[394] Dementsprechend wird ihre Anwendung in den folgenden Betrachtungen detaillierter beschreiben. Dabei soll auch eine neuere Ausprägung der Prozesskostenrechnung kritisch betrachtet werden, das „Time-Driven Activity Based Costing" (TD ABC).[395] Bei diesem Ansatz steht die „Bottom-Up"-Ermittlung produktiv genutzter Arbeitszeiten im Fokus der Überlegungen. Zur Ermittlung der durch die Prozesse in Anspruch genommenen Arbeitszeiten in Form von Soll-Zeiten werden insbesondere Zeitstudien vorgeschlagen.[396] Die Eignung für den Bereich Logistikdienstleistung wird durch positive Erfahrungsberichte gestützt.[397]

6.1.2 Eignung von Controlling-Instrumenten zur Schaffung „externer" Transparenz

Neben dem Benchmarking werden im Controlling insbesondere Methoden aus der Marketingforschung zur Schaffung „externer" Bezugspunkte eingesetzt. Im Rahmen der Marktforschung werden in besonderer Weise die Kundenbedürfnisse betrachtet. Vergleichswerte im Sinne der „externen" Transparenz werden dabei nicht ermittelt. Die Wettbewerbs- bzw. Konkurrenzanalyse versucht zwar externe Bezugspunkte mit einzubeziehen, kann aber die Anforderungen an die Vergleichbarkeit nicht erfüllen. Hier stehen die Marktaktivitäten und Strategien der Konkurrenten im Zentrum der Betrachtung. In Conjoint-Analysen wird auf statistischer Basis die Bewertung eines Produktes bzw. einer Dienstleistung durch die potenziellen Kunden gemessen. Durch Conjoint-Analysen werden „externe" Bezugspunkte geschaffen, sie finden z.B. im Rahmen des Target Costing häufig Anwendung.[398] Als Zielkosten haben sie wenig Relevanz für die Herstellung von Transparenz über die überwiegend sehr spezifischen Abwicklungen in der Kontraktlogistik, Aussagen über Ursache-Wirkungszusammenhänge auf detaillierter Ebene lassen sich daraus nicht ableiten.

Benchmarking ist in seiner Konzeption darauf ausgelegt, durch „externe" Bezugspunkte, die Benchmarks, eigene Stärken und Schwächen zu erkennen und zusätzlich über die Identifikation von Ursache-Wirkungszusammenhängen Verbesserungsmaßnahmen einzuleiten. Dazu muss die Vergleichbarkeit der Benchmarks sichergestellt werden. Durch die explizit geforderte Bewertung der eigenen Leistung gegenüber den Benchmarking Partnern kann eine „Objektivierung" der Angaben des Dienstleisters z.B. im Angebot, aber auch in der laufenden Abwicklung im Sinne der „externen" Transparenz erfolgen und entsprechend –

[394] Vgl. BAUMGARTEN (2002), S. 13.

[395] Vgl. KAPLAN ET AL. (2004), S. 131 ff.

[396] Vgl. CONERS (2003), S. 257.

[397] Vgl. CONERS (2003), S. 255, BOHLMANN ET AL. (2004), S. 38.

durch Verweise auf die zugrundeliegende Methodik – das Vertrauen des Kunden in die Angaben gestärkt werden.

6.2 Instrumente eines Projekt-Controllings für Logistikdienstleister

6.2.1 Prozesskostenrechnung als Instrument zur Schaffung „interner" Transparenz

Wie in Abschnitt 3.2.3.3 dargestellt, wurde die Entwicklung der Prozesskostenrechnung maßgeblich durch die Arbeiten von HORVÁTH und MAYER vorangetrieben bzw. beeinflusst. Dementsprechend wird dieses Konzept als Grundlage der folgenden Darstellungen gewählt. Als Ergänzung werden die Aussagen anderer Autoren herangezogen, die sich zumeist explizit auf dieses Konzept berufen oder daran anknüpfen.

Speziell die Ausführungen zur Prozess- und Tätigkeitsanalyse haben dabei für das Benchmarking besondere Bedeutung, da im Rahmen der Prozessanalysen im Benchmarking auf die Informationen und Erfahrungen aus der Prozesskostenrechnung zurückgegriffen werden kann. Umgekehrt kann aber auch die für ein Benchmarking entwickelte Prozessstruktur Anknüpfungspunkte für die Prozesskostenrechnung liefern.

6.2.1.1 Prozessverständnis der Prozesskostenrechnung

Basis der Prozesskostenrechnung – und auch der späteren Ausführung der Prozess-Benchmarkings - ist ein klar definiertes Prozessverständnis. Dieser zentrale Begriff bleibt oft vage bzw. unklar, z.T. werden dabei auch Definition und Klassifikation vermischt. Den folgenden Ausführungen sind deshalb die Definition des Prozessbegriffs und die Klassifizierung von Prozessen im Sinne der Prozesskostenrechnung vorangestellt.[399]

In der Prozesskostenrechnung wird ein Prozess als Kette von Aktivitäten definiert, die ein gemeinsames Leistungsziel verfolgen, einen gemeinsamen, qualitativ und quantitativ messbaren Output erbringen und zur Herstellung des Outputs Ressourcen verbrauchen.[400]

In einer umfassenderen Definition, die durch die Forderung nach Einbindung der Prozesskostenrechnung in ein umfassendes Prozessmanagement angemessen erscheint, charakterisieren folgende Elemente den Prozessbegriff: Prozesse bestehen aus einer Folge von Aktivitäten, die als kleinste Prozessschritte mit eigenem Leistungsziel verstanden werden

---

[398] Vgl. HORVATH ET AL. (1993), S. 9.

[399] Für einen Überblick über Prozessdefinitionen in der betriebswirtschaftlichen Literatur vgl. SCHUDERER ET AL. (1994), S. 9 ff.

[400] Vgl. HORVÁTH (2001), S. 555, MAYER (1998), S. 6.

können.[401] Aktivitäten lassen sich – hinsichtlich der Prozesskostenrechnung - nicht sinnvoll weiter unterteilen, da z.B. der Ablauf der Bearbeitung festgelegt ist,[402] besitzen aber sowohl einen messbaren Input als auch einen messbaren Output. Über Input- /Outpubeziehungen sind die Aktivitäten zu Prozessen verknüpft. Dieser Input wird durch die Aktivität in den Output „transformiert".[403] Diese Transformation wird an physischen oder logischen Objekten, also sowohl z.B. an Materialien oder Aufträgen in Papierform als auch etwa an elektronischen Informationen oder Ideen, vorgenommen.[404]

Eine Kategorisierung der Prozesse erfolgt in der Prozesskostenrechnung nach „horizontalen" und „vertikalen" Kriterien.[405] Nach der Funktion bzw. dem Tätigkeitscharakter der Prozesse werden in der Prozesskostenrechnung (horizontal) Prozesstypen definiert[406] und (vertikal) nach dem Auflösungsgrad die Prozesshierarchie gebildet[407].

Wie in Kapitel 3.2.3.3 bereits dargestellt wird in der Prozesskostenrechnung entsprechend der Abhängigkeit vom Beschäftigungsgrad des Unternehmens eine Unterscheidung in leistungsmengeninduzierte (lmi) und leistungsmengenneutrale (lmn) Prozesse vorgenommen.[408] Leistungsmengeninduzierte Prozesse sind abhängig von der Beschäftigung, d.h. dass sich die Kosten proportional zum erbrachten Leistungsvolumen verhalten, und können anhand ihres Outputs mengenmäßig auf die Hauptprozesse weiterverrechnet werden. Leistungsmengenneutrale Tätigkeiten sind als „Grundlast" zu interpretieren, z.B. die Abteilungsleistung oder die Verwaltung.[409] Sie werden gesondert ausgewiesen und nicht direkt den Hauptprozessen zugerechnet. Je nach Zweck der Rechnung kann eine Weiterverrechnung der lmn-Teilprozesse auf die lmi-Teilprozesse der jeweiligen Kostenstelle erfolgen.

Nach dem Auflösungsgrad bzw. der Betrachtungsebene wird in der Prozesskostenrechnung eine Prozesshierarchie gebildet. Dabei wird unterschieden zwischen den Geschäftsprozessen (z.B. lagern), die die Kernaufgabenfelder des Unternehmens darstellen, den Hauptprozessen als Folge von Aktivitäten, die durch denselben Kostentreiber bestimmt sind (z.B.

[401] Vgl. auch HORVÁTH (2001), S. 109.

[402] Vgl. SCHUDERER ET AL. (1994), S. 24, MAYER (1998), S. 8 ff.

[403] Unter Transformation wird in diesem Zusammenhang neben der physischen Transformation ausdrücklich auch die räumliche und zeitliche Transformation verstanden, vgl. SCHUDERER ET AL (1994), S. 24 f.

[404] Vgl. SCHUDERER ET AL. (1994), S. 25.

[405] Für eine ausführliche Darstellung der Kriterien zu Klassifikation von Prozesse vgl. SCHUDERER ET AL (1994).

[406] Vgl. MAYER (1998), S. 9 f.

[407] Vgl. MAYER (1998), S. 6 ff.

[408] Vgl. HORVÁTH (2001), S. 557, MAYER (1998), S. 12.

[409] Vgl. MAYER (1998), S. 13.

auslagern), und den Teilprozessen, die wiederum die Tätigkeiten der Kostenstellen abbilden, die den Hauptprozessen zuzuordnen sind. Die Teilprozesse wiederum bestehen aus einer festen Folge von Aktivitäten, also den „kleinsten" Prozesseinheiten mit jeweils eigenem Ziel (z.B. Entnahme vom Lagerplatz, Scannen).[410]

6.2.1.2 Verfahrensweise der Prozesskostenrechnung am Beispiel dienstleistergeführter Lager

Bestimmung der Anwendungsbereiche der Prozesskostenrechnung

Nach HORVÁTH beginnt die Einführung der Prozesskostenrechnung mit der Bestimmung des Anwendungsbereichs, also der Geschäftsprozesse, auf die die Prozesskostenrechnung angewendet werden soll.[411] Geschäftsprozesse im Sinne der Prozesskostenrechnung sind umfassende Aufgabenfelder eines Unternehmens, die prozessorientiert betrachtet und durch einen messbaren Input und einen definierten, messbaren Output charakterisiert werden können.[412]

Eine Einschränkung sollte – basierend auf Kosten-Nutzenanalysen - auf die indirekten Bereiche mit einem lohnenden Anteil repetitiver Tätigkeiten erfolgen. Wie bereits dargestellt können die direkt wertschöpfenden Prozesse in der Kontraktlogistik aufgrund ihres Dienstleistungscharakters wie die indirekten Bereiche von Fertigungsunternehmen behandelt werden. Sie sind spezifisch auf den Kunden ausgerichtet und werden im Rahmen der Langfristigkeit von Kontraktogistik-Beziehungen häufig durchgeführt. Aufgrund ihres repetitiven Charakters kann für diese Prozesse ein positives Verhältnis von Kosten und Nutzen der Prozesskostenrechnung erwartet werden.

In Kontraktlogistik-Geschäften lassen sich zwei bzw. drei grundlegende direkt wertschöpfende Geschäftsprozesse definieren. Dies sind zum einen die Transporte, zum anderen die „standortbasierten" Bereiche „Lager" und „Value-added". Über diese Prozesse soll im Sinne der Aufgabenstellung „interne" Transparenz hergestellt werden. Dabei sind ganz besonders die letzten Bereiche charakteristisch für die Kontraktlogistik. Zur Beschreibung der Verfahrensweise der Prozesskostenrechnung für Kontraktlogistik-Geschäfte von Logistikdienstleistern werden Beispiele aus dem Bereich Lager angeführt.

Als Orientierungspunkt zum Finden weiterer „lohnender" Anwendungsbereiche kann etwa das Unternehmensmodell nach KLAUS (vgl. Abbildung 1, Teilkapitel 3.1.1.1) eingesetzt werden. Dadurch wird die Aufmerksamkeit auch auf die indirekten Bereiche gelenkt, die für

---

[410] Vgl, MAYER (1998), S. 6 ff., HARTMANN ET AL. (2004), S. 185, CONERS (2003), S. 256.

[411] Vgl. HORVÁTH (2001), S. 557, LORSON (1993), S. 275.

[412] Vgl. MAYER (1998), S. 6.

Dienstleister durch die Abwicklung von administrativen Aufgaben und Management-Tätigkeiten im Rahmen komplexer Kontraktlogistik-Projekte zunehmende Bedeutung erhalten. Die Ausführungen konzentrieren sich an dieser Stelle dennoch auf die für Logistikdienstleister „typischen" direkten Bereiche des Transportierens und Lagerns als Kernelemente logistischer Abwicklungen. Dabei wird eine vorwiegend funktionale Struktur der Kostenstellen angenommen.[413]

Vorstrukturierung der Hauptprozesse und hypothetische Festlegung der Cost Driver

In Anschluss an die Bestimmung der Anwendungsbereiche für die Prozesskostenrechnung ist es sinnvoll, eine hypothetische Vorstrukturierung der Hauptprozesse vorzunehmen. Diese erleichtert später die Teilprozesserhebung. Dabei muss einerseits darauf geachtet werden, inwieweit der Output der Hauptprozesse mengenmäßig erfassbar und aus der EDV ableitbar ist, andererseits inwieweit die Struktur der Hauptprozesse für Kalkulationen oder die Ergebnisrechnung weiterverwendbar sind. Die Vorstrukturierung der Hauptprozesse kann in der Praxis in Arbeitstreffen bzw. Workshops mit den betroffenen Abteilungs- und Bereichsleitern erfolgen.[414]

Abbildung 20 zeigt eine beispielhafte Darstellung der Hauptprozesse und der Cost Driver des Geschäftsprozesses „Lagerns" bei vertikaler Differenzierung. In diesem Beispiel wird zwischen den Teilprozessen Wareneingang, Kommissionieren und Warenausgang unterschieden. Als Cost Driver können die eingelagerten Handlingseinheiten (HE), die Zahl der Picks und die Zahl versandfertiger Sendungen definiert werden. Dabei ist häufig eine zusätzliche horizontale Differenzierung der Hauptprozesse sinnvoll, so könnten etwa die unterschiedlichen Abwicklungsformen des Warenausgangs nach ihrem Aufwand in „Sendungen Inland", „Sendungen EU-Ausland" und „Sendungen Übersee" unterteilt werden.

Abbildung 20: Teilprozesse und Cost Driver im Lager

Quelle: Eigene Darstellung.

---

[413] Vgl. HORVÁTH (2001), S. 557.

[414] Vgl. MAYER (1998), S. 12.

Prozessanalysen und Kapazitätszuordnungen

Nach der Vorstrukturierung der Hauptprozesse erfolgt die Analyse und Strukturierung der in den betrachteten Unternehmensbereichen durchgeführten Tätigkeiten. Um auf die Zuordnung der Kostenarten zu den Kostenstellen aufsetzen zu können, erfolgt die Tätigkeitsanalyse in der Regel kostenstellenbezogen. Die Tätigkeiten in den Kostenstellen entsprechen den Teilprozessen des Hauptprozesses.[415]

Nach der Identifizierung der Teilprozesse müssen die in den Kostenstellen angefallenen Kosten auf die Teilprozesse umgelegt werden. Dies geschieht über die Zuordnung von Verbrauch bzw. Inanspruchnahme von Ressourcen. Aus den Arten der verzehrten Ressourcen können die Kostenkategorien abgeleitet werden. Bei Annahme von vier Ressourcenarten können dies z.B. Personalkosten (und personalabhängige Kosten), Abschreibungen (auf technische Anlagen), EDV-Kosten und sonstige Sachkosten sein.[416] Dabei ist die Forderung nach dem Verzicht auf die Unterscheidung von Kapazitätskosten für die Bereithaltung von Ressourcen und Leistungskosten für die Nutzung der Ressourcen nicht unumstritten.[417]

In der Dienstleistungsbranche sind die Kosten insbesondere von der Ressource „Arbeitszeit der Mitarbeiter" abhängig.[418] Kapazitäten und Mitarbeiterzeiten lassen sich auf zwei Wegen den Teilprozessen zuordnen. Dies kann erfolgen durch Verrechnung der gesamten Mitarbeiterkapazität in Mannjahren auf die einzelnen Teilprozesse („Top-Down") oder durch Ermittlung des Arbeitszeitaufwands für die einmalige Durchführung des Teilprozesses und Multiplikation mit der Häufigkeit der Durchführung („Bottom-Up").[419] Unabhängig von der jeweils gewählten Vorgehensweise empfiehlt sich eine Einbeziehung der einzelnen Mitarbeiter in die Tätigkeitsanalysen, um möglicherweise Hinweise auf Probleme einzelner Prozesse und Prozessvarianten zu erhalten.[420]

Die „Top-Down"-Methode kann durch Befragungen bzw. Schätzung der einzelnen Mitarbeiter oder der Kostenstellenleiter oder durch eine tätigkeitsorientierte Zeiterfassung der Mitarbeiter realisiert werden.[421] Schätzungen haben dabei den Vorteil, dass sie mit vertretbarem Aufwand durchgeführt werden können. Eine genaue Erfassung der Arbeitszeiten bezogen auf einzelne Tätigkeiten ist zwar präziser, aber auch mit erheblichem Aufwand verbunden.

---

[415] Für eine ausführliche Beschreibung der Prozessanalyse vgl. z.B. GAITANIDES (1983), S. 64 ff.

[416] Vgl. MAYER (1998), S. 11.

[417] Für eine ausführliche Diskussion der Problematik des Vollkostencharakters der Prozesskosten vgl. z.B. MÄNNEL (1996b), S. 81 ff., MAYER ET AL. (1991), S. 301.

[418] Vgl. BOOS ET AL. (2004), S. 276 f.

[419] Vgl. MAYER (1998), S. 13.

[420] Vgl. HORVATH ET AL. (1999), S. 528.

[421] Vgl. LORSON (1993), S. 279, MAYER (1998), S. 13.

Bei „Bottom-Up“ Verfahren sind Schätzungen dagegen eher kritisch zu beurteilen, da durch die Multiplikation mit dem Prozessvolumen auch kleinere Ungenauigkeiten zu erheblichen Verzerrungen führen können. Darüber hinaus bleibt unklar, ob die geschätzten Zeiten der Normalleistung des Mitarbeiters entsprechen.[422] In gewissem Ausmaß kann diesen Problemen durch die Durchführung mehrerer unabhängiger Schätzungen, bei denen „Ausreißer“ eliminiert werden, entgegengewirkt werden.[423]

Durch die Diskussion des „Time-Driven ABC“ sind in jüngster Zeit wieder vermehrt Zeitstudien in den Fokus der Tätigkeitsanalysen gerückt.[424] Durch bewährte Methoden der Zeitaufnahmen z.B. den messenden Zeitstudien der REFA[425] oder des Methods Time Measurement (MTM-Methode)[426] können die Prozesszeiten fundiert und mit vertretbarem Aufwand ermittelt werden.[427]

Zusätzlich werden auf Basis der Teilprozesse Klassifizierungen der Prozessobjekte anhand des Zeitverbrauchs vorgenommen. GROB/BENSBERG/CONERS schlagen zur Differenzierung verschiedener Aufträge eine Unterscheidung in die Kategorien „Bearbeitungszeit gering, mittel und hoch“ vor.[428] Die Einflussfaktoren, die den Zeitverbrauch des Prozesses determinieren, lassen sich in einem Entscheidungsbaum abbilden. Abbildung 21 zeigt beispielhaft die Kategorisierung der Prozessbearbeitungszeiten im Warenausgang anhand der Merkmale „Art der Handlingseinheit“, „Anzahl der Positionen pro Auftrag bzw. Lieferscheinpositionen“ und „Gewicht“. Dieser Entscheidungsbaum ist Basis einer Zeitverbrauchsfunktion, durch die sich die Inanspruchnahme von Arbeitszeit ermitteln lässt.

---

[422] Vgl. HEINZ ET AL. (1989), S. 43.

[423] Vgl. MAYER (1998), S. 13.

[424] Vgl. z.B. BRUGGEMANN ET AL. (2003), GROB ET AL. (2004), CONERS (2003).

[425] Für eine ausführliche Beschreibung messenden Zeitstudien vgl. HETTINGER ET AL. (1993), S. 360 ff. oder PFEIFFER ET AL. (1977), S. 214 ff.

[426] Für eine ausführliche Beschreibung der MTM-Methode vgl. PFEIFFER ET AL. (1977), S. 227 ff.

[427] Vgl. LORSON (1993), S. 279, aktuell CONERS (2003).

[428] Vgl. GROB ET AL. (2004), S. 608 f.

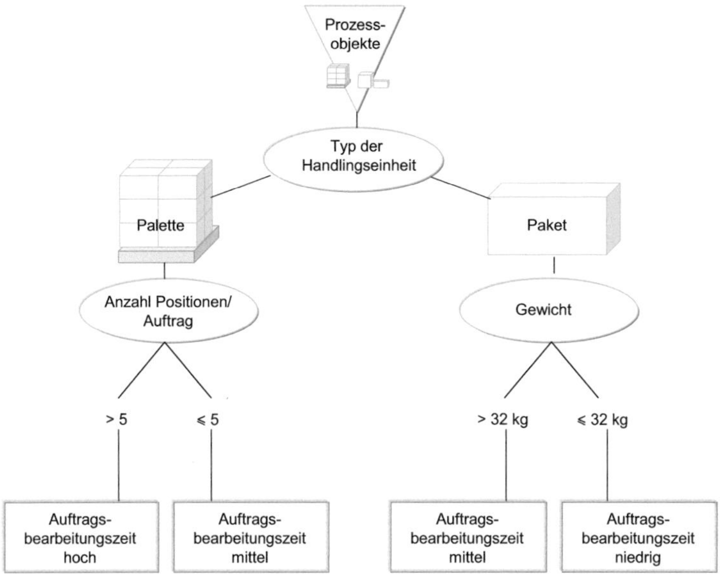

Abbildung 21: Exemplarischer Entscheidungsbaum des Time-Driven ABC im Warenausgang

Quelle: Eigene Darstellung nach GROB ET AL. (2004), S. 609.

Zur Zuordnung der Mitarbeiterkapazitäten auf die Teilprozesse können das „Top-Down" und „Bottom-Up" Verfahren in Ergänzung zueinander angewendet werden. Durch einen Vergleich der „Top-Down" ermittelten „eingesetzten" Arbeitszeiten mit den „Bottom-Up" ermittelten produktiv genutzten Arbeitszeiten sind unter Berücksichtigung von „Verteilzeiten" Rückschlüsse auf die Kapazitätsauslastung möglich. Als Sollzeiten sind sie im Vergleich mit der tatsächlich eingesetzten Arbeitszeit bzw. Ist-Zeit wertvolle Grundlage für die Kapazitätsplanung.[429] Die Kombination beider Herangehensweisen bildet ein solides Fundament für Ermittlung der Inanspruchnahme der Ressource „Mitarbeiter" durch die Prozesse und somit für die Zurechnung der Kosten nach deren Inanspruchnahme durch die Prozesse.

Hauptprozessverdichtung und Kostenbewertung

Entsprechend der Zuordnung der Mitarbeiterkapazitäten werden die Kosten der Kostenstelle auf die einzelnen Teilprozesse verteilt. Dabei wird zunächst auf Basis der angenommenen Hauptprozesse gearbeitet, diese durch die Erkenntnisse aus den Tätigkeitsanalysen und der

[429] Vgl. GROB ET AL. (2004), S. 608.

Hauptprozessverdichtung gegebenenfalls angepasst.[430] Möglicherweise kann es dazu notwendig sein, mehrere Schleifen bis zur „endgültigen" Struktur der Haupt- und Teilprozesse zu durchlaufen.[431]

Für die Imi-Prozesse wird der Prozesskostensatz mittels Division der Prozesskosten durch die Cost Driver ermittelt. Die Umlage der Imn-Prozesskosten erfolgt üblicherweise proportional zur Höhe der Imi-Prozesskosten. In den Prozesskostensätzen werden die Imn-Prozesskosten gesondert ausgewiesen und nicht direkt den Hauptprozessen zugerechnet. Je nach Zweck der Rechnung kann eine Weiterverrechnung der Imn-Teilprozesse auf die Imi-Teilprozesse der jeweiligen Kostenstelle erfolgen. Die Prozesskostenrechnung ist damit als Variante der Vollkostenrechnung zu sehen. Um der dadurch entstehenden Gefahr der Fixkostenproportionalisierung entgegenzuwirken, werden jeweils die reinen Imi-Prozesskostensätze und die gesamten Prozesskostensätze getrennt ausgewiesen.[432]

Im betrachteten Beispiel des Versandlagers eines Logistikdienstleisters sind die Kostenstellen „Lager", „Kommissionierung" und „Versand/Wareneingang" betroffen. In Abbildung 22 werden die Tätigkeiten der einzelnen Kostenstellen dargestellt und als Teilprozesse den Hauptprozessen zugeordnet.

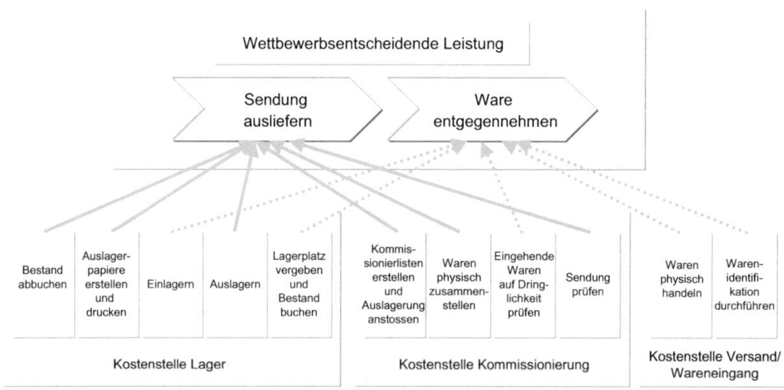

Abbildung 22: Hauptprozessverdichtung am Beispiel Lager

Quelle: Eigene Darstellung in Anlehnung an HORVÁTH (2001), S. 560.

[430] Vgl. MAYER (1998), S. 13.

[431] Vgl. LORSON (1993), S. 281.

[432] Vgl. MAYER (1998), S. 15.

6.2.1.3 Eignung der Prozesskostenrechnung zur Herstellung „interner" Transparenz

Vor dem Hintergrund der spezifischen Anforderungen an ein Kontraktlogistik-Controlling wird die Prozesskostenrechnung als Informationsgrundlage für die „interne" Transparenz gesehen. Entsprechend wird im Folgenden untersucht, inwieweit die Prozesskostenrechnung die in diesem Zusammenhang geforderte – unternehmensübergreifende – Planung, Steuerung und Kontrolle der Prozesse, das Aufdecken von Prozessschwachstellen bzw. Kostensenkungspotentialen, die Koordination zwischen den Kontraktlogistik-Partnern und die Planung der Kapazitäts- und Ressourcenauslastung unterstützt.

Die permanente Planung, Steuerung und Kontrolle der Prozesse stellt eine zentrale Aufgabe der Prozesskostenrechnung dar. Soll und Ist-Kosten werden sowohl kostenstellenbezogen als auch kostenstellenübergreifend in Bezug auf die Hauptprozesse ermittelt. Hierzu werden parallel zum Vorgehen bei der Ermittlung der Prozesskostensätze die Plankosten der Teilprozesse auf die Hauptprozesse verdichtet.[433] Eine weitere Verbesserung dieser analytisch-mengenorientierten Planung der Gemeinkosten durch die Multiplikation der prognostizierten Prozesshäufigkeiten mit den Prozesskostensätzen bildet eine solide Grundlage für die Prognose der Gemeinkosten und damit z.B. für die Budgetierung.[434] Diese analytisch-mengenorientierte Planung wird in der Methode des „Time-Driven ABC" weiter verbessert.[435] Durch die Prozessorientierung bietet die Prozesskostenrechnung auch die Möglichkeiten zur unternehmensübergreifenden Planung der Prozesse, so können etwa die Auswirkungen vorgelagerter Stufen auf die untersuchten Prozesse beschrieben und „Trade-Off" Überlegungen angestellt werden, etwa zwischen Qualitätsprüfungen bei der Produktionsentsorgung und der Wareneingangsprüfung.

Bei der Koordination zwischen den Partnern spielen vor allem Kennzahlen eine wichtige Rolle. Die unternehmensübergreifende Koordination bezieht sich dabei in erster Linie auf die Prozesse. So beeinflussen „Ereignisse" auf vor- und nachgelagerten Stufen die Abwicklungsarten und die Prozessvolumina. Die zur Koordination genutzten Kennzahlen müssen aus diesem Grund Informationen über die Prozesse beinhalten. Neben Informationen über die Prozessqualität sind Prozesskostensätze von erheblicher Bedeutung.

Die laufende Steuerung und Kontrolle der Prozesse kann auf Basis der Soll- und Ist-Prozesskosten erfolgen, dabei bietet die Ermittlung von Soll-Zeiten durch das Time-Driven ABC zusätzliche Handlungsspielräume.[436]

---

[433] Vgl. LORSON (1993), S. 285.

[434] Vgl. HORVÁTH (2001), S. 559.

[435] Vgl. GROB ET AL. (2004), S. 610.

[436] Vgl. CONERS (2003), S. 257.

Zur Unterstützung der (kurzfristigen) Ressourcenauslastung ist die Prozesskostenrechnung ebenfalls von Bedeutung. Durch die Vorgaben von Soll- Prozesskosten und Soll-Zeiten kann die Inanspruchnahme der Ressourcen durch die geplanten Prozesse ermittelt und so eine Ressourcenplanung vorgenommen werden.

Zur bereichs- und funktionenübergreifenden Verbesserung der Prozesseffizienz bietet es sich an, jeweils Verantwortliche für Qualität und Effizienz der Prozesse als „Process Owner" festzulegen.[437] Somit beinhaltet die Prozesskostenrechnung in ihrer strategischen Ausrichtung ein geeignetes Mittel zur Aufdeckung von Prozessschwachstellen. Dabei wird der strategische Aspekt der Prozesskostenrechnung als Instrument eines umfassenden Prozess-Managements betont. Folglich werden gezielt besonders kostenintensive Prozesse betrachtet und es wird versucht, deren Volumina langfristig zu reduzieren.[438]

Dabei muss beachtet werden, dass die gesamten Kosten auf Vollkostenbasis ohne explizite Unterscheidung in fixe und variable Bestandteile über die Inanspruchnahme in den (direkten und indirekten) Prozessen den Produkten bzw. Produktgruppen zugeordnet werden.[439] Durch die Reduktion der Prozessvolumina kann zwar der Anteil der durch den Prozess in Anspruch genommenen Ressourcen reduziert werden, Rückschlüsse auf mögliche Reduktion von Fixkosten werden aber nur über weitere Betrachtungen der Kostenstrukturen ermöglicht. Die Verursachung von Kosten gemäß dem Identitätsprinzip[440] kann nicht den Prozessen zugeordnet werden, sondern geht in der Regel auf Entscheidungen zurück, die unabhängig von der Durchführung einzelner Prozesse sind. Dementsprechend ist also zu prüfen, in welchem Umfang bei Reduktion des Prozessvolumens auch tatsächlich (fixe) Kosten abgebaut werden können, z. B. indem Personal anderweitig beschäftigt oder Arbeitszeiten flexibler gestaltet werden. Bei nur langfristig veränderbaren Kosten ist nach MÄNNEL der Wert der Prozesskostenrechnung begrenzt, eine Beeinflussung sprungfixer Kosten auf Basis der Kosteninformationen der Prozesskostenrechnung dagegen ist prinzipiell gegeben.[441]

Gerade Dienstleistern bietet diese Vorgehensweise im Vergleich zu den Verfahren der „traditionellen" Vollkostenrechnung durch die Zurechnung der indirekten Bereiche über die Prozesse eine höhere Transparenz des Fixkostenblocks.[442]

---

[437] Vgl. HORVÁTH (2001), S. 560, auch GAITANIDES (1983), S. 151 f.

[438] Vgl. MÄNNEL (1996b), S. 85.

[439] Vgl. BUNGENSTOCK (1995), S. 249, MÄNNEL (1992), S. 341.

[440] Zum Identitäts- bzw. Verursachungsprinzip vgl. RIEBEL (1990), S. 67 ff.

[441] Vgl. MÄNNEL (1996b), S. 84 ff.

[442] Vgl. MÄNNEL (1996b), S. 85.

Dementsprechend hat die Prozesskostenrechnung als Instrument eines strategischen Prozessmanagements durchaus Erfolge vorzuweisen, bei korrekter Anwendung liefert sie also Erkenntnisse für eine Neugestaltung der Prozessstrukturen, wie in vielen Unternehmen zu beobachten ist. Durch die erhöhte Transparenz der Gemeinkosten werden insbesondere die Prozesskosten der Bestellung und des Lieferantenmanagements als Transaktionskosten in die traditionell preisorientierten Entscheidungen der Beschaffungspolitik einbezogen. Viele Fertigungsunternehmen reduzierten daraufhin die Anzahl ihrer Lieferanten. So konnten Kostenreduktionen im Bereich des Beschaffungs- und Lieferantenmanagements und damit der Beschaffungskosten insgesamt erreicht werden. Dementsprechend kann auch die Konzentration der „Beschaffung" von Logistikdienstleistungen auf einen oder wenige Dienstleister im Zuge der Prozesskostenrechnung als ein Treiber der Entwicklung langfristiger Kontraktlogistik-Kooperationen gesehen werden. Ähnliche Beispiele finden sich auch bei Logistikdienstleistern. Durch die Betrachtung von zusätzlich notwendigen Sortierprozessen im Warenausgang und der Erstellung von Ladelisten konzentrieren sich Lagerdienstleister beim Paketversand teilweise auf den Versand durch nur einen KEP-Dienst.

Als Datengrundlage für die Angebotskalkulation kommt der Prozesskostenrechnung speziell bei Abrechnungsmodellen, die zumindest teilweise auf variablen Stückpreisen basieren („Activity-Based"-Modelle), als Instrument der Kostenträgerstückrechnung eine herausragende Bedeutung zu.[443] Je nachdem ob die gesamten Prozesskosten über variable Modelle an den Auftraggeber weiterverrechnet werden oder ob ein Fixkostenblock pauschal abgegolten wird, ist hier die getrennte Ausweisung der Kosten von lmi- und lmn-Prozessen sehr wertvoll.

Die Kalkulation auf Basis der Prozesskostenrechnung ist aufgrund der Problematik der Fixkostenproportionalisierung unter Experten nicht unumstritten. Besonders im Bereich industrieller Dienstleistungen mit repetitivem Charakter, die ähnlich wie Fertigungsbetriebe mit hoher Variantenvielfalt durch z.T. stark unterschiedliche Inanspruchnahme der (indirekten) Ressourcen durch die Prozesse der Leistungserstellung gekennzeichnet sind, wird diese auch von kritisch eingestellten Experten befürwortet.[444]

Um der Problematik der Angebotskalkulation auf Vollkostenbasis entgegenzuwirken können zur internen Entscheidungsfindung, insbesondere bei der Entscheidung über zusätzliche Kontraktlogistik-Geschäfte auf bestehenden Anlagen, zusätzlich Methoden der flexiblen Plankostenrechnung angewendet werden.[445] Durch die Betrachtung von Prozesskosten

[443] Vgl. HORVÁTH (2001), S. 559, MAYER (1998), S. 16.

[444] Vgl. MÄNNEL (1996b), S. 85.

[445] Vgl. MAYER (1997), S. 149 ff.

erhöht sich der Informationsgehalt einer Deckungsbeitragsrechnung für die Problemstellung von Logistikdienstleistern. In der bewährten Einzelkosten- und Deckungsbeitragsrechnung werden entsprechend dem Identitätsprinzip Deckungsbeiträge auf Ebene einzelner Artikel, Artikelgruppen, Bereiche etc. ermittelt. Mit Hilfe der Prozesskostenrechnung wird die Betrachtung insofern erweitert, dass – kostenstellenübergreifend - die Prozesse der Gemeinkostenbereiche entsprechend ihrer Inanspruchnahme erkannt und zugeordnet werden können. So sind zur Ermittlung der Deckungsbeiträge auf Kundenebene explizit etwa die Prozesskosten der Kundenbetreuung - die in der Kontraktlogistik typischerweise nicht nur die „direkt betroffenen" operativen Manager sondern auch Key Account Manager bzw. Mitglieder des höheren Managements betrifft – zu berücksichtigen. Diese Kosten werden in der bewährten kostenstellenbezogenen Deckungsbeitragsrechnung in dieser Form unter Umständen nicht erkannt.[446]

6.2.2 Prozessbenchmarking als Instrument zur Schaffung „externer" Transparenz

Die im Benchmarking geforderte systematische Vorgehensweise wird von CAMPS in einem vier Phasen umfassenden Benchmarking-Prozess umgesetzt. Dieser folgt der Grundmethodik von Problemlösungsprozessen[447] und reicht von der Planung des Benchmarkings über die Analyse der Daten, über die Ableitung und Kommunikation von Verbesserungen bis zur Implementierung der Ergebnisse.[448] Abbildung 23 zeigt den Benchmarking-Prozess nach CAMP.

[446] Vgl. MAYER (1998), S. 21.

[447] Vgl. CODLING (1992), S. 32.

[448] Vgl. CAMP (1994), S. 21.

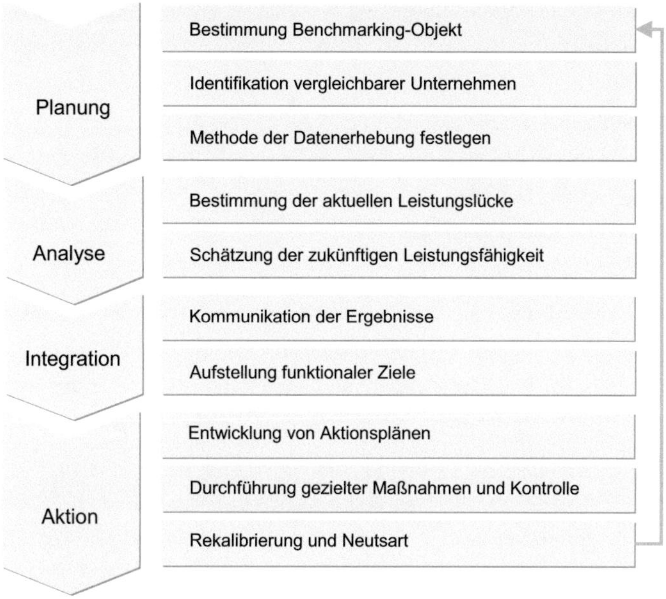

Abbildung 23: Benchmarking-Prozess

Quelle: Eigene Darstellung in Anlehnung an CAMP (1994), S. 21.

Die Modelle anderer Autoren unterscheiden sich hinsichtlich der Arbeitsinhalte kaum vom Vorschlag CAMPS. Je nach den spezifischen Erfahrungen der Autoren werden dabei bestimmte Schritte besonders betont oder eine zusätzliche Detaillierung der Schritte eingeführt.[449]

Die Strukturierung des Benchmarking-Prozesses für diese Untersuchung erfolgt daher eng angelehnt an das „Original" von CAMP, dabei wurden für die Problemstellung der Untersuchung als besonders relevant erachtete Schritte anderer Autoren zusätzlich in den Ablauf eingefügt.

Strenggenommen kann die Frage nach der „externen" Transparenz nach der Analysephase – nach Vorliegen der Benchmarking-Ergebnisse – beantwortet werden. Die Realisierung laufender Verbesserungen soll aber auch zur Erfüllung der im Rahmen der „internen" Transparenz dargestellten Aufgaben beitragen. Auf eine Darstellung der Umsetzung der Ergebnisse in ihren Grundzügen wird an dieser Stelle aus ebendiesem Grund nicht verzich-

[449] Vgl. stellvertretend KLAUS ET AL. (1996), S. 13, KREUZ (1997), S. 282, TUCHER VON SIMMELSDORF (2000), S. 102, WILDEMANN (2004), S. 59.

tet, da sie Voraussetzung für die vollständige Erschließung der Verbesserungspotentiale des Benchmarkings ist.

6.2.2.1 Planung

In der Planungsphase des Benchmarkings werden das Benchmarking-Objekt und die Benchmarking-Partner bestimmt, das Benchmarking-Team zusammengestellt und die Messgrößen und Analysemethoden festgelegt.

Bestimmung des Benchmarking-Objekts

Grundsätzlich können alle Produkte, Dienstleistungen und Praktiken Gegenstand eines Benchmarkings sein. „Produkte und Dienstleistungen" sind hier im Sinne des Prozessoutputs zu verstehen, d.h. als Arbeitsergebnisse von Geschäftsprozessen, z.B. physische Güter, Aufträge, Lieferungen, Rechnungen, Dienstleistungen, bearbeitete Beschwerden etc. (vgl. Kapitel 3.3.2).

Der Aufwand, der mit einem Benchmarking verbunden ist, erfordert die Konzentration auf kritische und erfolgsversprechende Teilprozesse im Unternehmen, die Kern- oder Schlüsselprozesse.[450]

Das Hauptkriterium zur Auswahl des Untersuchungsobjektes ist die Bedeutung in der (internen) Supply Chain oder für den Endkunden, also der Grad, in dem der Prozess kritisch für die gesamte Leistungserstellung und damit für den Erhalt der Wettbewerbsfähigkeit ist.[451] Demgemäß sollten die Schlüsselprozesse, deren Output unmittelbar zum „Funktionieren" des Unternehmens beiträgt, im Mittelpunkt des Benchmarkings stehen.[452]

Ein weiteres Kriterium sind entsprechend betriebswirtschaftlicher Kosten- und Nutzenüberlegungen die vermuteten Verbesserungs- bzw. Einsparungspotentiale, die indirekt von der Bedeutung des Prozesses beeinflusst werden. Hinweise auf hohe Einsparungspotentiale können dabei ein relativ hoher Personal- und/oder Sachaufwand, aber auch die hohe Repetitivität scheinbar wenig aufwändiger Prozesse sein.[453] Dieses birgt natürlich eine gewisse Gefahr des „Übersehens" interessanter Benchmarking-Objekte, da gerade das Aufdecken von verborgenen Einsparungs- bzw. Verbesserungspotentialen eine zentrale

---

[450] Vgl. APQC (1993), S. 7, PIESKE (1994), S. 20, WATSON (1993), S. 74. Eine Zusammenstellung möglicher „Kandidaten" für ein Benchmarking zeigt CAMP (1994), S. 52.

[451] Vgl. CAMP (1994), S. 64.

[452] Vgl. WATSON (1993), S. 74.

[453] Vgl. KRUPP (2004), S. 227.

Aufgabe des Benchmarkings darstellt,[454] wird aber dennoch im Rahmen von grundlegenden Kosten-/Nutzenabschätzungen als elementar angesehen.

Bevor mit dem Benchmarking begonnen werden kann, muss ein profundes Verständnis der eigenen Prozesse und Praktiken sichergestellt werden. Dieses interne Prozessverständnis ist eine notwendige Voraussetzung für die Untersuchung externer Prozesse und Praktiken. Wenn keine aktuellen Dokumentationen der Prozesse - etwa aus einer Prozesskostenrechnung - vorhanden sind, müssen eigens Prozessanalysen durchgeführt werden, um ein realistisches Bild von der Ist-Situation vor dem Benchmarking zu erhalten.[455]

Zusammensetzung des Benchmarking-Teams

Entsprechend des Projektcharakters des Benchmarkings wird ein Benchmarking-Team mit der Koordination und Durchführung des Benchmarking-Projekts betraut.

Die prozessverantwortlichen Mitarbeiter („Process Owners") sollten einen Teil des Benchmarking-Teams bilden. Daneben ist es sinnvoll - nicht zuletzt vor dem Hintergrund der späteren Akzeptanz der Ergebnisse - wenn auch die von dem Benchmarking betroffenen Mitarbeiter im Team vertreten sind.[456] Zusätzlich sollte mindestens ein Benchmarking-Spezialist oder zumindest ein Mitarbeiter mit einem Mindestmaß an Benchmaring-„Know-how" in das Team geholt werden. Der oder die „Know-How"-Träger können sowohl aus dem eigenen Unternehmen als auch aus einem externen Unternehmen, z.B. einem Benchmarking-Institut oder einer Unternehmensberatung, stammen.[457]

Das Benchmarking-Team sollte aus Gründen der Effizienz nicht zu groß sein, als Anhaltspunkt kann der Durchschnitt von sechs Teammitgliedern dienen, der in einer Untersuchung erfolgreicher US-amerikanischer Benchmarking-Projekte ermittelt wurde.[458]

Auch bei der Bestimmung der Projektleitung, die für ein zielgerichtetes und systematisches Vorgehen zu sorgen hat, ist es sinnvoll, die Prozessverantwortlichen einzubinden. So wird der Bezug zum Benchmarking-Objekt - hinsichtlich der Informationsbeschaffung und der Umsetzung möglicher Verbesserungen - gestärkt und damit die Handlungsfähigkeit des Benchmarking-Teams sichergestellt.[459]

---

[454] Vgl. HOFMANN (2004), S. 43.

[455] Vgl. CAMP (1994), S. 63, zu Verfahren der Prozessanalyse vgl. z.B. GAITANIDES (1983), S. 64 ff.

[456] Vgl. PIESKE (1994), S. 20, MORWIND (1995) S. 29 f.

[457] Vgl. BALM (1992), S. 139. Eine gute Möglichkeit zum Erwerb von Benchmarking-"Know-how" sind Schulungen, wie sie von vielen Benchmarking-Instituten angeboten werden, vgl. APQC (1993), S. 117 ff.

[458] Vgl. SPENDOLINI (1993), S. 54.

[459] Vgl. TUCHER VON SIMMELSDORF (2000), S. 112.

Da bei vielen Benchmarking-Untersuchungen – speziell beim generischen Benchmarking, aber auch beim Prozessbenchmarking - Funktionsgrenzen überschritten werden, ist es häufig sinnvoll, die Teammitglieder bereichsübergreifend auszuwählen und sogenannte „Cross Functional Teams" zu bilden.[460] Werden Daten aus mehreren Funktionsbereichen benötigt und entsprechend Verbesserungen für diese Bereiche erarbeitet, entscheidet die funktionsübergreifende Zusammensetzung des Benchmarking-Teams über Erfolg bzw. Misserfolg der gesamten Untersuchung.

Identifikation von Vergleichspartnern

Wie in Kapitel 3.3.4 dargestellt wurde, kann der Kreis von Unternehmen oder Unternehmensteilen, die bei der Identifikation von Vergleichspartnern genutzt werden, unterschiedlich weit gefasst sein. Das Spektrum reicht vom internen Vergleich über den Vergleich mit direkten Wettbewerbern bis hin zum branchen- und funktionsübergreifenden Vergleich. Um das volle Potential des Benchmarking auszuschöpfen, muss der Vergleich mit hinsichtlich des Benchmarking-Objekts führenden Unternehmen gesucht werden. Dabei kann es aber durchaus sinnvoll sein, mit einer internen oder wettbewerbsorientierten Untersuchung zu beginnen und so die Grundlage für weitere, branchen- und funktionsübergreifende Vergleiche zu schaffen.[461]

Bei der Auswahl der Partner ist auf die grundsätzliche Vergleichbarkeit zu achten, um einen Vergleich von „Äpfeln mit Birnen" zu vermeiden. Nur so können sinnvoll interpretierbare Ergebnisse erzielt und verwertbare Aussagen abgeleitet werden. Nicht zuletzt im Hinblick auf die Akzeptanz der Ergebnisse muss die Auswahl der Benchmarking-Partner und damit die angesprochene Vergleichbarkeit der betrachteten Funktionen und Prozesse sichergestellt werden und auch nachvollziehbar sein. So sollten die wesentlichen Einflussfaktoren des Marktes, der Grad der Kundenorientierung, die Art des Materialflusses und die Eigenschaften der Prozessoutputs - etwa die Handlings-Charakteristika logistischer Objekte - Ähnlichkeiten aufweisen.[462]

Methode der Informationsbeschaffung und Erhebung der Daten

Kern jedes Benchmarkings ist der datenbasierte Vergleich zwischen den Benchmarking-Objekten. Um Rückschlüsse auf erfolgreiche Praktiken und Methoden ziehen zu können, sind neben quantitativen Daten, vor allem zur Leistungsbeschreibung, auch qualitative Daten zur Beschreibung der Praktiken und Methoden notwendig.

---

[460] Vgl. SPENDOLINI (1992), S. 144.

[461] Vgl. CAMP (1994), S. 77 ff.

[462] Vgl. CAMP (1994), S. 75 und 80, KRUPP (2004), S. 238.

Dafür kommen im Benchmarking verschiedene Methoden der Informationsbeschaffung zur Anwendung: die Sammlung interner Informationen, die Auswertung öffentlich zugänglicher sekundärer Quellen (Informations- und Datenbankdienste sowie Publikationen aus Wissenschaft, Beratung oder von Fach- bzw. Unternehmensverbänden),[463] die Beschaffung „primärer" Informationen über bestehende (externe) Kontakte und die primäre Erhebung externer Daten im eigentlichen Benchmarking-Vergleich mit den Partnern.[464] Diese sind nur eingeschränkt als Alternativen zu sehen, im Idealfall setzen die Methoden aufeinander auf. Die Phasen spiegeln dann einerseits den logischen Ablauf, andererseits den steigenden Aufwand der Datenerhebung wieder.[465]

Die interne Informationsbeschaffung dient der Identifikation eines lohnenden Benchmarking-Objekts. Zu diesem Zweck werden interne Studien und Veröffentlichungen sowie Prozessdokumentationen[466] ausgewertet. Bei der Auswertung bzw. bei der Erstellung von Prozessdokumentationen mit den entsprechenden Kennzahlen und dem Sammeln internen Fachwissens wird darüber hinaus das für das Benchmarking grundlegende Verständnis der eigenen Prozesse und Abläufe sichergestellt.

Zur Beschaffung des für die Identifikation der Vergleichspartner notwendigen Datenmaterials kann auf Sekundärquellen, d.h. öffentliche Datenbanken[467] oder die Informationen von Fachverbänden, aber auch auf bestehende Kontakte zu Experten aus Forschung, Beratung und - mit steigender Bedeutung - aus der IT-Branche zurückgegriffen werden.[468] Auf jeden Fall ist von einer vorschnellen Kontaktaufnahme mit potentiellen Vergleichsunternehmen abzusehen, bevor nicht die oben beschriebenen – mit deutlich weniger Aufwand verbundenen – Informationsquellen ausgeschöpft sind.[469]

Dabei bietet sich auch die Auswertung bereits bestehender Benchmarking-Studien an. Zu diesem Zweck muss überprüft werden, für welche Bereiche und in welchem Umfang Aussagen über Best Practices und deren Anwendbarkeit im eigenen Unternehmen bzw. der eigenen Branche bereits öffentlich zugänglich vorliegen, für welche Bereiche die Beteiligung

---

[463] Vgl. LASCH ET AL. (1996), S. 15 ff.

[464] Vgl. CAMP (1994), S. 93 ff.

[465] Vgl. CAMP (1994), S. 97 f.

[466] Prozessdokumentationen werden etwa im Rahmen einer Prozessanalyse (z.B. bei der Einführung der Prozesskostenrechnung, vgl. 6.2.1), oder bei einer Qualitäts-Zertifizierung nach ISO 9000 ff., vgl. PEPELS (1996), S. 36, erstellt.

[467] An dieser Stelle sind Firmendatenbanken (z.B. Hoppenstedt) oder die Archive der Wirtschafts- (z.B. Handelsblatt, Wirtschaftswoche etc.) und Fachpresse (für die Logistik z.B. Logistik inside) zu nennen, vgl. auch LASCH ET AL. (1996), S. 15 ff.

[468] Vgl. CAMP (1994), S. 85 ff.

[469] Vgl. CAMP (1994), S. 96.

an einer bestehenden bzw. laufenden Benchmarking Studie möglich und sinnvoll,[470] und für welche Bereiche eigene „Forschung“ notwendig ist, da keine oder nur unzureichende Ergebnisse existieren bzw. zugänglich sind.

Wenn die oben angeführten Methoden der Informationsbeschaffung durchgeführt sind, zeigt sich, ob es sinnvoll ist, selbständig weitergehende Untersuchungen zur Erhebung von Primärdaten durchzuführen oder zu initiieren. Dies muss jedoch – eben durch die Auswertung interner und sekundärer Quellen - genau geprüft und vorbereitet werden, da durch den Aufwand für die Konzeption und Durchführung der Untersuchung sowie das Gewinnen von Partnern eigene Erhebungen in der Regel mit hohen Kosten verbunden sind.[471]

Vorteil von eigenen Untersuchungen ist dagegen, dass diese genau auf die spezifische Zielsetzung des Benchmarking-Projekts zugeschnitten sind. So können – zumindest theoretisch - alle benötigten bzw. gewünschten quantitativen und qualitativen Daten erhoben werden. Dafür müssen Vergleichspartner für eine aktive Teilnahme an dem Benchmarking gewonnen werden. In der Praxis ist es allerdings meist nicht möglich, alle gewünschten Vergleichspartner in die Untersuchung einzubeziehen, da nicht alle (führenden) Unternehmen die Bereitschaft zum Informationsaustausch im Rahmen des Benchmarkings zeigen.[472] Durch den Aufwand für die Konzeption und Durchführung der Untersuchung sowie das Gewinnen von Partnern sind eigene Erhebungen wie schon angesprochen mit entsprechenden Kosten verbunden.[473]

Die selbständige Informationsbeschaffung sollte mit einer Datenerhebung über weitgehend anonymisierbare Fragebögen beginnen. Danach ist ein persönlicher Kontakt bei bilateralen Firmenbesuchen sinnvoll, schließlich werden Diskussionsrunden zum offenen Erfahrungsaustausch der Benchmarking-Partner angestrebt.[474]

Bei der Erstellung des Fragebogens müssen alle relevanten quantitativen und qualitativen Informationen berücksichtigt werden. Quantitative Informationen werden in Form von Metriken und Kennzahlen zur Leistungsmessung erhoben, qualitative Informationen in Form von offenen oder geschlossenen Fragen zum Erfassen der eingesetzten Methoden und Praktiken. Für das Benchmarking sind in monetärer Hinsicht besonders die Kostensätze der verglichenen Prozesse bedeutend. Der Schwerpunkt liegt bei den nicht-monetären Kenn-

[470] Oft ist eine Beteiligung an laufenden Studien möglich, einige Benchmarking-Projekte werden explizit als offene Studien mit der Möglichkeit einer späteren Beteiligung konzipiert, Beispiele hierfür sind die Benchmarking-Projekte „Lager“ und „Frachteinkauf“ des BMC.

[471] Vgl. CAMP (1994), S. 112.

[472] Vgl. HOFMANN (2004), S. 43.

[473] Vgl. CAMP (1994), S. 112.

[474] Vgl. CAMP (1994), S. 112.

zahlen, wie die Produktivität, z.B. den Output pro Mannstunde oder pro investiertem Euro, die Qualität, z.B. als Fehler- oder Reklamationsquote, und Zeitbedarfe, z.B. Durchlauf und Reaktionszeiten, beschreiben.[475]

„Pretests“ im eigenen Unternehmen bieten die Möglichkeit die Vollständigkeit des Fragebogens zu prüfen. Dadurch wird sichergestellt, dass alle Fragen von Interesse in der Untersuchung enthalten sind. Der Fragebogen beinhaltet das komplette „Menü“ der erhobenen Informationen und der exakten Beschreibung der Datenfelder, gleichzeitig bildet er die Grundlage zur Strukturierung und umfassenden Darstellung der Daten. Das Sammeln der Daten für den Fragebogen nimmt seitens der Benchmarking-Partner eine gewisse Zeit in Anspruch. Nicht zuletzt aus diesem Grund kann die Datensammlung mittels Fragebogen als Vorbereitung für direkte Unternehmensbesuche gesehen werden. Wenn die Datenerhebung durch einen neutralen „Dritten“, z.B. ein Benchmarking-Institut erfolgt, sind Fragebögen wohl die einzige Methode um Daten mehrerer Unternehmen anonymisiert zu verarbeiten.[476]

Ein Nachteil der Datenerhebung mittels Fragebogen ist die fehlende Möglichkeit zur Diskussion und Klärung möglicher Spielräume bei der Interpretation der Fragen. Bei einem direkten Unternehmensbesuch können die im Fragebogen erhobenen Informationen überprüft und „aus erster Hand“ interpretiert werden. Auf diese Weise lassen sich auch mögliche Unklarheiten ausräumen. Die Bedeutung des direkten Kontakts zwischen den am Benchmarking beteiligten Fachleuten der Vergleichspartner macht die Wahrung der Anonymität praktisch unmöglich. Eine gewisse Offenheit ist daher Voraussetzung.[477]

Bei der Gestaltung der Fragebögen ist zu beachten, dass in dieser Phase des Benchmarkings Umfang und Detaillierungsgrad und damit auch Kosten und benötigter Zeitaufwand bei der Durchführung des Projekts weitgehend festgelegt werden. Trotz des vergleichsweise hohen Aufwands betont CAMP die Bedeutung des direkten persönlichen Kontakts und des ständigen Austauschs „mit der Informationsquelle“ als eigentlichen Kern des Benchmarking:

> „Die Basis des Informationsaustausches, der hier vorgeschlagen wird, ist die Diskussion von Fachleuten über die best practices der Industrie – den Methoden und Verfahren, die von führenden Unternehmen oder funktional besten Unternehmenseinheiten angewendet werden, und zwar eine Diskussion nicht nur über das, was zur Zeit zum Einsatz kommt, sondern auch darüber, was geplant ist.“[478]

---

[475] Vgl. KLAUS ET AL. (1996), S. 29 ff., KRUPP (2004), S. 236.

[476] Vgl. CAMP (1994), S. 112 ff.

[477] Vgl. CAMP (1994), S. 118 ff., DISTEL ET AL. (2002), S. 90.

[478] CAMP (1994), S. 97.

Die Konzeption eines Vorgehens zur Informationsbeschaffung mittels Fragebögen, Unternehmensbesuchen und Benchmarking-Runden ist ein zentrales Element dieser Arbeit und wird ausführlich in Kapitel 7 beschrieben.

6.2.2.2 Analysephase

Nach Auswahl des Benchmarking-Objekts, der entsprechenden Vergleichspartner und der Methode der Informationsbeschaffung sowie der Datensammlung in der Planungsphase werden die gesammelten Daten in der Analysephase systematisch zusammengestellt, plausibilisiert und ausgewertet. So kann die aktuelle Leistungslücke bestimmt und die zukünftige Leistungslücke geschätzt werden.

Bestimmung der Leistungslücke

Erster Schritt der Analysephase ist die Bestimmung der Leistungslücke. Dafür sind zunächst die Gegenüberstellung und der Vergleich der quantitativen Daten der Benchmarking-Partner zum Bilden einer Reihenfolge (Ranking) und zur Quantifizierung der Leistungslücke notwendig.[479]

Neben der Quantifizierung wird vor allem eine (qualitative) Erklärung für die Existenz dieser Leistungslücke gefordert.[480] Hierzu müssen die hinter den quantitativen Angaben stehenden unterschiedlichen Methoden und Praktiken - sowohl die der Vergleichspartner wie auch der eigenen - erfasst und verstanden werden. Die qualitative Analyse ist Grundlage für die Identifikation von unterschiedlichen Abläufen und Praktiken bei den verschiedenen Benchmarking-Partnern. Mit der quantitativen Analyse werden der „Erfolg“ dieser Praktiken gemessen und „Best Practices“ ermittelt. Nur durch die Kombination von quantitativem und qualitativem Vorgehen können die Einflüsse der unterschiedlichen Methoden und Praktiken sowie der unterschiedlichen Rahmenbedingungen auf die Leistung beschrieben und bewertet werden.[481]

Die Erfassung des Einflusses von Rahmenbedingungen auf das Ergebnis ist Grundvoraussetzung für das Sicherstellen der Vergleichbarkeit und damit für die Akzeptanz der Ergebnisse. Auch wenn die Benchmarking-Partner nach dem Kriterium „Vergleichbarkeit“ ausgewählt wurden, ist damit keinesfalls sichergestellt, dass die Zielgrößen direkt vergleichbar sind. Bei der Interpretation müssen nicht oder nur langfristig beeinflussbare Rahmenbedingungen falls möglich neutralisiert oder zumindest berücksichtigt werden. So verzerren beispielsweise unterschiedliche Mietspiegel aufgrund der unterschiedlichen geografischen

---

[479] Vgl. CAMP (1994), S. 151.

[480] Vgl. CAMP (1994), S. 160.

[481] Vgl. LASCH (1998), S. 147 ff., KRUPP (2004), S. 231 f.

Lage zweier Vergleichsobjekte die relativen Kosten, ohne dass dem tatsächliche Leistungsunterschiede zugrunde liegen.[482]

Obwohl oder gerade weil in der Praxis häufig quantitative Methoden im Vordergrund der Untersuchungen stehen, betont CAMP die elementare Bedeutung der qualitativen Bestimmung von Ursache-Wirkungszusammenhängen zur Erklärung der Leistungslücke für den Erfolg des Benchmarkings.[483] Sind die Einflussfaktoren auf die Leistungslücke umfassend beschrieben, wird daraus die Höhe der möglichen Einsparungen abgeleitet. Dieses erreichbare Einsparpotential kann als der nicht durch strukturelle Rahmenbedingungen erklärbare Teil der Leistungslücke interpretiert werden.[484] Auf dieser Basis werden Zielsetzungen für das Benchmarking-Objekt abgeleitet, die bereits von anderen Unternehmen in der Praxis erreicht werden konnten.

Schätzung der zukünftigen Leistung

Für die Ableitung zukunftbezogener Zielgrößen reicht die Orientierung an der gegenwärtigen Leistung des Benchmarking-Partners nicht aus, da anzunehmen ist, dass auch bei ihm durch die stetige Optimierung der Praktiken und Prozesse Leistungssteigerungen zu vermuten sind. Aus diesem Grund muss eine Projektion des gegenwärtigen Leistungsniveaus in die Zukunft erfolgen, d.h. der Unterschied zwischen den zukünftig erwarteten Leistungsniveaus des eigenen Unternehmens und des Vergleichspartners muss geschätzt werden. Eine Möglichkeit der grafischen Ermittlung ist in Abbildung 24 demonstriert. Mit dieser Vorgehensweise werden gleichzeitig die Entwicklung des Leistungsniveaus in der Vergangenheit, die gegenwärtige Leistungslücke und der zukünftige Verlauf unter Berücksichtigung der erwarteten Entwicklung der Wettbewerber dargestellt.[485]

---

[482] Vgl. DISTEL ET AL. (2002), S. 83.

[483] Vgl. CAMP (1994), S. 159.

[484] Vgl. KRUPP (2004), S. 237.

[485] Vgl. CAMP (1994), S. 187 ff.

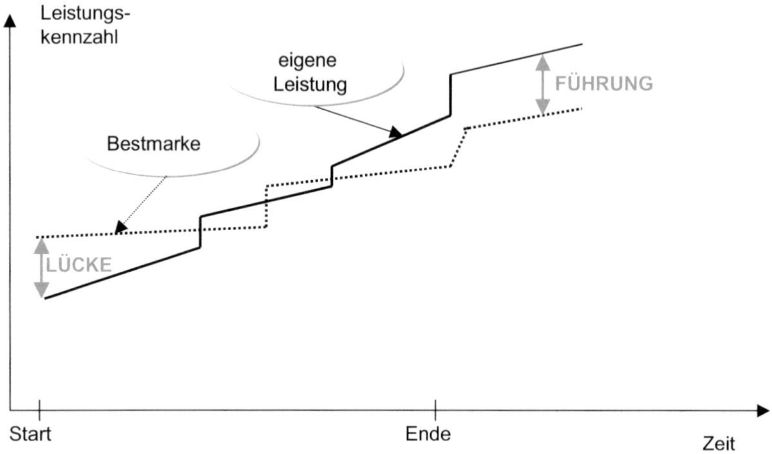

Abbildung 24: Darstellung der zukünftigen Leistungsniveaus

Quelle: KÜTING ET AL. (1996), S. 123.

6.2.2.3 Integrationsphase

Kommunikation der Ergebnisse

Die Kommunikation der Benchmarking-Ergebnisse im eigenen Unternehmen ist ein nicht zu vernachlässigender Schritt des Benchmarkings: Ohne die Akzeptanz der betroffenen Mitarbeiter wird die Einführung neuer Praktiken zumindest erheblich erschwert. Wenn die Unterstützung des Top-Managements fehlt, wird die Umsetzung konkreter Maßnahmen ebenfalls unwahrscheinlicher. Auch evtl. von Veränderungen betroffene Kunden und Zulieferer bzw. in der Supply Chain vor- oder nachgelagerte Stellen müssen in den Kommunikationsprozess eingebunden werden, um die Bildung von Inseloptima zu vermeiden.[486]

Aus diesem Grund müssen die Benchmarking-Ergebnisse zielgruppengerecht aufbereitet und kommuniziert werden. Dabei können schriftliche Ergebnisse als Benchmarking-Reports, elektronische Ergebnisse als Benchmarking-Plattformen genutzt, aber auch – insbesondere um die Mitarbeiter einzubinden - spezielle Informationsveranstaltungen durchgeführt werden.

Bei der Kommunikation der Ergebnisse sollten die folgenden Schlüsselelemente integriert sein:

---

[486] Vgl. CAMP (1994), S. 201 f.

- eine zielgruppengerechte Zusammenfassung der Erkenntnisse und Empfehlungen,
- eine detaillierte Beschreibung der Benchmarking-Egebnisse sowie
- eine Beschreibung des Ablaufs der Untersuchung und der genutzten Informationsbasis.[487]

Die Erfahrung zeigt dabei, dass bei frühzeitiger Information der betroffenen Mitarbeiter eine hohe Akzeptanz des Benchmarkings erreicht werden kann. Veränderungen im Zuge des Benchmarkings werden dann nicht als Bedrohung empfunden und somit zumindest weniger skeptisch aufgenommen, wenn klar kommuniziert wird, dass durch die Berücksichtigung der Rahmenbedingungen realisierbare Visionen verfolgt werden.[488]

Aufstellen funktionaler Ziele

Ein wichtiger Schritt bei der Umsetzung der Benchmarking-Ergebnisse besteht in der Aufstellung funktionaler Ziele, also im Treffen von Aussagen über das geplante Leistungsniveau. Hierzu muss zunächst das bestehende Zielsystem vor dem Hintergrund der neuen Erkenntnisse aus dem Benchmarking durchgegangen und gegebenenfalls neu formuliert werden. Dabei können bisher verwendete Metriken und Kennzahlen oft beibehalten werden. Bei der Festlegung der absoluten Werte wird eine Anpassung, orientiert an den Benchmarks der Vergleichspartner, vorgenommen. Das Neue des Benchmarkings besteht dabei darin, dass Ziele nicht primär auf einer Projektion der Daten aus der Vergangenheit in die Zukunft oder auf Annahmen über Produktivitätssteigerungen, Marktwachstum und Inflation beruhen.[489]

Eine gründliche Benchmarking-Studie liefert dabei nicht nur die Benchmarks zur Festlegung der Ziele, sondern beschreibt auch den Weg, wie diese Ziele möglicherweise zu erreichen sind. Durch die Formulierung konkreter Aussagen zu den Veränderungen der Organisation, etwa in der Unternehmensstrategie sowie in Geschäftsgrundsätzen und Richtlinien, werden diese Erkenntnisse umgesetzt.[490]

6.2.2.4 Aktionsphase

Entwicklung von Aktionsplänen

Die im Rahmen des Benchmarkings aufgestellten funktionalen Ziele bilden die Basis für die Entwicklung von Aktionsplänen zur Adaption und Einführung neuer Praktiken. Aus den

---

[487] Vgl. BALM (1992), S. 117.

[488] Vgl. KRUPP (2004), S. 323.

[489] Vgl. CAMP (1994), S. 215 ff.

[490] Vgl. CAMP (1994), S. 215.

Aktionsplänen müssen die Verantwortlichkeiten, die zeitliche Abfolge, die eingesetzten Ressourcen und die erwarteten Ziele klar hervorgehen.[491]

Dazu müssen mögliche Hindernisse bei der Einführung neuer Praktiken, etwa durch eine Kräftefelderanalyse[492], bewertet werden. So werden auch die sogenannten „Enabler", die zur Einführung neuer Praktiken notwendig sind bzw. die Erfolgswahrscheinlichkeit erhöhen, identifiziert. Enabler, z.B. spezielle Trainings- oder Schulungsmaßnahmen, erhöhen die Implementierbarkeit einer Praktik.[493]

Ebenso sollten die in Betrachtung gezogenen Veränderungen auf ihren Nutzen und Aufwand hin untersucht werden. Neben der internen und externen Bedeutung der neuen Praktik sollten auf jeden Fall die benötigte Zeit zur Implementierung und die erforderlichen Ressourcen berücksichtigt werden. Dabei müssen auch die Erfolgswahrscheinlichkeit, die zur erfolgreichen Durchführung der Praktik notwendige Kontrolle[494] und damit zusammenhängend die Auswirkungen auf den „normalen" Planungs- und Kontrollprozess beachtet werden.[495]

Durchführung gezielter Maßnahmen und Kontrolle

Im nächsten Schritt sind die im Rahmen der Aktionspläne erarbeiteten und beschlossenen Maßnahmen umzusetzen. Die Einführung neuer Praktiken kann zu einschneidenden Veränderungen bis hin zu einer strategischen Neuausrichtung der Ressourcen führen. Zur Durchsetzung dieser Veränderungen bietet sich der Einsatz eines Mentors im höheren Management, eines „Prozess-Zaren" [496] oder von Prozess-Teams an.[497]

Die Fortschrittskontrolle kann anhand vordefinierter Meilensteine durchgeführt werden. Auf diese Weise können Abweichungen frühzeitig erkannt, Ursachen bestimmt und gegebenenfalls Gegenmaßnahmen eingeleitet werden.

Rekalibrierung und erneutes Benchmarking

Um die vollen Möglichkeiten des Benchmarkings auszuschöpfen, müssen die Ergebnisse periodisch „rekalibriert" werden, dazu wird der gesamte Benchmarking-Prozess – unter

---

[491] Vgl. BALM (1992), S. 121.

[492] Dies ist eine graphische Veranschaulichung fördernder und hemmender Faktoren. Die Lücke zwischen letzteren entspricht dem Aufwand der Umsetzung. Vgl. CAMP (1994), S. 229 ff.

[493] Vgl. CAMP (1994), S. 237 f.

[494] Vgl. CAMP (1994), S. 231.

[495] Vgl. HORVATH ET AL. (1992), S. 10.

[496] Dieses Mitglied des höheren Managements wird als verantwortlicher Prozessmanager für die jeweiligen Schlüsselprozess eingesetzt, vgl. CAMP (1994), S. 252, vgl. auch den Begriff "Process Owner" aus dem Prozessmanagement bzw. der Prozesskostenrechnung in Kapitel 6.2.1.

[497] Vgl. BALM (1992), S. 121 f.

Berücksichtigung der gesammelten Benchmarking-Erfahrungen – nochmals gestartet und vollständig durchlaufen. Nur so wird sichergestellt, dass keine aktuellen Entwicklungen „verpasst“ werden. In welchen Zeitabständen eine solche Rekalibrierung notwendig ist, hängt von den Umfeldfaktoren des Unternehmens und der Branche ab.[498] Die letzte Entwicklungsstufe kann in der Verstetigung des Benchmarkings durch die Institutionalisierung in der Organisation gesehen werden.[499]

6.3 Zusammenfassung der Ergebnisse – Schaffen von „externer“ Transparenz als Herausforderung für das Controlling

Die Herstellung „interner“ Transparenz im Sinne der Arbeit, also eine möglichst „wirklichkeitsnahe“ Abbildung der Kosten kann, durch die Prozesskostenrechnung in der Praxis weitgehend erreicht werden. Diese ermöglicht eine Zuordnung der Kosten gemäß der Inanspruchnahme von Ressourcen auf die Prozesse.

Durch den Einsatz des Benchmarking können zusätzlich externe Bezugspunkte gesetzt werden. Durch diese Vergleichswerte kann die eigene Leistung bewertet werden. Sie dienen dabei sowohl zur Identifikation eigener Stärken und Schwächen als auch der „Objektivierung“ der Angaben gegenüber dem Kunden.

Da die erhobenen Zielgrößen aufgrund der „ursprünglichen“ Ausrichtung des Benchmarkings durch die Ermittlung von Erklärungsansätzen für die Zielerreichung ergänzt werden, bieten sie ein wirkungsvolles Instrument zum Schaffen der „externen“ Transparenz im Sinne der Arbeit.

Zum einen können die Auftraggeber anhand vergleichbarer Benchmarks die Leistung des Dienstleisters fundiert beurteilen. Auf diese Weise können Bedenken hinsichtlich eines möglichen opportunistischen Verhaltens zumindest reduziert, wenn nicht ganz ausgeräumt werden. Vorteil für den Dienstleister ist dabei, dass seine Leistung aufgrund der systematischen Vorgehensweise des Benchmarkings „gerecht“ und nicht nach weniger realistischen Vorstellungen beurteilt wird.

Der durch das Benchmarking erreichbare stetige Verbesserungsprozess ist in beiderseitigem Interesse: Der Auftraggeber kann sicher sein, durch die vertragliche Bindung an einen Dienstleister und den somit fehlenden Wettbewerb keine aktuellen Entwicklungen des Marktes zu „verpassen“. Der Dienstleister kann durch die eine kontinuierliche Optimierung seiner Prozesse und Abläufe Einsparungen realisieren. Wenn diese Einsparungen an den

---

[498] Vgl. CAMP (1994), S. 279.

[499] Vgl. CAMP (1994), S. 281.

Auftraggeber weitergegeben werden kann Benchmarking auch in dieser Hinsicht zu einer funktionierenden Partnerschaft beitragen.

Der gemeinsame Einsatz der Prozesskostenrechnung und des Prozessbenchmarking kann damit die geforderte interne und externe Dimension der Transparenz herstellen. Auf diese Weise kann der Problematik der Informationsasymmetrien in Logistik-Partnerschaften begegnet werden. Die für erfolgreiche Kontraktlogistik-Geschäfte erforderliche Vertrauensbasis wird somit gestärkt.

7 Vom Konzept zur Umsetzung - Operationalisierung eines Benchmarkings für Logistikdienstleister im Lager

Nachdem eine empirisches und theoretisches Fundament für die Anforderungen an das Controlling in Kontraktlogistik-Geschäften von Logistikdienstleistern und die Eignung des Benchmarkings zur Sicherung der „externen" Transparenz theoretisch hergeleitet wurde, soll nun ein geeignetes Benchmarking-Instrumentarium für die Lagerprozesse von Logistikdienstleistern entwickelt werden.

7.1 Operationalisierung des Benchmarkings - Konzeption eines arbeitszeitbasierten Prozessbenchmarking im Lager

Zur Operationalisierung eines Benchmarkings für Logistikdienstleister wird an dem seit 1996 als offene Benchmarking-Studie durchgeführten Lager-Benchmarking des BMC, der „offenen Lagerhausstudie", angeknüpft.[500] Diese Benchmarking-Studie wurde unter Leitung des BMC in enger Zusammenarbeit mit Lagerbetreibern entworfen. Aus dieser Studie ging der Benchmarking-Arbeitskreis „Lager" hervor. Die offene Lagerhausstudie wurde laufend verbessert und modifiziert, zuletzt erfolgte 2002/2003 eine Anpassung und Erweiterung des Fragebogens in enger Zusammenarbeit mit den Mitgliedern des Arbeitskreises Lager. Bei den Modifizierungen blieb die grundlegende Struktur der Studie unverändert, um die bereits vorhandene Datenbasis auch weiterhin als Vergleichspool nutzen zu können. Die Darstellungen beziehen sich auf die aktuell vom BMC eingesetzten Fragebögen und Auswertungen. Abbildung 25 zeigt die Branchenzugehörigkeit der Lagerdatensätze in der Datenbank des BMC (Stand: September 2005).

[500] Zur Veröffentlichung von Ergebnissen des Lager-Benchmarking des BMC vgl. z.B. KLAUS ET AL. (1996), DISTEL ET AL. (2002), LUBECKI (2002), KLAUS ET AL. (2001).

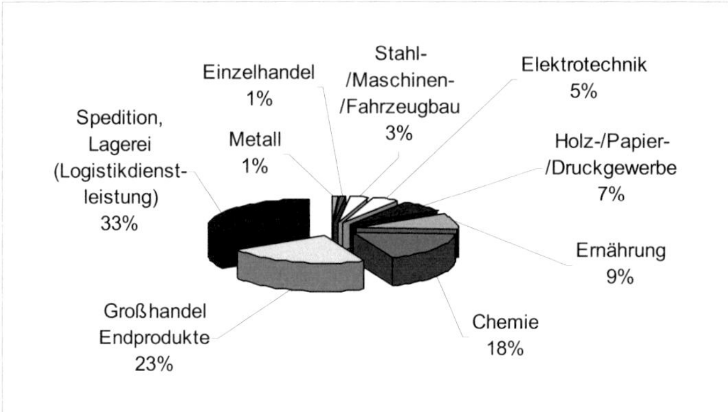

Abbildung 25: Branchenstruktur der Lagerdaten des BMC
Quelle: Eigene Darstellung.

Das arbeitszeitenbasierte Aktivitäten-Benchmarking wurde 2003 im Rahmen des Arbeitskreises, angeregt durch ein Mitglied, in mehreren Workshops als Ergänzung zur offenen Lagerhausstudie konzipiert und opernationalisiert. Sechs Unternehmen, davon fünf Logistikdienstleister, beteiligten sich intensiv an der Konzeption der Studie, nach einem „Pretest“ zur Feinabstimmung der Definitionen und der Vorgehensweise konnten 2004 und 2005 die ersten beiden Durchläufe des Aktivitäten-Benchmarkings – als Ergänzung zur „offenen Lagerhausstudie“ - durchgeführt werden. Bei der Ermittlung der Vergleichsdaten für die beiden Ansatzpunkte des Benchmarkings werden der „Top-Down“- und der „Bottom-Up“-Ansatz zur Zuordnung der Inanspruchnahme von Ressourcen auf die Teilprozesse und Aktivitäten kombiniert.

In der offenen Lagerhausstudie werden die Ressourceneinsätze im Lager auf der Ebene des gesamten Lagerprozesses und seiner Teilprozesse ermittelt. Dazu werden diese, bezogen auf Personal, Technik und Flächen bzw. Gebäude, für das gesamte Lager erhoben und durch Befragungen der operativen Mitarbeiter und ergänzende Schätzungen „Top-Down“ den Teilprozessen zugeordnet. Dieses Vorgehen weist Parallelen zum in Abschnitt 6.2.1.2 beschriebenen Vorgehen bei der Anwendung der Prozesskostenrechnung auf. Die Daten zum Ressourceneinsatz werden um quantitative und qualitative Informationen über die Einflussfaktoren und eingesetzte Praktiken vervollständigt. Auf dieser Grundlage erfolgt ein Benchmarking auf Basis der Schlüsselgrößen Produktivität, Qualität und Kosten zur Bewertung der eigenen Leistungsfähigkeit und der Identifikation möglicher Verbesserungsmaßnahmen auf Gesamt- und Teilprozessebene. Als Ergebnis stehen detaillierte Aussagen über Verbesserungspotentiale und erfolgversprechende Praktiken zur Verfügung. Das Benchmarking erfolgt dabei anonym gegen die Datenbank des BMC bzw. ein passendes Vergleichscluster. Zusätzlich können aus der Datenbank und den folgenden Auswertungen „lohnende" Vergleichspartner identifiziert werden. Das BMC kann dann – zunächst unter Wahrung der Anonymität – einen direkten Kontakt der Unternehmen herstellen, um Firmenbesuche im Sinne von CAMP zu ermöglichen.[501] Das Teilprozess-Benchmarking ist zugleich fester Bestandteil des Arbeitskreises Lager, in regelmäßigen Abständen erfolgt die Diskussion und Interpretation der jeweils aktuellen Benchmarking-Ergebnisse in geschlossenen Arbeitskreis-Sitzungen.[502] In den folgenden Ausführungen wird dieser Ansatz als „Teilprozess-Benchmarking" bezeichnet.

Beim „Bottom-Up" Ansatz wird zusätzlich zu den Teilprozessen eine weitere Detaillierungsebene, die den Teilprozessen zugeordnete Aktivitäten (vgl. auch die Definition des Prozessbegriffs in Abschnitt 6.2.1.1), eingeführt. Dabei werden die produktiv eingesetzten Arbeitszeiten für die Durchführung der jeweils möglichen bzw. eingesetzten Abwicklungsformen der Aktivitäten durch Zeitstudien ermittelt. Somit sind deutliche Parallelen zum in Abschnitt 6.2.1.2 vorgestellten „Time-Driven ABC" vorhanden.

Einflussfaktoren und Praktiken werden ebenfalls auf dieser Detaillierungsebene, d.h. bezogen auf die Aktivitäten, erhoben. Die Zielgrößen für den Benchmarking-Vergleich bilden dabei die Arbeitszeiten der einzelnen Aktivitäten sowie die aggregierten Arbeitszeiten für die Teilprozesse, jeweils bezogen auf eine abgewickelte Handlingseinheit.

Die Betrachtung einzelner Aktivitäten gestattet es, den Kreis interessanter Vergleichspartner bedeutend zu erweitern. Durch den modularen Aufbau der generischen Liste der Aktivitäten können einzelne Tätigkeiten auch bei bezüglich des Gesamtprozesses sehr unterschiedlichen Lagern durchaus vergleichbar sein, als Beispiel sei hier das Entladen einer Palette angeführt, das z.B. sowohl in der chemischen Industrie als auch im Versandhandel üblich ist.

So sind detaillierte Aussagen über die Abwicklungsformen auf Aktivitätenebene und über erfolgreiche Praktiken möglich. Aggregiert zu Teilprozessen können die Soll-Arbeitszeiten, unter Berücksichtigung von Erholungs- und Verteilzeiten,[503] mit den Ist-Arbeitszeiten aus dem Teilprozess-Benchmarking verglichen werden und so, entsprechend dem Vorgehen

[501] Dabei bleibt es dem angesprochenen Unternehmen überlassen, ob es einem direkten Kontakt zustimmt, bisher wurden aber ausschließlich positive Erfahrungen bezüglich der Bereitschaft der Unternehmen zu einem direkten Erfahrungsaustausch und gegenseitigen Besuchen gemacht.

[502] „Geschlossen" bedeutet in diesem Zusammenhang, dass nur Unternehmen an der Diskussion der Benchmarking-Ergebnisse teilnehmen, die selbst Daten geliefert haben.

[503] CONERS schlägt einen pauschalen Zuschlag von 30 % für Erholungs- und Verteilzeiten im Bereich Lager vor, vgl. CONERS (2003), S. 257. Da die Ermittlung von Kapazitätsauslastungen nicht Gegenstand des Benchmarking ist, bleibt die Festlegung dieses Zuschlags den Benchmarking-Partnern überlassen.

beim „Time-Driven ABC“, Aussagen über die Kapazitätsnutzung abgeleitet werden. Die Durchführung des Aktivitäten-Benchmarkings findet zunächst im Rahmen des Arbeitskreises statt. Ziel ist es, wie beim Teilprozess-Benchmarking einen Datenpool aufzubauen und somit ein anonymes Benchmarking unabhängig von den „Zyklen“ des Arbeitskreises zu ermöglichen. In Abgrenzung zum „Top-Down“ konzipierten Benchmarking der Teilprozesse wird diese Vorgehensweise im Folgenden als „Aktivitäten-Benchmarking“ bezeichnet.

Bei beiden Ansätzen des Benchmarkings werden Unternehmen aus verschiedenen Branchen zusammengebracht, damit ist diese Studie dem „funktionalen“ bzw. Prozessbenchmarking zuzuordnen (vgl. Kapitel 3.3.4). Durch die Konzeption als branchenübergreifendes Benchmarking können, zusätzlich zu den Verbesserungsideen aus der eigenen Branche, Anregungen und Vorschläge aus anderen Branchen gewonnen werden, in denen unterschiedliche Strukturen und Praktiken vorherrschen. Für Logistikdienstleister ist dabei die Branche des Auftraggebers ausschlaggebend, die eigene Branche „Logistikdienstleistungen“ ist in diesem Zusammenhang weniger aussagekräftig.

Für Logistikdienstleister besteht im Vergleich zu Verladern zusätzlich die Problematik, dass die Lagerhaltung als Kernkompetenz zu sehen ist, nicht als Komplementär- oder Peripheriekompetenz wie bei den Lagern, die von Industrie und Handel selbst betrieben werden. Dabei sind aber auch in diesem Bereich die „Berührungsängste“ eher gering und die Bereitschaft zum offenen Erfahrungsaustausch hoch. Dies belegen die positiven Erfahrungen aus dem Arbeitskreis.

Durch den Blick über Branchengrenzen hinweg wird die Chance erhöht, echte Innovationen zu entdecken. Da die Vergleichbarkeit der unterschiedlichen Benchmarking-Objekte gewährleistet werden muss, ergeben sich daraus aber auch zusätzliche Schwierigkeiten.

Aus diesem Grund hat sich eine enge Zusammenarbeit der Benchmarking-Partner und des BMC bewährt. Bei der Datenerhebung unterstützt das BMC die Teilnehmer durch Hilfestellungen bei möglichen Interpretationsspielräumen hinsichtlich der Definitionen und deren Verständnis. Um einen Blick „hinter die Zahlen“ zu bekommen, werden in einem Besuch des Lagers durch Mitarbeiter des BMC die Lagerprozesse „vor Ort“ analysiert. Ziel dabei ist es, die sog. „weichen Faktoren“ des Benchmarkings zu erfassen, die sich nicht in Kennzahlen ausdrücken lassen. Diese spielen eine entscheidende Rolle bei der Plausibilisierung und Interpretation der im quantitativen Benchmarking erhobenen Kennzahlen.

Die Auswertung der Daten wird durch das BMC vorgenommen und die Interpretation der Ergebnisse entsprechend vorbereitet. Diese werden ausführlich entweder im Rahmen einer Ergebnispräsentation im Fall eines anonymen Benchmarkings gegen die Datenbank oder im Rahmen des Arbeitskreises gemeinsam mit den Benchmarking-Partnern diskutiert.

Eine Verstetigung des Benchmarking-Prozesses kann im Rahmen des Arbeitskreises Lager des BMC erreicht werden. Dadurch kann das ganze Potential des Benchmarkings ausgeschöpft werden. Das Benchmarking findet im Arbeitskreis jährlich statt. Somit wird deutlich, wie sich Maßnahmen im Lager konkret auf die Entwicklung der Zielgrößen (Key Performance Indicators) ausgewirkt und inwieweit sich Maßnahmen der Arbeitskreismitglieder bewährt haben. In den Treffen diskutieren die Teilnehmer dabei nicht nur die Maßnahmen und ihre Umsetzung, sondern auch die Übertragbarkeit auf Lager mit anderen Rahmenbedingungen. Daraus ergeben sich z.B. wichtige Impulse und Anregungen für die Implementierung neuer Techniken oder für eine Anpassung bzw. Erneuerung der Entlohnungsmodelle.

7.2 Benchmarking-Objekt Lager – Charakterisierung des Untersuchungsgegenstands

7.2.1 Exkurs – Funktionen von Lagern in logistischen Ketten

Vor der Operationalisierung des Benchmarkings für die Lagerprozesse werden an dieser Stelle der Begriff Lager definiert und eine Übersicht über die Aufgaben und Funktionen des Lagerns in der Supply Chain gegeben

JÜNEMANN definiert die Lagerei wie folgt:

> „Läger sind Materialflußsysteme mit der Aufgabe des Bevorratens, Pufferns und Verteilens. Je nach Typ dienen sie vorrangig zur Überbrückung einer Zeitdauer oder zum Wechsel der Zusammensetzungsstruktur zwischen Zu- und Abgang.“[504]

Lager sind dabei als fest integrierte Bestandteile der Supply Chain zu sehen. Im Sinne der ganzheitlichen Betrachtung der Materialflüsse können Lager nicht als abgegrenzte Funktion Gegenstand von Optimierungsmaßnahmen sein, ohne die Auswirkungen auf die gesamte Supply Chain zu beachten. Im Zuge moderner Logistik-Konzepte wie des Supply Chain Management können die durchschnittliche Lagerdauer und der Umfang der Lagerbestände z.T. deutlich verringert werden.[505] Besonders deutlich wird dies in der Automobilindustrie, durch die Einführung des Just-in-Time-Konzepts konnte der Bedarf an Lagerflächen erheblich reduziert werden.[506]

Während in diesen Betrachtungsweisen der Eindruck entstehen könnte, Lager seien nichtwertschöpfende Optimierungspotentiale, haben sie in der Praxis sowohl wertschöpfende als

---

[504] JÜNEMANN (1989), S. 143.

[505] Vgl. JÜNEMANN (1989), S. 144.

[506] Vgl. WILDEMANN (1990), S. 280 f.

auch kostensenkende Funktionen. Diese Funktionen der Lagerei werden wie folgt beschrieben:[507]

- Realisierung von Größendegressionen beim Einkauf, Transport oder bei der Produktion von Gütern,
- Überbrückung von zeitlichen Unterschieden zwischen Angebot und Nachfrage, z.B. zur gleichmäßigen Auslastung der Produktionskapazitäten bei saisonaler Nachfrage,
- Entkoppelung arbeitsteiliger Produktionsprozesse, sofern eine synchrone Anlieferung nicht möglich oder nicht sinnvoll ist,
- Spekulationsfunktion bei unsicherem Angebot,
- Sicherheitsbestände zum Ausgleich von Nachfrageschwankungen, die nicht oder nur unzureichend prognostiziert werden können.

7.2.2 Bedeutung von Referenzprozessen für das Benchmarking

Der Referenzprozess ist – wie in der Prozesskostenrechnung die Prozesshierarchie mit Haupt- und Teilprozessen - die Basis für die Erhebung der Kennzahlen in einem Prozessbenchmarking.[508] Dabei hat der Referenzprozess im Benchmarking zusätzlich die Funktion, die strukturelle Vergleichbarkeit der Messdaten sicherzustellen. Leistungsunterschiede dürfen nicht durch unterschiedliche Prozessdefinitionen zustande kommen. Der Referenzprozess bildet damit den definitorischen Rahmen für die Erhebung der Benchmarking-Kennzahlen. Deshalb ist er als idealtypischer Prozess zu verstehen, der in „Reinform" in der Praxis kaum zu finden sein dürfte. Die einzelnen Vorgänge müssen dabei nicht in der beschriebenen Reihenfolge ablaufen. Über diese generische Liste wird vielmehr die Vergleichbarkeit unterschiedlicher Abläufe gewährleistet und sichergestellt, dass die einzelnen Aktivitäten jeweils von allen Benchmarking-Partnern dem gleichen Teilprozess zugeordnet werden. Entscheidend bei der Erhebung der Kennzahlen ist nicht wie oder wann, sondern ob etwas durchgeführt wird und entsprechend gemessen werden kann.

Gleichzeitig bildet der Referenzprozess die grundlegende Struktur der Untersuchung. Auf der Ebene der im Referenzprozess beschriebenen Teilprozesse werden die Daten erhoben und die Ergebnisse abgeleitet.

Bei der Initiierung einer Benchmarking-Untersuchung wird, entsprechend den Ausführungen zur „Analysephase", von den Benchmarking-Partnern typischerweise in Arbeitstreffen bzw.

---

[507] Vgl. PFOHL (1996), S. 99 f.

[508] Vgl. OTTO (1999), S. 23.

Workshops ein für die jeweilige Zielsetzung „passender“ Referenzprozess erarbeitet. So entstand im Rahmen des Arbeitskreises Lager des BMC der Referenzprozess „Lager“, der die Basis der folgenden Darstellungen bildet. Die Definition der Teilprozesse geht auf das Lager-Benchmarking von 1996 zurück, die Definition der Aktivitäten erfolgte in mehreren Treffen des Arbeitskreises in den Jahren 2002/2003.

7.2.3 Referenzprozess Lager „von der Rampe zur Rampe“ – Segmentierung des Lagerprozesses in modulare Teilprozessschritte

7.2.3.1 Physische und informationstechnische Prozesse im Lager

Der Gesamtprozess Lager erstreckt sich vom Wareneingang bis zum Warenausgang, also „von der Rampe bis zur Rampe“ (vgl. Abbildung 26). Direkt dem Lager im Sinne des „TUL-Verständnisses“ der Logistik sind – unabhängig von der jeweiligen Branche - folgende physischen Aktivitäten zuzuordnen:[509]

- Entladen der ankommenden Ladeeinheit aus den Transport- bzw. Lademitteln,
- Vereinnahmung der Waren mit Wareneingangs- und Qualitätskontrolle, z.B. nach Art und Menge,
- Wechseln von Transport- in Lagerbehälter oder Aufbrechen von Paletten z.B. zur sortenreinen Einlagerung,
- Einlagerung, also Verbringung zum Lagerplatz,
- evtl. Umlagerung bzw. Vorholung ins Kommissionierlager,
- Auslagerung, z.B. von Ganzpaletten, oder Kommissionierung,
- Qualitäts- und Mengenkontrollen sowie
- Bereitstellung und Verladen.

Die physischen Materialströme werden von informationstechnischen Aktivitäten auf operativer Ebene begleitet:

- Verbuchung der eingegangenen und eingelagerten Waren,
- Erstellen von Nachschubaufträgen,
- Annahme von Aufträgen, Erstellen von Auslageraufträgen oder Kommissionierbelegen,

[509] Für eine ausführliche Beschreibung der Tätigkeiten im Lager und der eingesetzten Technologien vgl. TEN HOMPEL ET AL. (2003), S. 23 ff.

- evtl. Erstellung von Ladelisten und
- Warenausgangsbuchung.

7.2.3.2 „Value-added"-Prozesse im Lager

Zusätzlich zu diesen „Kernaktivitäten" des Lagers werden von Logistikdienstleistern nicht-logistische oder logistiknahe „Value-added"-Dienstleistungen durchgeführt. Während die „Kernaktivitäten" im Lager eine grundsätzliche Vergleichbarkeit aufweisen, sind „Value-added"-Dienstleistungen in der Regel sehr kundenspezifisch und als „hauptverantwortliche" Leistungen für die starke Heterogenität der Lagerprojekte in der Kontraktlogistik zu nennen. Daher sind sie im Rahmen eines Benchmarkings der Lagerprozesse nicht vergleichbar. So können etwa für leichte Montagetätigkeiten eher Vergleichspartner im produzierenden Gewerbe als in der Logistikdienstleistungsbranche gefunden werden.

Hieraus ergibt sich die Frage, inwieweit „Value-added"-Dienstleistungen im Geflecht der Lagerprozesse eindeutig identifiziert und inwieweit dann eine Betrachtung im Rahmen des Lager-Benchmarkings sinnvoll ist. Dazu muss geklärt werden, wie diese von den übrigen Aktivitäten getrennt erfasst und so ggf. aus dem Lagerbenchmarkinmg ausgeklammert werden bzw. Gegenstand einer eigenen Untersuchung sein können.

Dabei hilft eine Einteilung in nicht-logistische und logistiknahe „Value-added"-Dienstleistungen. Nicht-logistische Dienstleistungen können aufgrund ihres Charakters in den meisten Fällen klar von den Lageraktivitäten getrennt werden. Oft machen diese spezielle Qualifikationen der Mitarbeiter notwendig, was wiederum die Abgrenzung von den betrachteten Lagerprozessen erleichtert. Logistiknahe Aktivitäten dagegen sind oftmals nicht ohne Probleme von den Kernaktivitäten im Lager zu trennen. So finden etwa kundenspezifische Etikettierungen häufig im Zuge der Vereinnahmung der Waren oder bei der Kommissionierung, sowie kundenspezifische und z.T. sehr aufwändige Qualitätskontrollen zusammen mit der Wareneingangsprüfung statt. In einigen Fällen ist sogar eine Vergleichbarkeit mit logistischen Aktivitäten gegeben. So kann z.B. das Kitting oder Konfektionieren für die Produktionsversorgung grundsätzlich mit der Kommissionierung in Versandlagern verglichen werden.

Um die Vergleichbarkeit zu wahren werden bei dem hier dargestellten Benchmarking-Ansatz für die Lagerprozesse nicht-logistische „Value-added"-Dienstleistungen nicht berücksichtigt und sind dementsprechend auch nicht im folgenden Referenzprozess dargestellt. Da sich logistiknahe Aktivitäten in der Regel nicht sauber von den Lageraktivitäten trennen lassen, werden sie durch fundierte Schätzungen soweit wie möglich ausgeschlossen. Beispielsweise werden die Personalkosten speziell qualifizierter Mitarbeiter für einer kundenspezifischen Qualitätskontrolle nicht im Benchmarking berücksichtigt. Da sich auf diese Weise aber nicht der gesamte Einfluss der logistiknahen Tätigkeiten eliminieren lässt, müssen diese entsprechend durch qualitative Informationen bei der Interpretation der Ergebnisse berücksichtigt werden. Bei der Erhebung der Aktivitätenzeiten kann eine genauere Abgrenzung vorgenommen werden. Schätzungen des Zeitanteils von „Value-added"-Dienstleistungen sind durch den hohen Detaillierungsgrad der Untersuchung präziser und damit eher möglich als auf Ebene der Teilprozesse. In jedem Fall müssen solche zusätzlichen Dienstleistungen qualitativ beschrieben werden, da sie meist Einfluss auf die Kernaktivitäten des Lagers haben.

7.2.3.3 Abbildung physischer und informatorischer Prozesse im Referenzprozess

Die oben beschriebenen Aktivitäten werden im Sinne der Vorgehensweise des Lager-Benchmarkings des BMC zu den Teilprozessen Wareneingang, Einlagerung, Lagerung, Kommissionierung/Auslagerung und Warenausgang zusammengefasst. Diese Prozesse bilden den Referenzprozess der Untersuchung. Ihnen werden entsprechend die Personalstunden und der anteilige Technikeinsatz zugeordnet.

Nur durch ein einheitliches Verständnis des Referenzprozesses durch die Benchmarking-Partner kann die grundlegende Vergleichbarkeit der Ergebnisse gewährleistet werden. Der Referenzprozess stellt also sicher, dass Leistungsunterschiede nicht durch unterschiedliche Abgrenzungen bei der Zuordnung der Ressourcen zu erklären sind und die Ergebnisse so verzerrt werden. Wichtig bei der Zuordnung der Aktivitäten zu den Teilprozessen ist nicht, wo eine Tätigkeit, sondern ob sie durchgeführt wird. Beginn und Ende der Teilprozesse im Referenzprozess des Teilprozess-Benchmarkings sind in Abbildung 26 dargestellt.

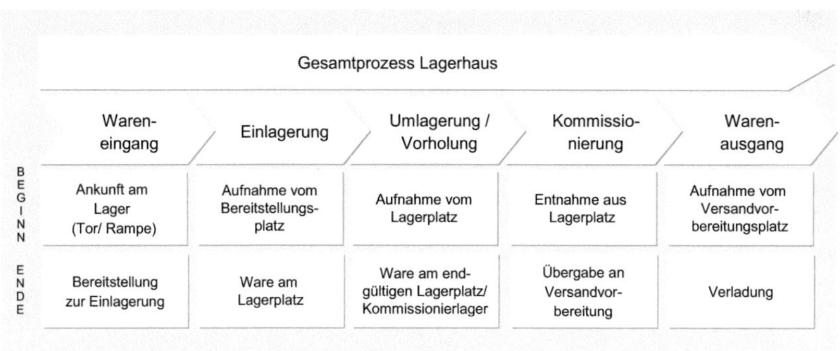

Abbildung 26: Referenzprozess im Lager

Quelle: Eigene Darstellung.

Für das Benchmarking der Arbeitszeiten wird zusätzlich die Ebene der Aktivitäten betrachtet. Dabei werden diese in Anlehnung an das Verständnis in der Prozesskostenrechnung als kleinste Prozessschritte mit eigenem Leistungsziel verstanden, die nicht sinnvoll weiter unterteilt werden können. Die Definition der Aktivitäten erfolgte dementsprechend in Anlehnung an die beschriebenen Telprozesse.

Die ausführlichen Definitionen der einzelnen Aktivitäten mit Beginn, Tätigkeitsbeschreibung und Ende befindet sich in Anhang 5.

Abbildung 27 zeigt den Referenzprozess des Lager-Benchmarkings mit einer generischen Liste der den Teilprozessen zugeordneten Aktivitäten. Dabei müssen - wie bereits dargelegt - die einzelnen Vorgänge nicht in der beschriebenen Reihenfolge ablaufen, vielmehr wird über diese generische Liste die Vergleichbarkeit unterschiedlicher Abläufe gewährleistet.

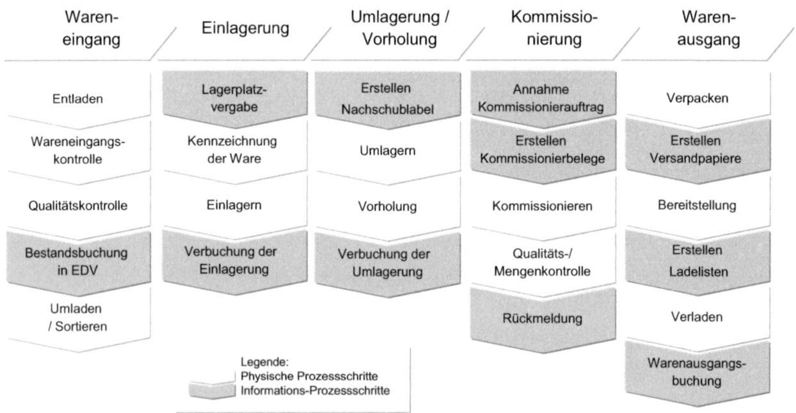

Abbildung 27: Gesamtprozess und Teilprozesse im Lager mit generischem Menü der Aktivitäten

Quelle: Eigene Darstellung.

7.3 Quantitative und qualitative Elemente des Benchmarking – Kennzahlen und Beschreibungen der Abläufe und Praktiken

Wie bereits dargestellt wurde, ist eine Beschränkung hinsichtlich des Umfangs des Zielsystems beim Benchmarking sinnvoll. Auf diese Weise werden unübersichtliche Datensammlungen vermieden, die nicht oder nur schwer interpretierbar sind. Die betrachteten Ziele im

Teilprozess-Benchmarking sind Produktivität, Qualität und Kosten sowie im Aktivitäten-Benchmarking die Arbeitszeiten.

Beim Benchmarking der Ressourceneinsätze werden die Schlüsselgrößen oder Key Performance Indicators (KPI) Produktivität, Qualität und Kosten zunächst auf der Ebene des Gesamtprozesses ermittelt. Im Anschluss daran erfolgt die Erhebung dieser KPI entsprechend für die Teilprozesse. Dadurch werden die Vorgänge im Lager transparent, Aussagen auf Ebene der Teilprozesse sind möglich. Beim Aktivitäten-Benchmarking werden die Soll-Arbeitszeiten für die einzelnen Aktivitäten durch Zeitstudien ermittelt.

Die Konzeption des Kennzahlensystems und die Umsetzung zur Datenerhebung in strukturierten Fragebögen jeweils für das Benchmarking der Teilprozesse und der Aktivitäten ist Gegenstand des folgenden Abschnitts.

7.3.1 Konzeption eines Kennzahlensystems: Zielgrößen und Einflussfaktoren

7.3.1.1 Zielgrößen

Die Zielgrößen bilden die Grundlage für den eigentlichen Benchmarking-Vergleich. Anhand der KPI werden die Benchmarking-Partner gegenüber gestellt und somit ein Ranking aufgestellt.

Dabei erscheint eine Konzentration auf drei Zielgrößen sinnvoll. Beim Benchmarking der Teilprozesse werden die Schlüsselgrößen oder KPI Produktivität, Qualität und Kosten gebildet.

Zur Festlegung der KPI werden jeweils bezogen auf den Gesamtprozess und die einzelnen Teilprozesse Kosten- und Leistungsdaten ermittelt und mit den jeweiligen Outputgrößen ins Verhältnis gesetzt. In der beschriebenen Untersuchung werden folgende Kosten- und Leistungsdaten verwendet:

- Ressourceneinsatz: geleistete Mannstunden/aufgewandte Arbeitszeit, Investitionen in Technik und Gebäude / Grundstücke,
- Qualität: Anzahl fehlerhafte Positionen und Lieferungen im Warenausgang (auf Basis qualifizierter Reklamationen[510]) und
- Kosten: Raum-, Personal- und Technikkosten.

[510] Durch die Beschränkung auf qualifizierte Reklamationen werden nur Fehler betrachtet, die dem Lager zuzurechnen sind. So wird eine Verzerrung durch Reklamationen vermieden, die auf Fehler anderer Stufen, z.B. auf Produktfehler oder Retouren aufgrund eines Rückgaberechts der Käufer, beruhen.

Der Output wird in Aufträgen bzw. Sendungen (dies erfolgt nur für den Gesamtprozess), Handlingseinheiten, Lieferscheinpositionen, Volumen und Gewicht gemessen. Daraus lassen sich die KPI in folgenden Dimensionen ableiten:

- Produktivität: Aufträge pro Mannstunde, Positionen pro Mannstunde, Handlingseinheiten pro Mannstunde, Tonnen pro Mannstunde, m³ pro Mannstunde,
- Qualität: Anteil fehlerhafte Positionen, Anteil fehlerhafter Lieferungen und
- Kosten (Technik, Personal): Kosten pro Position, Kosten pro Handlingseinheit, Kosten pro Tonne, Kosten pro m³.

Die Produktivität wird schwerpunktmäßig als Personalproduktivität gesehen[511], da - wie bereits dargestellt - der effiziente Mitarbeitereinsatz zentrales Ziel des Managements von Logistikdienstleistern ist. Bei den Kosten werden die Raum- und Flächenkosten bewusst nicht zur Bildung der KPI herangezogen. Sie sind als – durch das Lager- bzw. Projektmanagement - nicht veränderbarer Strukturfaktor zu interpretieren, da das Ziel des Benchmarkings die Untersuchung der Prozessleistung ist und Verzerrungen durch die regionale Lage des Lagers, z.B. in Ballungsräumen mit entsprechend hohen Flächenkosten, vermieden werden sollen.

Zur Darstellung der z. T. konkurrierenden Ziele im Lager ist die übersichtliche Darstellung in einem Diagramm von Vorteil. Auf diese Weise werden Zielbeziehungen und Zielkonflikte deutlich. So kann der Zusammenhang zwischen Qualität und Kosten dargestellt und bei der Interpretation berücksichtigt werden, um etwa eine Reduzierung der Kosten zu Lasten der Qualität zu vermeiden.

Die drei Zielgrößen lassen sich übersichtlich in einer Grafik darstellen. Zur Darstellung werden hier sogenannte Blasendiagramme verwendet, die im beschriebenen Benchmarking-Ansatz als KPI-Portfolio bezeichnet werden (vgl. Abbildung 28):

- Auf der x-Achse wird die Produktivität angezeigt. Je produktiver ein Lager ist, desto weiter rechts wird es einpositioniert.
- Die y-Achse zeigt die Qualität an. Erreicht ein Lager „null Fehler“ erscheint die dazugehörige Blase am oberen Rand.
- Die Größe des Kreises stellt die entsprechende Höhe der Kosten dar.

Daraus ergibt sich, dass eine Position im rechten oberen Bereich des Portfolios bei kleinem Kreisdurchmesser anstrebenswert ist.

[511] Aus den Daten des Teilprozess-Benchmarkings lassen sich auch Investitions- bzw. Flächenproduktivitäten bilden, diese werden aber nicht als Zielgrößen verwendet, vgl. Kapitel 6.2.2.2.

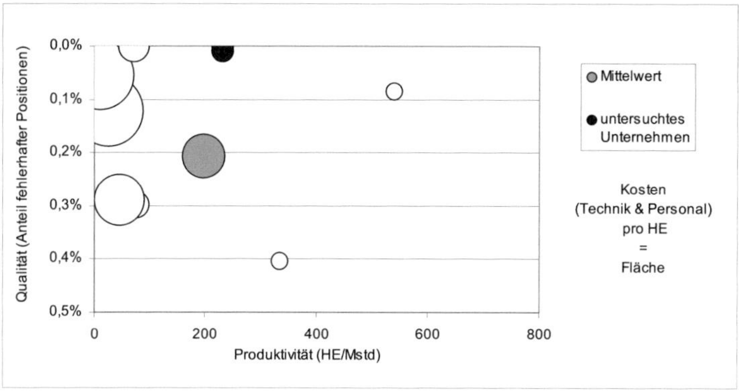

Abbildung 28: KPI-Portfolio des Gesamtprozesses Lager mit Beispieldaten

Quelle: Eigene Darstellung.

7.3.1.2 Einflussfaktoren

Leistungsunterschiede lassen sich nicht nur durch bessere oder weniger gute Prozessabläufe erklären, sondern sind z.T. stark durch unterschiedliche Rahmenbedingungen der Lager beeinflusst. Die Werte der Zielgrößen in den untersuchten Lagern streuen erwartungsgemäß. Abbildung 29 und 30 zeigen die Verteilung der Datensätze aus der Datenbank des BMC hinsichtlich der Produktivität (Positionen pro Mannstunde operativ) und der Kosten (Technik- und Personalkosten pro Position), bezogen auf den Gesamtprozess.

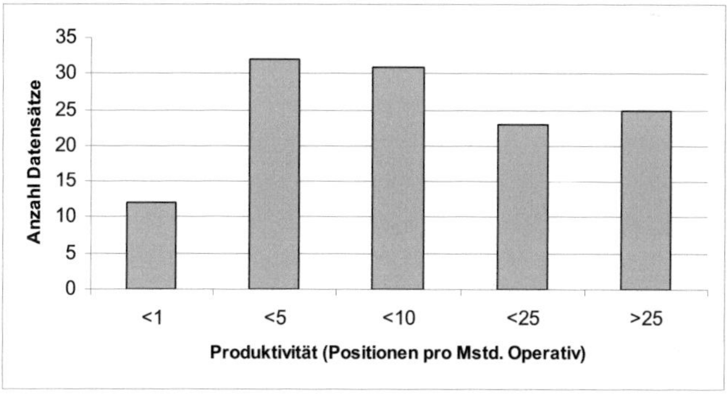

Abbildung 29: Verteilung der Datensätze hinsichtlich der Produktivität (Positionen pro Mannstunde operativ)

Quelle: Eigene Darstellung.

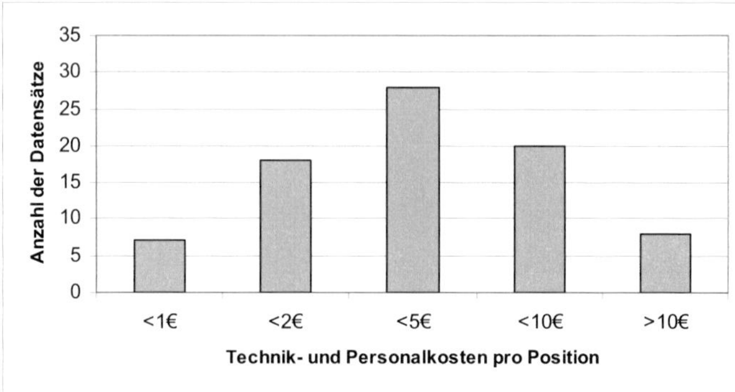

Abbildung 30: Verteilung der Datensätze hinsichtlich der Kosten (Technik- und Personalkosten pro Position)

Quelle: Eigene Darstellung

Diese Zahlenbeispiele zeigen, dass nur durch die Beachtung individueller Gegebenheiten eine grundsätzliche Vergleichbarkeit der Lager auf Ebene des Gesamtprozesses und der Teilprozesse sichergestellt und damit interpretierbare Ergebnisse erzielt werden können. Neben den Zielgrößen zur Bewertung der Leistungs- und Kostenstrukturen der untersuchten Lagerstandorte ist eine Betrachtung der Rahmenbedingungen - die die Zielgrößen entsprechend beeinflussen - essentiell.

Es muss also identifiziert werden, inwieweit sich die Leistung eines Lagers aus den eingesetzten Abwicklungsformen ergibt und inwieweit günstige oder ungünstige Rahmenbedingungen das Ergebnis beeinflussen. Deshalb wird zwischen vorgegebenen Rahmenbedingungen bzw. Strukturfaktoren und beeinflussbaren Treiberfaktoren unterschieden. Strukturfaktoren können durch das Lagermanagement nicht oder nur langfristig beeinflusst werden. Beispiele sind die Art der gelagerten Güter oder die Auftragsstruktur. Innerhalb dieser Struktur wird die Leistung durch die Treiberfaktoren bestimmt (z.B. Art der eingesetzten Technik, Entlohnungsmodelle, etc.). Aus den erfassten Treiberfaktoren lassen sich Stellhebel für zukünftige Maßnahmen ableiten.

Zur systematischen Darstellung von Ursache-Wirkungsbeziehungen wird das Ishikawa- oder Fischgrätendiagramm genutzt. An den einzelnen Ästen sind die Einflussfaktoren bzw. Ursachen, gegliedert nach den Haupteinflussgrößen Technik, Organisation, Personal und Objekte bzw. Sendungen, dargestellt. Auf diese Weise werden die Einflussfaktoren systematisch erfasst und strukturiert aufgeführt. Abbildung 31 zeigt die Darstellung von Einflussfaktoren auf die Zielgrößen Produktivität, Qualität und Kosten im Lager.

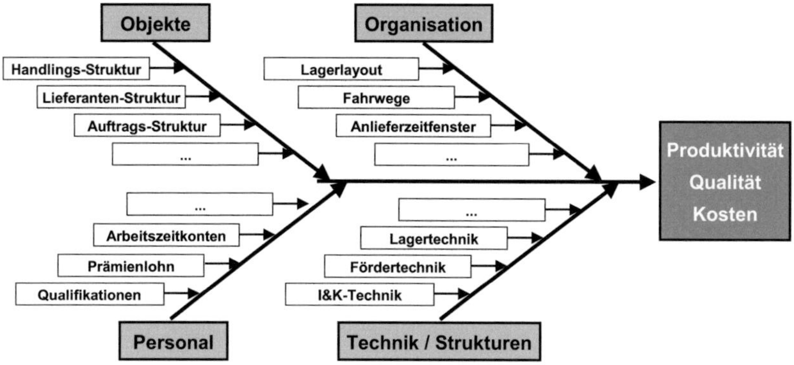

Abbildung 31: Einflussfaktoren im Ursache-Wirkungsdiagramm

Quelle: Eigene Darstellung, vgl. auch KLAUS ET AL. (1996), S. 48 ff. und KRUPP (2004), S. 238.

Einflussgrößen der Kategorie „Objekte/Sendungen" lassen sich relativ leicht direkt quantifizieren. So kann der Anteil Pakete oder Paletten Inbound und Outbound genau angegeben werden, auch die Anzahl der vorrätigen Artikel und die Artikelstruktur, etwa nach Zugriffshäufigkeit, werden zahlenmäßig erfasst.

In Einzelfällen wird zur Quantifizierung der Einflussfaktoren auf Hilfsgrößen zurückgegriffen, so werden als Indikator für die Motivation des Personals die Metriken „Fluktuation" und „Krankenstand" verwendet.

Allerdings lassen sich nicht alle Einflussfaktoren quantitativ darstellen. Einige Einflussfaktoren, wie etwa der Einsatz einer Prämienentlohnung oder flexibler Arbeitszeitkonten lassen sich nur qualitativ sinnvoll beschreiben. Sie werden entsprechend durch qualitative Elemente im Fragebogen aufgenommen.

7.3.2 Fragebogen und Datenerhebung

7.3.2.1 Fragebögen als Instrument der Datenerhebung

Die Datenerhebung erfolgt wie bereits erwähnt mittels strukturierter Fragebögen. Dabei werden quantitative und qualitative Informationen abgefragt. Für die beiden Ansätze des Benchmarkings, die getrennt voneinander durchgeführt werden können, wurden zwei separate Fragebögen entworfen. Vor allem bei den Angaben zum Mengengerüst sind dabei gewisse Redundanzen unvermeidbar bzw. beabsichtigt. Die Struktur der Teilprozesse findet sich in beiden Fragebögen wieder.

Im Fragebogen des Teilprozess-Benchmarkings werden folgende Angaben erhoben:

- Allgemeine Angaben: Erhebungszeitraum, Adressdaten und Ansprechpartner, Angaben zum Unternehmen und zum Lagerstandort (Umsatz, Beschäftigte);
- Strukturelle Angaben zum Lagerstandort: Flächen, Raumkosten, Energiekosten, Kapazitätsauslastung, Artikelstruktur, Durchsatz und Lagerumschlag, Praktiken und Einflussfaktoren auf Gesamtprozessebene;
- Angaben zur Sendungsstruktur Inbound und Outbound: Angaben zu Kunden und Lieferanten, Mengenangaben, Lieferzeiten und Qualitäten;
- Ressourceneinsatz Personal und Mannstunden: Anzahl der Mitarbeiter, Fluktuation, Krankenstand, Personalaufwand, Anzahl Mannstunden (operativ und administrativ) und Aufteilung der Mannstunden auf die Teilprozesse, Praktiken beim Personaleinsatz;
- Ressourceneinsatz Technik: Kalkulatorische Abschreibungen und Instandhaltungskosten (aufgeteilt in Lagertechnik, Fördertechnik, sonstige Technik und EDV), Aufteilung der Technikkosten auf die Teilprozesse;
- Teilprozesse Wareneingang bis Warenausgang: Mengen, Klassifizierung der Handlingseinheiten, Anzahl der physischen Zugriffe, Qualität sowie Abwicklungsformen und Praktiken. In der Kommissionierung erfolgt zusätzlich eine Unterscheidung nach Lagertypen.

Der Fragebogen des Aktivitäten-Benchmarkings ist wie folgt aufgebaut:

- Allgemeine Angaben: Adressdaten und Ansprechpartner, Angaben zum Unternehmen (Umsatz, Beschäftigte);
- Allgemeine Angaben zum Lagerstandort: Angaben zu Flächen, Artikelstruktur und Mengenangaben;
- Teilprozesse Wareneingang bis Warenausgang: Aktivitätenzeiten differenziert nach Abwicklungsformen, Mengenangaben auf Teilprozess- und Aktivitätenebene, Einflussfaktoren und Praktiken der Aktivitäten.

Die Fragebogen wurden mit MS Excel in elektronischer Form realisiert. Somit können die Daten elektronisch erfasst und weiterverarbeitet werden. Der Fragebogen des Teilprozess-Benchmarkings befindet sich in Anhang 3, der Fragebogen des Aktivitäten-Benchmarkings in Anhang 4 der Arbeit.

Zur Sicherung der Datenqualität ist eine präzise Beschreibung der im Fragebogen abgefragten Informationen von zentraler Bedeutung. Nur durch klare Definitionen kann ein durchgängig gleiches Verständnis der erhobenen Daten durch die Benchmarking-Partner gewährleistet werden. Aus diesem Grund wurden zu jedem Datenfeld kurze Definitionen in den Fragebogen eingefügt. Zusätzlich besteht ein ständiger Kontakt der Benchmarking-Partner bei der Datenerhebung mit dem BMC, um eventuell auftretende Unklarheiten umgehend auszuräumen.

7.3.2.2 Erhebung der quantitativen Daten – Betriebsdatenerfassung und Zeitstudien

Entsprechend dem „Top-Down" Ansatz des Teilprozess-Benchmarkings kann bei der Datenerhebung auf die Betriebsdatenerfassung und auf Daten des Lagerverwaltungssystems und/oder des ERP-Sytems zurückgegriffen werden.

Diese Daten liegen im Normalfall nicht auf der Ebene der Teilprozesse vor. Bei der Aufteilung des Ressourceneinsatzes auf die Teilprozesse werden mehrere Vorgehensweisen eingesetzt: Flächen können entsprechend ihrer Beanspruchung in den Teilprozessen etwa aus dem Lagerplan ermittelt werden. Bei der Aufteilung der Technikkosten hilft die Einteilung in Förder-, Lager- und sonstige Technik. Fördertechnik wird schwerpunktmäßig im Wareneinund -ausgang, bei der Einlagerung und bei der Umlagerung eingesetzt, Lagertechnik tendenziell in den Teilprozessen Einlagerung, Umlagerung und Kommissionierung. Sofern sich die eingesetzte Technik nicht eindeutig den Teilprozessen zuordnen lässt oder von mehreren Teilprozessen in Anspruch genommen wird – z.B. ein Gabelstapler, der sowohl im Wareneingang als auch im Warenausgang eingesetzt wird – erfolgt eine Aufteilung durch Schätzung.

Die Mannstunden werden im Gegensatz dazu bei der isolierten Durchführung des Teilprozess-Benchmarkings durch Befragungen der Mitarbeitern und ggf. ergänzende Schätzungen aufgeteilt.

Im Ansatz des Aktivitäten-Benchmarkings werden zusätzlich die Soll-Arbeitszeiten für die Durchführung der einzelnen Aktivitäten durch Zeitstudien ermittelt. Dabei stehen aus den Arbeitswissenschaften – neben der Möglichkeit von Schätzungen - eine Reihe erprobter Verfahren zur Bestimmung von Soll-Zeiten zur Verfügung.[512] Abbildung 32 zeigt einen Überblick über die Arten von Zeitstudien zur Ermittlung der Soll-Arbeitszeiten.

[512] HETTINGER ET AL. (1993), S. 360 ff., HEINZ ET AL. (1989), S. 13.

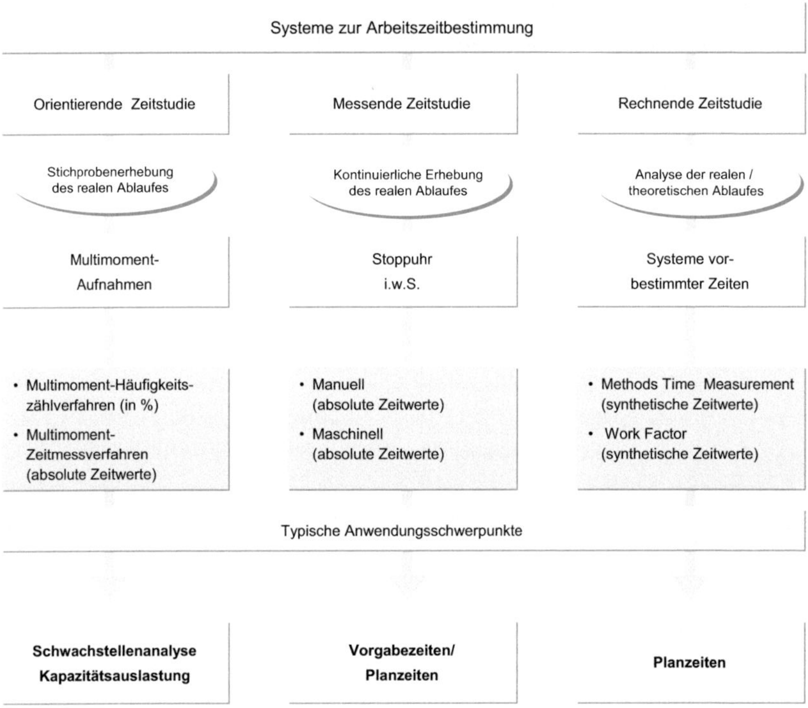

Abbildung 32: Überblick über Zeitmessverfahren

Quelle: Eigene Darstellung nach HETTINGER ET AL. (1993), S. 361.

Dabei wird an die REFA-Methode der Zeitaufnahme bzw. die messenden Zeitstudien angeknüpft.[513] REFA definiert die Zeitaufnahme wie folgt:

> „Zeitaufnahmen bestehen in der Beschreibung des Arbeitssystems, im besonderen des Arbeitsverfahrens, der Arbeitsmethode und der Arbeitsbedingungen, und in der Erfassung der Bezugsmengen, der Einflußgrößen, der Leistungsgrade und Ist-Zeiten für einzelne Ablaufschritte, deren Auswertungen ergeben Soll-Zeiten für bestimmte Ablaufschritte."[514]

Durch Zeitmessungen werden so bei „Normalleistung" Soll-Zeiten für die Durchführung der Aktivitäten, jeweils differenziert nach Abwicklungsformen, also nach dem Arbeitsverfahren bzw. der Arbeitsmethode, ermittelt. Da Ziel der Zeitmessung nicht die Leistungsmessung einzelner Mitarbeiter ist sondern die Ermittlung von durchschnittlichen Soll-Arbeitszeiten,

[513] Vgl. ausführlich REFA (1978), S. 79 ff.

[514] REFA (1978), S. 81.

muss nach § 87 Betriebsverfassungsgesetz der Betriebsrat nicht einbezogen werden. Es hat sich aber als sinnvoll herausgestellt, den Betriebsrat über die Zeitmessungen und vor allen Dingen die Zielsetzung der Untersuchungen zu informieren. Auf diese Weise lässt sich die Akzeptanz der Benchmarking-Studie bei den Mitarbeitern erhöhen.

Die Zeitmessungen für die Aktivitäten erfolgen differenziert nach den definierten Abwicklungsformen durch die Arbeitskreismitglieder. Dazu wurden über einen Zeitraum von etwa sechs Wochen insgesamt ca. 50 Messungen durchgeführt,[515] um die Normalleistung zu erfassen. Neben der genauen Identifizierung der Aktivitäten entsprechend der Definitionen wurde in Zusammenarbeit mit der operativen Lagerleitung eine repräsentative „Stichprobe" der Mitarbeiter zur Zeitmessung ausgewählt.

7.3.2.3 Erhebung der qualitativen Daten – Beschreibung von Abwicklungsformen und Practices

In Ergänzung zu den quantitativen Kennzahlen werden auch qualitative Erklärungen für die Leistung der Lager gesucht. Dazu werden die Prozessabläufe dokumentiert und Informationen über die eingesetzten Praktiken und qualitative Einflussfaktoren erhoben.

Die Dokumentation der Prozessabläufe wird mit Hilfe von Prozessdiagrammen umgesetzt. Dabei wird – aufsetzend auf die generische Liste der Aktivitäten – festgehalten, welche Tätigkeiten im Lager durchgeführt und welche Abwicklungsformen eingesetzt werden. Die Erfassung der Abwicklungsformen wird in morphologischen Kästen, die jeweils die möglichen Abwicklungsformen der einzelnen Aktivitäten beschreiben, umgesetzt. Die Identifizierung der Abwicklungsformen erfolgte in enger Zusammenarbeit mit den Arbeitskreismitgliedern im Zuge der Entwicklung des Aktivitäten-Benchmarkings.

Auf Ebene der Teilprozesse werden so die verschiedenen Abläufe mit den quantitativen Kennzahlen bewertet, beim Aktivitäten-Benchmarking werden zusätzlich die jeweiligen Zeitbedarfe ermittelt. Die Praktiken beim Technikeinsatz ergeben sich aus den Abwicklungsdiagrammen der Teilprozesse. Auf diese Weise können allerdings nicht alle Praktiken erfasst werden. Aus diesem Grund werden im Fragebogen zusätzliche Informationen über jeweils eingesetzte Praktiken abgefragt. So werden Angaben, die das gesamte Lager betreffen, z.B. saisonale Schwankungen, und Praktiken beim Personaleinsatz, wie Arbeitszeitkonten oder Entlohnungs- und Anreizsysteme, erhoben. Bezogen auf die Teilprozesse wird beispielsweise erfasst, ob und wie genau eine Lieferavisierung durchgeführt wird, auf welche Weise die Lagerplatzvergabe (fest, chaotisch/dynamisch) und auf welche Art die Kommissionierung

[515] In den Arbeitskreissitzungen wurden anfangs Überlegungen angestellt, 100 und mehr Messungen durchzuführen. Bei der Durchführung der Studie hat sich jedoch gezeigt, dass bereits bei ca. 50 Messungen stabile Ergebnisse erzielt werden können.

erfolgt (z.B. „Pick by Light“, „Pick by Voice“). Die vollständige Liste der erhobenen qualitativen Daten ist im Fragebogen des Teilprozess-Benchmarkings in Anhang 3 enthalten.

Diese im Fragebogen erfassten Informationen werden durch einen Besuch des Lagers vor Ort durch Mitarbeiter des BMC validiert und ergänzt. Dabei besteht die Möglichkeit auch „unstrukturierte“, d.h. schwer in einem Fragebogen zu erfassende Informationen zu berücksichtigen. Zu diesem Zweck hat sich neben der schriftlichen Erfassung auch die Aufnahme von Fotos zur Visualisierung der Eindrücke bewährt.

Zusätzlich können bei den Präsentationen der Benchmarking-Ergebnisse durch das BMC im Falle eines anonymen Benchmarking gegen die Datenbank fundierte Aussagen über Praktiken der Benchmarking-Partner getroffen werden.

7.3.3 Ergebnisse des Benchmarkings – Ranking und Interpretation zur Ableitung von Best Practices

Sicherstellen der Vergleichbarkeit – Auswahl geeigneter Vergleichspartner

Beim Benchmarking der Teilprozesse geschieht die Auswahl geeigneter Vergleichspartner in einem ersten Schritt durch die Bildung von Vergleichsclustern. Als Kriterium zum Bilden dieser Vergleichscluster hat sich die Art der Handlingseinheiten als nützlich und praxistauglich erwiesen. Die Handlingscharakteristika bestimmen maßgeblich die grundlegenden Abwicklungsformen im Lager und haben einen entsprechend signifikanten Einfluss auf die Produktivität und die Kosten.

Dieses Kriterium ist für die Benchmarking-Partner logisch nachvollziehbar und stellt die Transparenz der Auswahl und somit die Akzeptanz der Ergebnisse sicher. Zur Bildung der Vergleichscluster werden zwei Gruppen von Handlingseinheiten unterschieden: die „paketähnlichen“, z.B. Pakete oder Behälter, und die „palettenähnlichen“, z.B. Paletten oder Gitterboxen. In diesen beiden Kategorien lässt sich die Sendungsstruktur der meisten Lager beschreiben, Sonderformen wie z.B. Coils oder Sperrgut können nur schwer verglichen werden.

Beim Teilprozess-Benchmarking werden zwei Vergleichscluster entsprechend der Struktur der Handlingseinheiten im Wareneingang (Inbound) und der Handlingseinheiten im Warenausgang (Outbound) gebildet. Weist ein Lager im Warenausgang überwiegend oder ausschließlich Pakete auf, kann ein Vergleichscluster etwa nach dem Kriterium „Anteil Pakete im Warenausgang > 90%“ formuliert werden.

Der Gesamtprozess sowie die Teilprozesse Kommissionierung und Warenausgang werden dann mit dem Cluster „Sendungsstruktur im Warenausgang“, die Teilprozesse Wareneingang, Einlagerung und Umlagerung mit dem Cluster „Sendungsstruktur im Wareneingang“ verglichen.

Beim Aktivitäten-Benchmarking dagegen muss zunächst die Vergleichbarkeit auf Ebene der einzelnen Aktivitäten sichergestellt werden. Haupteinflussfaktoren sind hier neben der Art der Handlingseinheiten die Abwicklungsformen. So macht es wenig Sinn, die Arbeitszeiten für das Verladen einer Palette mit dem Gabelstapler und das Entladen eines Paketes auf ein Förderband zu vergleichen.

Bei der Aggregierung der Aktivitätenzeiten auf die Teilprozessebene tritt die Struktur der Handlingseinheiten in den Vordergrund, wie beim Teilprozess-Benchmarking bestimmt sie die Vergleichbarkeit entscheidend. Die unterschiedlichen Abwicklungsformen stellen dann durch den Kunden vorgegebene Strukturfaktoren oder durch die Einführung neuer Praktiken beeinflussbare Treiberfaktoren dar.

Abbildung 33 zeigt das Prozessdiagramm in der Kommissionierung mit Beispielen für in Anspruch genommene Arbeitszeiten, bezogen auf eine Handlingseinheit. In Anhang 5 befinden sich die ausführlichen Definitionen der einzelnen Teilprozesse und die Morphologien der Abwicklungsformen.

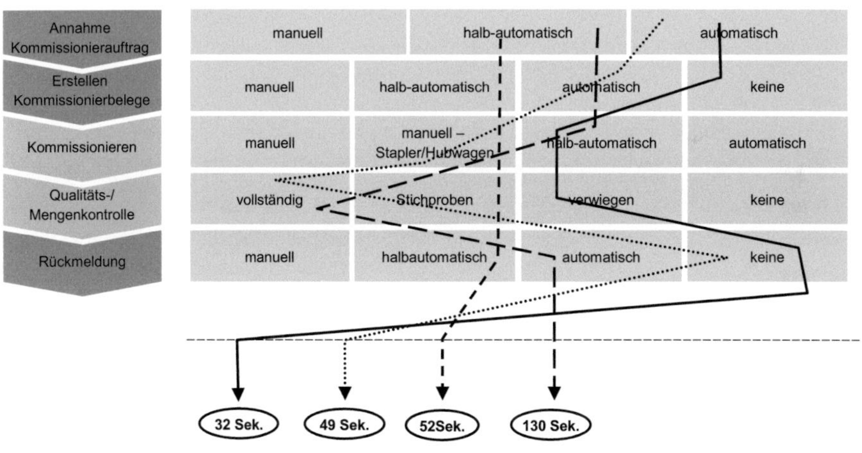

Abbildung 33: Prozessdiagramm und Morphologien der Abwicklungsformen in der Kommissionierung

Quelle: Eigene Darstellung.

Ranking der verglichenen Prozessschritte auf modularer und aggregierter Ebene

Wenn die grundlegende Vergleichbarkeit der Benchmarking-Partner gegeben ist bzw. geeignete Vergleichscluster gebildet wurden, erfolgt die Einpositionierung der Lager nach den Zielgrößen Produktivität, Qualität und Kosten. Die unterschiedlichen Dimensionen der Zielgrößen bestimmen die jeweils zu wählende, „passende" Betrachtungsebene. So ist beispielsweise bei einem Lager mit einem hohen Anteil an Aufträgen, die viele Artikel umfassen, ein Vergleich mit einem Lager, das überwiegend Aufträge mit einem oder wenigen Artikel abwickelt, auf Basis der Lieferscheinpositionen sinnvoll, während ein Vergleich auf Basis der abgewickelten Aufträge wenig aussagekräftig ist. Neben der tabellarischen Darstellung der Rankings werden zur Visualisierung der Zielgrößen die bei der Vorstellung der Zielgrößen beschriebenen KPI-Diagramme verwendet.

Nach der Bestimmung der Gesamtleistung des Lagers hinsichtlich der KPI erfolgt eine Einpositionierung für jeden einzelnen Teilprozess. So können mögliche Schwachstellen identifiziert und Stellhebel für Verbesserungen der Gesamtleistung erkannt werden. Dabei hat sich gezeigt, dass auch hinsichtlich der Gesamtleistung führende Lager meist bei einem oder mehreren Teilprozessen gegenüber den Benchmarking-Partnern weniger gute Ergebnisse erzielen. Diese Unterschiede stellen nicht zwingend Leistungslücken dar, teilweise sind sie auch durch „Trade-Off"-Überlegungen bedingt. So macht beispielsweise die Optimierung der Kommissionierung meist entsprechend aufwändige Umlagerungen bzw. Vorholungen notwendig. In jedem Fall rechtfertigen sie auch beim (bezogen auf den Gesamtprozess) Klassenbesten (Best-in-Class) die Untersuchung der Teilprozesse.

Beim Aktivitäten-Benchmarking erfolgt das Ranking auf Ebene der Aktivitäten sowie aggregiert zu Teilprozessen und zum Gesamtprozess. Dadurch können zum einen die Möglichkeiten zur Identifizierung von Verbesserungspotentialen des Teilprozess-Benchmarkings weiter ausgebaut werden. Zum anderen werden Leistungsunterschiede innerhalb der einzelnen Aktivitäten sichtbar.

Interpretation mit Hilfe der Einflussfaktoren

Mit Hilfe der Einflussfaktoren werden Gründe für das „Abschneiden" des Lagers hinsichtlich der KPI gesucht. Sie geben Auskunft darüber, warum ein Unternehmen im Benchmarking-Vergleich gut oder schlecht positioniert ist. Erst durch die gemeinsame Betrachtung der erzielten Leistung und der dabei eingesetzten Praktiken werden konkrete Schlüsse auf Verbesserungsmaßnahmen möglich. Die Strukturfaktoren liefern dabei Ansatzpunkte zur Erklärung der Leistungslücke. So kann ein unterschiedlicher Durchschnitt der Anzahl der Handlingseinheiten pro Lieferscheinposition ein Erklärungsansatz für unterschiedliche

Leistungen sein, der nicht durch das Lagermanagement beeinflusst werden kann und so als Strukturfaktor gesehen wird.[516]

Unterschiedliche Ausprägungen der Treiberfaktoren deuten dagegen auf Verbesserungspotentiale hin. So lässt das Verhältnis von Technik- und Personalkosten Rückschlüsse auf den „passenden" Technikeinsatz zu. Diese Faktoren sind daher als mögliche Stellhebel für eine Verbesserung der Leistung in den einzelnen Prozessen des Lagers zu sehen. Auf diese Weise können nicht nur die Leistungslücken erklärt, sondern auch konkrete Verbesserungsmaßnahmen abgeleitet werden.

Die Betrachtung der Arbeitszeiten unterstützt die Interpretation der Ergebnisse des Teilprozess-Benchmarkings. Wie bereits dargestellt können die unterschiedlichen Abwicklungsformen sowohl als Struktur- als auch als Treiberfaktoren interpretiert werden. Je nachdem ob diese durch den Kunden fest vorgegeben sind oder – auch in Abstimmung mit dem Kunden - beeinflusst bzw. geändert werden können, ergeben sich also Hinweise auf Verbesserungsmöglichkeiten. Fest vorgegebene Abläufe können detailliert mit den Arbeitszeiten der einzelnen Aktivitäten beschrieben werden. Auf diese Weise lassen sich die Kostenstrukturen detailliert bewerten und den Kunden darlegen.

Berichtssysteme und Reporting

Die Ergebnisse der offenen Lagerhausstudie werden in einem firmenspezifischen Endbericht aufgezeigt. Die Vergleichswerte bleiben dabei anonym.

In der Auswertung wird jeweils für den Gesamtprozess und die einzelnen Teilprozesse der Rang des eigenen Unternehmens im Teilnehmerfeld bzw. in der Vergleichsgruppe dargestellt. Dabei werden die Zielgrößen tabellarisch dem Maximum, Minimum und Mittelwert der übrigen Datenbasis gegenübergestellt. Dementsprechend erfolgt auch die Einpositionierung des Lagers in das KPI-Portfolio gegenüber der Datenbank und dem Mittelwert.

Die Einflussfaktoren werden ebenfalls gesondert für den Gesamtprozess, Wareneingang, Einlagerung, Kommissionierung und Warenausgang ermittelt. Auch hier ist die Gegenüberstellung der eigenen Werte mit den Werten von Maximum, Minimum und Mittelwert der übrigen Datenbasis in Form einer Tabelle realisiert. Dabei sind jeweils die Daten des Klassenbesten (Best-in-Class) bezüglich Produktivität, Qualität und Kosten (jeweils bezogen auf Positionen, Handlingseinheiten, Volumen und Gewicht) dargestellt.

Aus den qualitativen Analysen werden dann jeweils Aussagen über eingesetzte Praktiken der Best-in-Class gemacht.

---

[516] Dabei können aus dem Benchmarking durchaus Erkenntnisse gewonnen werden, welche Auswirkungen, z.B. die (langfristige) Beeinflussung des Bestellverhaltens der Endkunden, auf die Leistung des Lagers haben.

Die Ergebnisse des Aktivitäten-Benchmarking fließen in diese Betrachtungen mit ein, außerdem erfolgt hier die Darstellung der Zeitdauern der einzelnen Aktivitäten in den Prozessdiagrammen sowie der aggregierten Zeiten auf Teil- und Gesamtprozessebene.

Zusätzlich zur ausführlichen Darstellung der Benchmarking-Ergebnisse werden Reports und „Executive Summaries" erstellt, die die relevanten Ergebnisse beinhalten. Darin werden die KPI auf Basis der entsprechend der spezifischen Gegebenheiten aussagekräftigsten Bezugsgröße und die Struktur- und Treiberfaktoren mit dem höchsten Einfluss zusammengestellt.

Die Ergebnisse des Benchmarkings werden in einem gemeinsamen Ergebnis-Workshop oder im Rahmen des Arbeitskreises diskutiert und interpretiert. Beim Benchmarking gegen die Datenbank des BMC wird im Anschluss an die Ermittlung der Benchmarking-Ergebnisse der Kontakt zu „lohnenden" Vergleichspartnern gesucht. Im Benchmarking-Arbeitskreis können Vor- und Nachteile einzelner Praktiken oder Lösungsstrategien bei ähnlichen Problemen unmittelbar besprochen werden. Dabei werden die persönlichen Diskussionen zu den Kennzahlen, vor allen Dingen aber der Erfahrungsaustauch über die eingesetzten Praktiken mit den Benchmarking-Partnern als besonders nutzbringend gesehen.

7.4 Eignung des Konzepts eines arbeitszeitbasierten Prozessbenchmarkings im Lager als Controlling-Instrument

Die „ursprüngliche" Ausrichtung des Benchmarking als Instrument, um interne Leistungsverbesserungen zu erzielen, kann durch die erfolgreiche Anwendung in zahlreichen Fällen bestätigt werden. Zur Verdeutlichung wird hier die Entwicklung des Lagerstandorts eines Logistikdienstleisters angeführt, der im Rahmen des Arbeitskreises über ein stetiges Benchmarking innerhalb von fünf Jahren die Personalproduktivität im Lager vervierfachen und die Qualität auf weniger als die Hälfte der Fehler verbessern kann, gleichzeitig werden die Kosten um ein Drittel reduziert (Abbildung 34).

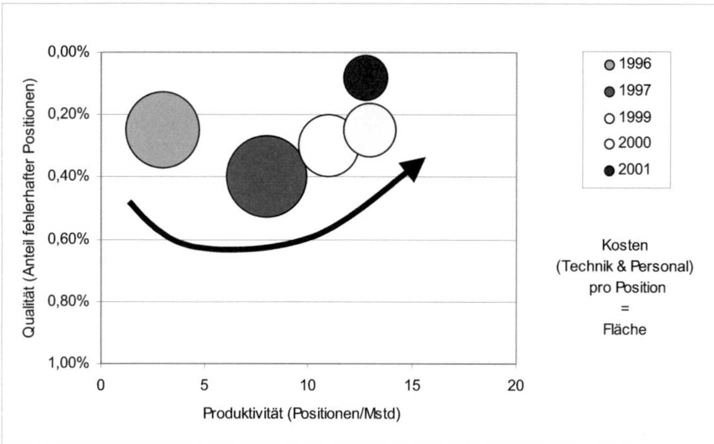

Abbildung 34: Entwicklungspotential durch kontinuierliches Benchmarking
Quelle: KRUPP (2004), S. 241.

Die Realisierung solcher laufender Verbesserungen ist wie bereits dargestellt von zentraler Bedeutung für den Erfolg einer Kontraktlogistik-Kooperation.

Zusätzlich zu diesen internen Potentialen des Benchmarkings wird die Schaffung von „externer" Transparenz unterstützt. Die Offenlegung der Kosten- und Leistungsdaten im Sinne der „internen" Transparenz kann durch Angaben aus dem Benchmarking mit Vergleichswerten ergänzt werden. Die Beschreibung von Ursache-Wirkungszusammenhängen mit Hilfe der Einflussfaktoren sichert die Vergleichbarkeit der Benchmarks und kann so helfen, möglicherweise unrealistische Zielvorstellungen des Auftraggebers, die durch Vergleichsdaten ohne Berücksichtigung der Rahmenbedingungen entstehen können, auf eine realistische Basis zu stellen.

Die Informationsasymmetrien zwischen Verlader und Logistikdienstleister können so verringert werden. In laufenden Beziehungen kann dem Problem der „Hidden Information" durch die – vom BMC als neutrale Partei geprüften – Benchmarks entgegengewirkt werden. Der Furcht vor „Hidden Action" kann durch einen aktiven Verbesserungsprozess mit Hilfe der beschriebenen Benchmarking-Ansätzen, z.B. im Rahmen des Arbeitskreises, begegnet werden. Vor Vertragsschluss kann der Hinweis auf die Teilnahme in einem Benchmarking-Arbeitskreis Bedenken bezüglich möglicher „Hidden Characteristics" entgegengewirkt werden, indem auf durch das Benchmarking „bestätigte" erfolgreiche Projekte hingewiesen wird. Das Aktivitäten-Benchmarking bietet zudem aufgrund seines modularen Aufbaus eine fundierte Kalkulationsgrundlage für neue Projekte. Dabei lassen sich unterschiedliche

Abwicklungsformen mit Zeiten hinterlegen. So können einerseits mögliche subjektive Eindrücke des Auftaggebers bezüglich des Angebots durch fundierte Benchmarks „objektiviert" werden. Andererseits können so – sowohl vor Vertragsschluss als auch in laufenden Projekten – alternative Abwicklunsszenarien hinsichtlich der Inanspruchnahme der Ressource „Personal" beschrieben werden. So können zusammen mit dem Kunden gezielt Verbesserungsmaßnahmen, die über das Lager hinaus weitere Teile bzw. Abschnitte der Supply Chain betreffen, wie z.B. die Einführung von Lieferavisen oder von RFID-Technologie, hinsichtlich ihrer Auswirkungen auf die Lagerprozzesse beschrieben werden.

Das dargestellte kombinierte „Top-Down" und „Bottom-Up" Benchmarking kann demnach die Anforderungen zum Schaffen der in Kapitel 4 und 5 geforderten „internen" und „externen" Transparenz im Sinne der Arbeit schaffen.

8 Kritische Würdigung der Ergebnisse und Ausblick - Aufwand und Nutzen eines Benchmarking der Lagerprozesse für die Kontraktlogistik-Geschäfte der Dienstleister

Die spezifischen Anforderungen, die sich aus der Praxis der Logistik-Dienstleistung und aus einer theoretischen Betrachtung mit Hilfe der Transaktionskosten- und Principal-Agent-Theorie ergeben, wurden in Kapitel 4 und 5 aufgezeigt. Zusätzlich zu den „klassischen" Aufgaben des Controlling, der laufenden Planung, Steuerung und Kontrolle der Leistungserstellung sowie der Informationsversorgung der Unternehmensführung hat das Controlling in Kontraktlogistik-Beziehungen die Funktion, die Informationsasymmetrien zwischen Verlader und Dienstleister aufzuheben bzw. zu verringern.

Zu diesem Zweck wurde das Ziel des Controlling mit dem Schaffen von „interner" und „externer" Transparenz beschrieben. Die „interne" Transparenz ermöglicht die konsequente Suche nach Verbesserungen und dient der Bereitstellung von Informationen für den Auftraggeber, um diesem die Leistungserstellung nachvollziehbar zu machen. Auf diese Weise wird der Problematik der „Hidden Action" entgegengewirkt. Durch die Forderung nach „externer" Transparenz soll dem Verlader durch externe Vergleichsgrößen ermöglicht werden, die Angaben zur Leistungserstellung aus der „internen" Transparenz zu bewerten und so den Verlust der Marktnähe und des Wettbewerbs in langfristigen Bindungen der Kontraktlogistik zu verringern bzw. zu vermeiden.

Die Prozesskostenrechnung ist geeignet, die Transparenz der abgewickelten Logistikfunktionen herzustellen und die Leistungserstellung „wirklichkeitsnah" durch Kosten zu beschreiben. In ihrer Konzeption ist die Prozesskostenrechnung auf interne Vergleiche ausgelegt, die Berücksichtigung externer Bezugspunkte ist nicht vorgesehen.

Deshalb wurde unter dem Aspekt der Schaffung „externer" Transparenz Benchmarking als zusätzliches Instrument zur Ergänzung der Prozesskostenrechnung vorgestellt. Die Variante des Prozess-Benchmarking ist geeignet, „interne" Transparenz, also ein grundlegendes Verständnis über die eigenen Prozesse und Abläufe, herzustellen. Diese werden mit Vergleichswerten der Benchmarking-Partner verglichen. Dabei steht die Ermittlung von Ursache-Wirkungszusammenhängen zur Erklärung von Leistungsunterschieden im Zentrum der Anstrengungen. Diese ermöglichen bei stetiger Anwendung des Benchmarking einen kontinuierlichen Verbesserungsprozess.

Gleichzeitig liefert das Benchmarking die geforderten externen Bezugspunkte. Die Durchführung des Benchmarking durch eine neutrale, dritte Partei kann dabei die Richtigkeit der Angaben aus dem Benchmarking gewährleisten. Durch die Erklärung der Leistung aus dem Benchmarking ist die Vergleichbarkeit dieser Benchmarks gewährleistet. So kann in laufenden Beziehungen die Gefahr der „Hidden Information" in Kombination mit „Hidden Action" eingeschränkt werden.

Durch die hohen Ansprüche des Benchmarking an die Vergleichbarkeit der Daten ist dabei für den Dienstleister gleichzeitig sichergestellt, dass seine Leistung mit realistischen Maßstäben gemessen wird. In gewissem Umfang wird damit durch Unterstützung der Argumentation seitens des Dienstleisters bei möglichen Nachverhandlungen auch der Problematik des „Hold Up" entgegengewirkt.

Vor Vertragsschluss soll Benchmarking zur Bildung von Vertrauen bei einem möglichen Auftraggeber beitragen. Die Angaben im Grobkonzept bzw. Angebot werden durch Benchmarks aus vergleichbaren Projekten hinterlegt. Dadurch steigt die Glaubwürdigkeit der Angaben. Wird das Benchmarking von einer neutralen Partei begleitet bzw. durchgeführt, kann so der „gute Ruf" des Dienstleisters im Sinne der Principal-Agent-Theorie weiter untermauert werden. Ex ante trägt Benchmarking also dazu bei, die Problematik der „Hidden Characteristics" zu verringern.

Die Durchführung in einem Benchmarking-Arbeitskreis hat zum Ziel, das Benchmarking mit vertretbarem Aufwand zu institutionalisieren. Die aufwändigen Phasen der Partnersuche und der Konzeption der Untersuchung entfallen. Der Hauptaufwand für die Benchmarking-Partner liegt in der Erhebung der Daten und entsprechend in der Umsetzung der Benchmarking-Ergebnisse.

Gleichzeitig erhalten die Ergebnisse durch die Durchführung der Untersuchung unter der Verantwortung einer neutralen, dritten Partei - in diesem Fall das BMC - besondere Glaubwürdigkeit.

Insofern ist der beschriebene Benchmarking-Ansatz geeignet, Informationsasymmetrien zwischen Verlader und Dienstleister und damit letztendlich die Transaktionskosten zu reduzieren. Auf diese Weise liefert Benchmarking einen bedeutenden Beitrag zur Entstehung und erfolgreichen Abwicklung von Kontraktlogistik-Geschäften der Logistikdienstleister.

Die Übertragbarkeit der Ergebnisse auf andere Bereiche der Leistungserstellung kooperativer Geschäftsbeziehungen, die ebenfalls durch Informationsasymmetrien geprägt sind, so z.B. in Beziehungen zwischen Herstellern und direkten Lieferanten und Kunden einer Supply Chain oder dem Betrieb eines Call-Centers durch einen Dienstleister, kann an dieser Stelle nur vermutet werden. Die Durchführung von Benchmarking-Projekten auch für Bereiche mit ähnlichen Problemstellungen erscheint dabei nicht nur aufgrund der „klassischen" Potentiale des Benchmarking, sondern vor allem im Hinblick auf eine mögliche Verbesserung des Beziehungsmanagements interessant.

Literaturverzeichnis

Aberle, G. (2003a), „Transportwirtschaft - Einzelwirtschaftliche und gesamtwirtschaftliche Grundlagen“, München: Oldenbourg.

Aberle, G. (2003b), „Volkswirtschaftliche Bedeutung des Logistiksektors: Strategien der Verkehrsunternehmen und ihr Wandel zu Logistikdienstleistern“, in: *Merkel, H. und Bjelicic, B. (Hrsg.),* „Logistik und Verkehrswissenschaft im Wandel - Unternehmensübergreifende Versorgungsnetzwerke verändern die Wirtschaft. Festschrift für Gösta B. Ihde“, München: Vahlen, S. 275-290.

Allison, G. T. (1971), „Essence of decision - explaining the Cuban missile crisis", Boston: Little, Brown.

American Productivity & Quality Center (APQC) (1993), „The Benchmarking Management Guide", Cambridge, Massachusetts: Productivity Press.

Amshoff, B. (1993), „Controlling in deutschen Unternehmungen“, Wiesbaden: Gabler.

Arrow, K. J. (1985), „The Economics of Agency", in: *Pratt, J. W. (Hrsg.),* „Principals and Agents: The structure of Business", Boston: Harvard Business School Press, S. 37-55.

Atteslander, P. (2003), „Methoden der empirischen Sozialforschung“, Berlin: de Gruyter.

Backhaus, K., Erichson, B., Plinke, W. und Weiber, R. (2000), „Multivariate Analysemethoden: Eine anwendungsorientierte Einführung“, Berlin: Springer.

Balm, G. J. (1992), „Benchmarking: A Practioner´s Guide for Becoming and Staying Best of the Best.", Schaumburg: QPMA Press.

Baumgarten, H. und Jack, T. (2002a), „Trends und Strategien in der Logistik: Supply Chains im Wandel“, Berlin: Technische Univ., Bereich Logistik.

Baumgarten, H. und Walter, S. (2000), „Trends und Strategien in der Logistik 2000+“, Berlin: Technische Univ., Bereich Logistik.

Baumgarten, H., Kasiske, F. und Zadek, H. (2002b), „Logistik-Dienstleister - Quo vadis? - Stellenwert der Fourth Party Logistics Provider (4PL)“, in: *Logistikmanagement,* 1/2002, S. 27-40.

Baur, C. (1990), „Make-or-Buy-Entscheidungen in einem Unternehmen der Automobilindustrie“, München: V. Florentz.

Beer, M. (1997), „Outsourcing unternehmensinterner Dienstleistungen“, Wiesbaden:

Deutscher Universitäts-Verlag.

Berekoven, L. (1974), „Der Dienstleistungsbetrieb. Wesen - Struktur – Bedeutung“, Wiesbaden: Gabler.

Berlien, O. (1993), „Controlling von Make-or-Buy“, Berlin: Verlag Wissenschaft und Praxis.

Bettis, R. A., Bradley, S. P. und Hamel, G. (1992), „Outsourcing and industrial decline”, in: *Academy of Management Executive,* 1/1992, S. 7-22.

Bichler, K., Gerster, W. und Reuter, R. (1994), „Logistik-Controlling mit Benchmarking: Praxisbeispiele aus Industrie und Handel“, Wiesbaden: Gabler.

Bohlmann, B. und Coners, A. (2004), „Time-Driven Activity Based Costing”, in: *Logistik inside,* 05/2004, S. 38.

Böhme, A. (1999), „Die Ausgestaltung von Abnehmer-Zulieferer-Beziehungen: Eine theoretische und empirische Untersuchung unter besonderer Berücksichtigung der Opportunismusneigung des Abnehmers“, Lohmar: Eul.

Boos, M. und Walter, S. M. (2004), „Leistungsmessung und Personaldisposition“, in: *Pfohl, H.-Chr. (Hrsg.),* „Personalführung in der Logistik: Innovative Ansätze und praktische Lösungen“, Hamburg: Deutscher Verkehrs-Verlag, S. 261-309.

Bretzke, W. (1999), „Überblick über den Markt an Logistik-Dienstleistern“, in: *Weber, J. und Baumgarten, H. (Hrsg.),* „Handbuch Logistik: Management von Material- und Warenflussprozessen“, Stuttgart: Schäffer-Poeschel, S. 219-225.

Bretzke, W. (2002), „SCM Collaboration und 4PL´s“, in: *Logistikmanagement,* 1/2002, S. 41-44.

Bretzke, W. (2003), „'Tricky' gewinnt beim Outsourcing nur scheinbar“, in: *DVZ*, 30.12.2003, S. 3.

Bretzke, W. (2004a), „Logistik-Outsourcing: Ein anhaltender Trend und seine Grenzen“, in: *Logistikmanagement,* 3/2004, S. 10-18.

Bretzke, W. (2004b), „Vom Make zum Buy? Grundlagen eines erfolgreichen Outsourcing logistischer Leistungen“, in: *Prockl, G., Bauer, A., Pflaum, A. und Müller-Steinfahrt, U. (Hrsg.),* „Entwicklungspfade und Meilensteine moderner Logistik: Skizzen einer Roadmap“, Wiesbaden: Gabler, S. 27-52.

Bretzke, W. (2004c), „Logistikdienstleistungen“, in: *Klaus, P. und Krieger, W. (Hrsg.),* "Gabler Lexikon Logistik", Wiesbaden: Gabler, S. 337-343.

Bruggemann, W. und Moreels, K. (2003), „Time-Driven Activity-Based Costing - A New Paradigm in Cost Management“, in: *Horváth, P. (Hrsg.),* „Performancesteigerung und Kostenoptimierung - Neue Wege und erfolgreiche Praxislösungen", Stuttgart:, S. 51-66.

Bungenstock, Chr. (1995), „Entscheidungsorientierte Kostenrechnungssysteme: Eine entwicklungsgeschichtliche Analyse", Wiesbaden: Deutscher Universitäts-Verlag.

Camp, R. C. (1994), „Benchmarking", München: Hanser.

Coase, R. H. (1937), „The Nature of the Firm", in: *Economica,* 4/1937, S. 386-405.

Codling, S. (1992), „Best Practice Benchmarking: The Management Guide to successful Implementation", Dunstable: Industrial Newsletters.

Coners, A. (2003), „Von der Prozesskostenrechnung über Zeitstudien zum Time-Driven Activity-Based Costing", in: *FB/IE - Zeitschrift für Unternehmensentwicklung und Industrial Engineering,* Juni 2003, S. 255-259.

Cooper, R. (1996), "Look out, Management Accountants", in: *Management Accounting,* 6/1996, S. 35-41.

Cooper, R. und Kaplan, R. S. (1991), "Profit Priorities from Activity-Based Costing", in: *Harvard Business Review,* 3/1991, S. 130-135.

Corsten, H. (1997), „Integratives Dienstleistungsmanagement - Idee und Elemente", Kaiserslautern: Universität Kaiserslautern; Lehrstuhl für Produktionswirtschaft.

Corsten, H. (2001), „Dienstleistungsmanagement", München: Oldenburg.

De Toro, I. J. (1987), „Strategic Planning for Quality at Xerox", in: *Quality Progress,* April 1987, S. 16-20.

Deming, W. E. (1994), „Quality, Productivity and Competitive Position", Cambridge: Cambridge University Press.

Deutsche Bank Research (Hrsg.) (2002), „Sonderbericht Verkehr in Europa - Privatisierung und Wettbewerb unverzichtbar", Frankfurt am Main.

Dickel, K. und Jung, U. (2000), „Kapitalproduktivität: Werthebel mit Potenzial", in: *v. Oetinger, B. (Hrsg.),* „Das Boston Consulting Group Strategie-Buch", München: Econ, S. 427-431.

Dinges, M. und Büttner, M. (1996), „Effiziente Logistik durch Integration von Dienstleistern", in: *Little, A. D. (Hrsg.),* „Management im vernetzten Unternehmen", Wiesbaden: Gabler, S. 179-201.

Distel, S. und Lubecki, N. (2002), „Benchmarking von Lagern", in: *Heinz, K. und Wesselmann, J. (Hrsg.),* „Benchmarking für mittelständische Unternehmen -

Grundlagen und Anwendungsbeispiele aus Logistik, Produktion und Service", München: Huss, S. 76-90.

Ernst, E. E. (2005), „Königsweg Kontraktlogistik?", in: *Verkehrs Rundschau,* 28/2005, S. 26-29.

Esser, M. (1996), „Logistikbenchmarking - Auf die Planung kommt es an", in: *Zeitschrift für Logistik,* 1996, S. 19-22.

Eyefortransport (Hrsg.) (2004), „The North American 3PL Market: A Brief Insight and Analysis of the Future of 3PLs", London.

Fantapié Altobelli, C. und Bouncken, R. B. (1998), „Wertkettenanalyse von Dienstleistungs-Anbietern", in: *Meyer, A. (Hrsg.),* „Handbuch Dienstleistungs-Marketing Band 1", Stuttgart: Schäffer-Poeschel, S. 282-296.

Fantapié Altobelli, C. und Gaitanides, M. (1999), „Prozessorganisation und Logistik", in: *Weber, J. und Baumgarten, H. (Hrsg.),* „Handbuch Logistik: Management von Material- und Warenflussprozessen", Stuttgart: Schäffer-Poeschel, S. 590-606.

Fontanari, M. (1996), „Kooperationsgestaltungsprozesse in Theorie und Praxis", Berlin: Duncker & Humblot.

Franz, K. (1997), „Kostenmanagement in Deutschland - Ergebnisse einer empirischen Untersuchung in deutschen Großunternehmen", in: *Franz, K. und Kajüter, P. (Hrsg.),* „Kostenmanagement: Wettbewerbsvorteile durch systematische Kostenrechnung", Stuttgart: Schäffer-Poeschel, S. 481-502.

Frese, E. (2002), „Organisation - Hundert Jahre betriebswirtschaftliche Organisationswissenschaft in Deutschlad: Aus der nationalen Nische in die Welt internationaler Paradigmen", in: *Gaugler, E. und Köhler, R. (Hrsg.),* „Entwicklungen der Betriebswirtschaftslehre. 100 Jahre Fachdisziplin - zugleich eine Verlagsgeschichte", Stuttgart: Schäffer-Poeschel, S. 223-246.

Fries, S. und Seghezzi, H. D. (1994), „Entwicklung von Meßgrößen für Geschäftsprozesse", in: *Controlling,* 6/1994, S. 338-345.

Froschmayer, A. (2003), „Supply Chain Solutions und 'Logistik-Bilanz'", in: *Stölzle, W. und Otto, A. (Hrsg.),* „Supply Chain Controlling in Theorie und Praxis: Aktuelle Konzepte und Unternehmensbeispiele", Wiesbaden: Gaber, S. 215-225.

Gaismayer, J. (2004), „Performance Measurement für Logistik-Dienstleister: Instrumente - Erfolgsfaktoren – Zukunft", Düsseldorf: VDM.

Gaitanides, M. (1983), „Prozeßorganisation: Entwicklung, Ansätze und Programme prozeßorientierter Organisationsgestaltung", München: Vahlen.

Gericke, J. (2003), „Etappen bis zum 5PL", in: *Logistik heute,* 4/2003, S. 36-37.

Giesa, F. und Kopfer, H. (2000), „Management logistischer Dienstleistungen in der Kontraktlogistik", in: *Logistikmanagement,* 1/2000, S. 43-53.

Gleich, R. (2002), „Performance Measurement als Controllingaufgabe", in: *Gleich, R., Möller, K., Seidenschwarz, W. und Stoi, R. (Hrsg.),* „Controlling Fortschritte", München: Vahlen, S. 49-75.

Goeldel, H. (1999), „Benchmarking von Logistikprozessen - ein Erfahrungsbericht", in: *Weber, J. und Baumgarten, H. (Hrsg.),* „Handbuch Logistik: Management von Material- und Warenflussprozessen", Stuttgart: Schäffer-Poeschel, S. 484-491.

Gordon, B. H. (2003), „The Changing Face of 3rd Party Logistics", in: *Supply Chain Management Review,* March/April 2003, S. 50-59.

Grob, H. L., Bensberg, F. und Coners, A. (2004), „Analytisches Time-Driven Activity-Based Costing", in: *Controlling,* 11/2004, S. 603-611.

Gudehus, H. (1996), „Systemdienstleister in der Logistik", in: *Technica,* 4/1996, S. 14-20.

Hahn, D. und Hungenberg, H. (2001), „Planung und Kontrolle, Planungs- und Kontrollsysteme, Planungs- und Kontrollrechnung, Wertorientierte Controllingkonzepte; Unternehmungsbeispiele von Daimler Chrysler AG, Stuttgart, Siemens AG, München, Franz Haniel & Cie. GmbH, Duisburg", Wiesbaden: Gabler.

Hammer, M. und Champy, J. (1994), „Business Reengineering: Die Radikalkur für das Unternehmen", Frankfurt: Campus.

Hanke, J. (1993), „Hybride Koordinationsstrukturen: Liefer- und Leistungsbeziehungen kleiner und mittlerer Unternehmen der Automobilzulieferindustrie aus transaktionskostentheoretischer Sicht", Bergisch-Gladbach: Eul.

Hartmann, H. und Lohre, D. (2004), „Prozesskostenrechnung bei Logistikdienstleistern", in: *Schneider, Chr. (Hrsg.),* „Controlling für Logistikdienstleister: Konzepte, Instrumente, Anwendungsbeispiele, Trends", Hamburg: Deutscher Verkehrs-Verlag, S. 185-209.

Hassa, E. und Würmser, A. (2003), „Wegweisende Trends", in: *Verkehrs Rundschau,* 42/2003, S. 22-25.

Heigl, A. (1989), „Controlling - Interne Revision", Stuttgart: Fischer.

Heinrich, C. (2003), „Supply Chain Management - von der statischen Kette zum dynamischen Netzwerk", in: *Merkel, H. und Bjelicic, B. (Hrsg.),* „Logistik und Verkehrswissenschaft im Wandel - Unternehmensübergreifende Versorgungsnetzwerke verändern die Wirtschaft. Festschrift für Gösta B. Ihde", München:, S. 149-159.

Heinz, K. und Olbrich, R. (1989), „Zeitdatenermittlung in indirekten Bereichen", Köln: Verlag TÜV Rheinland.

Hentschel, B. (1992), „Dienstleistungsqualität aus Kundensicht. Vom merkmals- zum ereignisorientierten Ansatz", Wiesbaden: Gabler.

Heskett, J. L. (1973), „Sweeping Changes in Distribution", in: *Harvard Business Review,* March-April 1973, S. 123-132.

Hettinger, T. und Wobbe, G. (1993), „Kompendium der Arbeitswissenschaft", Ludwigshafen: Kiehl.

Hoffjan, A. (1997), „Cost Benchmarking als Instrument des strategischen Kostenmanagements", in: *Freidank, C.- Chr., Götze, U., Huch, B. und Weber, J. (Hrsg.),* „Kostenmanagement: Aktuelle Konzepte und Anwendungen", Berlin: Springer, S. 343-356.

Hofmann, A. J. (2004), „Benchmarking", in: *Klaus, P. und Krieger, W. (Hrsg.),* „Gabler Lexikon Logistik", Wiesbaden: Gabler, S. 41-46.

Horváth, P. (1996), „Prozessorientierte Instrumente des Logistikcontrolling", in: *Pfohl, H.-Chr. (Hrsg.),* „Integrative Instrumente der Logistik", Darmstadt: Erich Schmidt.

Horváth, P. (2001), „Controlling", München: Vahlen.

Horváth, P. (2002), „Controlling - Von der Kostenkontrolle zur strategischen Steuerung", in: *Gaugler, E. und Köhler, R. (Hrsg.),* „Entwicklungen der Betriebswirtschaftslehre. 100 Jahre Fachdisziplin - zugleich eine Verlagsgeschichte", Stuttgart: Schäffer-Poeschel, S. 325-354.

Horváth, P. und Brokemper, A. (1999), „Prozesskostenrechnung als Logistikkostenrechnung", in: *Weber, J. und Baumgarten, H. (Hrsg.),* „Handbuch Logistik: Management von Material- und Warenflussprozessen", Stuttgart: Schäffer-Poeschel, S. 523-537.

Horváth, P. und Herter, R. N. (1992), „Benchmarking: Vergleich mit den Besten der Besten", in: *Controlling,* 1/1992, S. 4-11.

Horváth, P. und Kaufmann, L. (1998), „Balanced Scorecard - ein Werkzeug zur Umsetzung von Strategien", in: *Harvard Business Manager,* 5/1998, S. 38-48.

Horváth, P. und Mayer, R. (1989), „Prozesskostenrechnung - der Weg zu mehr Kostentransparenz und wirkungsvolleren Unternehmenstrategien", in: *Controlling,* 1/1989, S. 214-219.

Horváth, P. und Mayer, R. (1993), „Prozesskostenrechnung - Konzeption und Entwicklungen", in: *Kostenrechnungspraxis,* Sonderheft 2/1993, S. 15-28.

Horváth, P., Niemand, S. und Wolbold, M. (1993), „Target-Costing - State of the Art", in: *Horváth, P. (Hrsg.),* „Target-Costing - Marktorientierte Zielkosten in der deutschen Praxis", Stuttgart:, S. 1-27.

Hummel, S. und Männel, W. (1983), „Kostenrechnung 2: Moderne Verfahren und Systeme", Wiesbaden: Gabler.

Hummel, S. und Männel, W. (1986), „Kostenrechnung 1: Grundlagen, Aufbau und Anwendung", Wiesbaden: Gabler.

Ihde, G. B. (2001), „Transport, Verkehr, Logistik: gesamtwirtschaftliche Aspekte und einzelwirtschaftliche Handhabung", München: Vahlen.

Imai, M. (1993), „Kaizen: Der Schlüssel zum Erfolg der Japaner im Wettbewerb", Frankfurt/M.: Ullstein.

Jennings, K. und Westfall, F. (1992), „Benchmarking for Strategic Action", in: *Journal of Business Strategy,* 3/1992, S. 22-25.

Jost, P. (2000), „Organisation und Koordination: Eine ökonomische Einführung", Wiesbaden: Gabler.

Jost, P. (2001a), „Der Transaktionskostenansatz in der Betriebswirtschaftslehre", Stuttgart: Schäffer-Poeschel.

Jost, P. (2002 b), „Die Prinzipal-Agenten-Theorie in der Betriebswirtschaftslehre", Stuttgart: Schäffer-Poeschel.

Jünemann, R. (1989), „Materialfluß und Logistik: systemtechnische Grundlagen mit Praxisbeispielen", Berlin: Springer.

Jung, S. (1999), „Das Management von Geschäftsbeziehungen: Ein Ansatz auf transaktionskostentheoretischer, sozialpsychologischer und spieltheoretischer Basis", Wiesbaden: Deutscher Universitäts-Verlag.

Kajüter, P. (2005), „Kostenmanagement in der deutsche Unternehmenspraxis", in: *Zeitschrift für betriebswirtschaftliche Forschung (zfbf),* Februar 2005, S. 79-100.

Kaplan, R. S. (1984), „Yesterday´s accounting undermines production", in: Harvard Business Review, July/August 1984, S. 95-101.

Kaplan, R. S. (1995), „Das neue Rollenverständnis für den Controller", in: *Controlling,* März/April 1995, S. 60-70.

Kaplan, R. S. und Anderson, S. R. (2004), „Time-Driven Activity-Based Costing", in: *Harvard Business Review,* November 2004, S. 131-138.

Kaplan, R. S. und Norton, D. P. (1992), „The Balanced Scorecard - Measures That Drive Performance", in: *Harvard Business Review*, January/February 1992, S. 71-79.

Klaus, P. (1994), „Jenseits einer Funktionenlogistik: der Prozessansatz", in: *Isermann, H. (Hrsg.),* „Logistik: Beschaffung, Produktion, Distribution", Landsberg/Lech: Moderne Industrie, S. 331-348.

Klaus, P. (2002), „Die dritte Bedeutung der Logistik: Beiträge zur Evolution logistischen Denkens", Hamburg: Deutscher Verkehrs-Verlag.

Klaus, P. (2003), „Die Top 100 der Logistik", Hamburg: Deutscher Verkehrs-Verlag.

Klaus, P. (2004), „Supply Chain Management", in: *Klaus, P. und Krieger, W. (Hrsg.),* „Gabler Lexikon Logistik", Wiesbaden: Gabler, S. 507-518.

Klaus, P. (2005), Unveröffentlichter Beitrag zum Sammelwerk: *Stölzle, W., Weber, J., Hofmann, E. und Wallenburg, C. M. (Hrsg.),* „Kontraktlogistik – Handbuch zum Management komplexer Logistikdienstleistungen".

Klaus, P. und Kille, Chr. (2004a), „Kontraktlogistik", in: *Klaus, P. und Krieger, W. (Hrsg.),* „Gabler Leikon Logistik", Wiesbaden: Gabler, 252-255.

Klaus, P. und Kille, Chr. (2004b), „Fourth Party Logistics (4PL)", in: *Klaus, P. und Krieger, W. (Hrsg.),* „Gabler Lexikon Logistik", Wiesbaden: Gabler, S. 157-158.

Klaus, P. und Kille, Chr. (2006), „Die Top 100 der Logistik: Marktgrößen, Marktsegmente und Marktführer in der Logistikdienstleistungswirtschaft", Hamburg: Deutscher Verkehrs-Verlag.

Klaus, P. und Lubecki, N. (2001), „Unerschlossene Potenziale auf dem Lager vorhanden: Benchmarking deckt Schwächen auf", in: *DVZ,* S.12-13.

Klaus, P., Tucher von Simmelsdorf, F. W. und Lubecki, N. (1996), „Benchmarking-Studie Distributionslager", Nürnberg: Fraunhofer AVK.

Klose, M. (1999), „Dienstleistungsproduktion", in: *Corsten, H. und Schneider, H. (Hrsg.),* „Wettbewerbsfaktor Dienstleistung", München: Vahlen.

Knetsch, W. (1996), „Die treibenden Kräfte: Der Weg zum vernetzten Unternehmen", in: *Little, A. D. (Hrsg.),* „Management im vernetzten Unternehmen", Wiesbaden: Gabler, S. 15-71.

Kosiol, E. (1962), „Organisation der Unternehmung", Wiesbaden: Gabler.

Kreuz, W. (1997), „Kosten-Benchmarking: Konzept und Praxisbeispiel", in: *Franz, K. und Kajüter, P. (Hrsg.)*, „Kostenmanagement: Wettbewerbsvorteile durch systematische Kostenrechnung", Stuttgart: Schäffer-Poeschel, S. 277-291.

Krings, M. (2004), „Erfolgsfaktoren für Kooperationen mit Logistik-Dienstleistern im Einzelhandel", in: *Pfohl, H.-Chr. (Hrsg.)*, „Erfolgsfaktor Kooperation in der Logistik: Outsourcing - Beziehungsmanagement - Finanzielle Performance", Berlin: Schmidt, S. 79-99.

Krupp, M. (2005), „Kooperatives Verhalten auf der sozialen Ebene einer Supply Chain", Lohmar: Eul.

Krupp, T. (2001), „Supply Chain Software", Stuttgart: Franhofer IRB-Verlag.

Krupp, T. (2004), „Benchmarking als Instrument zum Kostenmanagement im Lager", in: *Schneider, Chr. (Hrsg.)*, „Controlling für Logistikdienstleister: Konzepte, Instrumente, Anwendungsbeispiele, Trends", Hamburg: Deutscher Verkehrs-Verlag, S. 227-243.

Kuhn, J. (2005), „Vertrauen und Kontrolle: Intelligente Steuerungsmechanismen ermöglichen eine kontrollierte Partnerschaft zwischen Automobilhersteller und externem Dienstleister", *Logistik heute*, 4/2005.

Kümmerlen, R. (2005), „Handel wiederholt Fehler der Autoindustrie: EHI-Logistik-Jahreskongress: Kritik an Outsourcing um jeden Preis", in: *Deutsche Verkehrs-Zeitung*, 9.4.2005, S. 3.

Küpper, H. (2001), „Controlling: Konzeption, Aufgaben und Instrumente", Stuttgart: Schäffer-Poeschel.

Küpper, H. (2004), „Notwendigkeit der theoretischen Fundierung des Controlling", in: *Scherm, E. und Pietsch, G. (Hrsg.)*, „Controlling - Theorien und Konzeptionen", München: Vahlen, S. 23-40.

Küting, K. und Lorson, P. (1996), „Benchmarking von Geschäftsprozessen als Instrument der Geschäftsprozeßanalyse", in: *Berkau, C. und Hirschmann, P. (Hrsg.)*, „Kostenorientiertes Geschäftsprozeßmanagement", München: Vahlen, S. 121-141.

Langley Jr., J. C., Allen, G. R. und Colombo, M. J. (2003), „Third-Party Logistics Study: Results and Findings of the 2003 Eighth Annual Study", Cap Gemini Ernst & Young.

Langley Jr., J. C., Allen, G. R. und Dale, T. A. (2004), „Third-Party Logistics Study: Results and Findings of the 2004 Ninth Annual Study", Cap Gemini Ernst & Young.

Lasch, R. (1998), „Marktorientierte Gestaltung von Logistikprozessen", Wiesbaden: Gabler.

Lasch, R. und Steinhart, S. (1996), „Informationsquellen bei Benchmarking-Projekten in der

Logistik", Augsburg: Institiut für Statistik und mathematische Wirtschaftstheorie der Universität Augsburg.

Lewis, H. T. und Culliton, J. W. (1956), „The Role of Air Freight in Physical Distribution", Boston/Mass.: Harvard Business School.

Lindner, A. und Benz, M. U. (2002), „Die Herren des Netzwerks: Der Lead Logistics Provider (LLP) positioniert sich als speditionsnahe Alternative zum 4PL", in: *DVZ*, 01.08.2002, S.3.

Lingnau, V. (1999), „Geschichte des Controllings", in: *Lingenfelder, M. (Hrsg.),* „100 Jahre Betriebswirtschaftslehre in Deutschland: 1898 - 1998", München: Vahlen, S. 73-91.

Lorson, P. (1993), „Straffes Kostenmanagement und neue Technologien: Anforderungen, Instrumente und Konzepte unter besonderer Würdigung der Prozesskosten-rechnung", Berlin: Verlag neue Wirtschafts-Briefe.

Lubecki, N. (2002), „Benchmarking im Lager auch für die Kühllogistik", in: *VDI-Gesellschaft Fördertechnik, M. L. (Hrsg.),* „Trends in der Kühlkette: cold fact; Tagung Bremen, 6. März 2002", Düsseldorf: VDI-Verlag, S. 107-132.

Luczak, H., Wiendahl, H. und Weber, J. (2001), „Logistik-Benchmarking: Praxisleitfaden mit LogiBEST“, Berlin: Springer.

Mailath, G. J. und Samuelson, L. (2001), „Who wants a good reputation?", in: *Review of Economic Studies ,* April 2001, S. 415-441.

Männel, B. (1996a), „Netzwerke in der Zulieferindustrie - Konzepte - Gestaltungsmerkmale - Betriebswirtschaftliche Wirkungen", Wiesbaden: Deutscher Universitäts-Verlag.

Männel, W. (1969), „Grundprobleme der Wahl zwischen Eigenfertigung und Fremdbezug im Industriebetrieb", in: *Betriebswirtschaftliche Forschung und Praxis,* 1969, S. 76-97.

Männel, W. (1981), „Die Wahl zwischen Eigenfertigung und Fremdbezug: theoretische Grundlagen und praktische Fälle", Stuttgart: Schäffer-Poeschel.

Männel, W. (1992), „Bedeutsame Ansätze, Konzepte und Instrumente des Kosten-management", in: *Kostenrechnungspraxis,* 1992, S. 340-343.

Männel, W. (1993), „Logistik-Controlling - Controlling materialwirtschaftlicher Prozesse und Systeme", in: *Männel, W. (Hrsg.),* „Logistik-Controlling: Konzepte - Instrumente - Wirtschaftlichkeit", Wiesbaden: Gabler, S. 25-38.

Männel, W. (1994), „Entwicklungsperspektiven der Kostenrechnung", Lauf/ Pegnitz: Verlag der GAB.

Männel, W. (1996b), „Prozeßkostenmanagement", in: *Berkau, C. und Hirschmann, P.*

(Hrsg.), „Kostenorientiertes Geschäftsprozeßmanagement", München: Vahlen, S. 69-92.

Männel, W. (1998), „Fachseminar Instandhaltungsorganisation und TPM, Benchmarking und Kennzahlensysteme für die Instandhaltung 1998", Lauf/Pegnitz: Verlag der GAB.

March, J. G. und Simon, H. A. (1958), „Organizations", New York: Wiley.

Mayer, R. (1997), „Die Weiterentwicklung von Plankostenrechnung und Prozesskostenrechnung zu einem integrierten System mit hoher Kostentransparenz", in: *Gleich, R. und Seidenschwarz, W. (Hrsg.),* „Die Kunst des Controlling: Prof. Dr. Péter Horváth zum 60. Geburtstag", München: Vahlen, S. 139-160.

Mayer, R. (1998), „Prozesskostenrechnung - State of the Art", in: *Hórvath & Partner (Hrsg.),* „Prozesskostenmanagement: Methodik und Anwendungsfelder", München: Vahlen, S. 3-27.

Mayer, R. und Glaser, H. (1991), „Die Prozeßkostenrechnung als Controllinginstrument: Pro und Contra", in: *Controlling,* 6/1991, S. 296-303.

Mei-Pochtler, A. (2000), „Total Brand Management - Die Marke als Geschäftssystem", in: *v. Oetinger, B. (Hrsg.),* „Das Boston Consulting Group Strategie-Buch", München: Econ, S. 164-169.

Merkel, H. und Kromer, S. (2000), „Wo liegen die Wachstumspotenziale für Kontraktlogistik im Handel?", in: *Logistik für Unternehmen,* 12/2000, S. 44-48.

Meyer, A. (1983), „Dienstleistungs-Marketing: Erkenntnisse und praktische Beispiele", Augsburg: Universität Augsburg, Fördergemeinschaft Marketing e.V.

Miles, M. B. und Huberman, M. A. (1999), „Qualitative data analysis: an expanded sourcebook", Tousand Oaks.: Sage Publications.

Milgrom, P. R. und Roberts, J. (1992), „Economics, organization and management", Englewood Cliffs: Prentice-Hall.

Miller, J. G. und Vollmann, T. E. (1985), „The hidden factory", in: *Harvard Business Review,* September/October 1985, S. 142-150.

Möller, K. (2002), „Gestaltungsbeitrag der Neuen Institutionenökonomik für das Controlling", in: *Gleich, R., Möller, K., Seidenschwarz, W. und Stoi, R. (Hrsg.),* „Controlling Fortschritte", München: Vahlen, S. 95-120.

Morwind, K. (1995), „Praktische Erfahrungen mit Benchmarking", in: *ZfB-Ergänzungsheft,* 2/1995, S. 25-39.

Müller, W. (1974), „Die Koordination von Informationsbedarf und Informationsbeschaffung als zentrale Aufgabe des Controlling", in: *Zeitschrift für betriebswirtschaftliche Forschung (zfbf),* 1974, S. 683-639.

N.n. (2004), „Bei zu viel Outsourcing droht `Immunschwäche` - Münchner Logistik-Dialog: High-End-Kontraktlogistik in der Diskussion", in: *Deutsche Verkehrs-Zeitung*, 19.10.2004, S. 2.

Neumann, M. (1987), „Theoretische Volkswirtschaftslehre II: Produktion, Nachfrage und Allokation", München: Vahlen.

Nieschlag, R., Dichtl, E. und Hörschgen, H. (1994), „Marketing", Berlin: Duncker & Humblodt.

Nordsieck, F. (1934), „Grundlagen der Organisationslehre", Stuttgart: Poeschel.

Otto, A. (2001), „Supply Chain Controlling", Habilitationsschrift, Nürnberg: Universität Erlangen-Nürnberg, Lehrstuhl für Betriebswirtschaftslehre, insb. Logistik.

Peemöller, V. H. (1997), „Controlling: Grundlagen und Einsatzgebiete", Berlin: Neue Wirtschafts-Briefe.

Penrose, E. T. (1959), „The Theory of the Growth of the Firm", Oxford: Blackwell.

Pepels, W. (1996), „Qualitätscontrolling bei Dienstleistungen", München: Vahlen.

Pfaff, D. und Weißenberger, B. E. (2000), „Institutionenökonomische Fundierung", in: *Fischer, T. M. (Hrsg.),* „Kosten-Controlling: neue Methoden und Inhalte", Stuttgart: Schäffer-Poeschel.

Pfeiffer, W., Dörrie, U. und Stoll, E. (1977), „Menschliche Arbeit in der Produktion", Göttingen: UTB Vandenhoeck.

Pfohl, H.-Chr. (1972), „Marketing-Logistik: Gestaltung, Steuerung und Kontrolle des Warenflusses im modernen Markt", Mainz: Distribution-Verlag.

Pfohl, H.-Chr. (1996), „Logistiksysteme: betriebswirtschaftliche Grundlagen", Berlin: Springer.

Pfohl, H.-Chr. (2001), „Wertsteigerung durch Innovation in der Logistik", in: *Pfohl, H.-Chr. (Hrsg.),* „Jahrhundert der Logistik: Wertsteigerung des Unternehmens: customer related - glocal - e-based", Berlin: Erich Schmidt Verlag.

Picot, A. (1991), „Ein neuer Ansatz zur Gestaltung der Leistungstiefe", in: *Zeitschrift für betriebswirtschaftliche Forschung (zfbf),* 4/1991, S. 336-357.

Picot, A. (2002), „Jüngste Entwicklungen in der Betriebswirtschaftslehre (ab 1990)", in: *Gaugler, E. und Köhler, R. (Hrsg.),* „Entwicklungen der Betriebswirtschaftslehre. 100

Jahre Fachdisziplin - zugleich eine Verlagsgeschichte", Stuttgart: Schäffer-Poeschel, S. 165-195.

Picot, A., Dietl, H. und Franck, E. (1997), „Organisation: Eine ökonomische Perspektive", Stuttgart: Schäffer-Poeschel.

Picot, A., Reichwald, R. und Wigand, R. T. (2003), „Die grenzenlose Unternehmung: Information, Organisation und Management", Wiesbaden: Gabler.

Pieske, R. (1994), „Benchmarking: Das Lernen von anderen und seine Begrenzungen", in: *io Management Zeitschrift,* 6/1994, S. 19-23.

Pieske, R. (1995), „Benchmarking in der Praxis: erfolgreiches Lernen von Unternehmen", Landsberg/Lech: Moderne Industrie.

Porter, M. E. (2000), „Wettbewerbsvorteile: Spitzenleistungen erreichen und behaupten", Frankfurt: Campus.

Prahalad, C. und Hamel, G. G. (1990), „The Core Competence of the Corporation", in: *Harvard Business Review,* May/June 1990, S. 79-91.

Price Waterhouse Financial & Cost Management (1997), „CFO-Architect of the Corporation´s Future", New York.

Rathmell, J. (1966), „What Is Meant By Services?", in: *Journal of Marketing,* October 1966, S. 32-36.

REFA Verband für Arbeitsstudien und Betriebsorganisation e.V. (1978), Methodenlehre des Arbeitsstudiums. Teil 2: Datenermittlung, München: Carl Hanser, 1978.

Reichmann, T. (1990), „Controlling mit Kennzahlen: Grundlagen einer systemgestützten Controlling-Konzeption", München: Vahlen.

Riebel, P. (1990), „Einzelkosten- und Deckungsbeitragsrechnung: Grundlagen einer markt- und entscheidungsorientierten Unternehmensrechnung", Wiesbaden: Gabler.

Ripperger, T. (1998), „Ökonomik des Vertrauens - Analyse eines Organisationsprinzips", Tübingen: Mohr Siebeck.

Schanz, G. (1999), „Wissenschaftsprogramme. Orientierungsrahmen und Bezugspunkte betriebswirtschaftlichen Forschens", in: *Lingenfelder, M. (Hrsg.), „*100 Jahre Betriebswirtschaftslehre in Deutschland: 1898 - 1998", München: Vahlen, S. 31-48.

Scheer, A.-W., Angeli, R. und Herrmann. K. (2001), „Informations- und Kommunikationstechnologie als Treiber der Logistik", in: *Phohl, H.-Chr. (Hrsg.), „*Jahrhundert der Logistik: Wertsteigerung des Unternehmens", customer related – glocal – e-based", Berlin: Schmidt, S. 29-58.

Schlaich, K., Kübler, E. und Kunze, H. H. (1973), „Industrial Engineering nach REFA", Berlin: Beuth.

Schneider, Chr. und Draeger, W. (2003), „Stand des Supply Chain Controlling am Beispiel eines integrierten Logistikdienstleisters", in: *Stölzle, W. und Otto, A. (Hrsg.),* „Supply Chain Controlling in Theorie und Praxis: Aktuelle Konzepte und Unternehmensbeispiele", Wiesbaden: Gabler.

Schnell, R., Esser, E. und Hill, P. B. (2005), „Methoden der empirischen Sozialforschung", München: Oldenbourg.

Schott, G. (1956), „Die Praxis des Betriebsvergleichs", Düsseldorf: Verl.-Buchh. des Inst. der Wirtschaftsprüfer.

Schuderer, P. und Klaus, P. (1994), „Begriff und Klassifikation von Prozessen - Zur Aufklärung der allgemeinen Sprachverwirrung", Nürnberg: Universität Erlangen-Nürnberg, Lehrstuhl für Logistik.

Schuh, G. F. T. und Gebauer, H. (2004), „Fit for Service: Industrie als Dienstleister", München: Hanser.

Schweizer, M. und Wagener, K. (1999), „Geschichte des Rechnungswesens", in: *Lingenfelder, M. (Hrsg.),* „100 Jahre Betriebswirtschaftslehre in Deutschland: 1898 - 1998", München: Vahlen, S. 49-71.

Sellien, R. und Sellien, H. (Hrsg.) (1965), *Dr. Gablers Wirtschafts-Lexikon: Erster Band A-K,* Wiesbaden: Gabler, 1965.

Siebert, G. (1998), „Prozeß-Benchmarking - Methode zum branchenunabhängigen Vergleich von Prozessen", Berlin: Fraunhofer IPK.

Siebert, H. (1999), „Ökonomische Analyse von Unternehmensnetzwerken", in: *Sydow, J. (Hrsg.),* „Management von Netzwerkorganisationen: Beiträge aus der 'Managementforschung'", Wiesbaden: Gabler, S. 7-28.

Siegel, G. und Kulesza, C. (1996), „The Practice Analysis of Management Accounting", in: *Management Accounting,* 4/1996, S. 20-28.

Simon, H. (1957), „ Models of Man", New York: Wiley.

Spendolini, M. J. (1992), „The Benchmarking Book", New York: Amacom.

Spendolini, M. J. (1993), „How to Build a Benchmarking Team", in: *Journal of Business Strategy,* 2/1993, S. 53-57.

Spremann, K. (1990), „Asymmetrische Information", in: *Zeitschrift für Betriebswirtschaft (zfb),* 5/6 1990, S. 561-586.

Stier, W. (1999), „Empirische Forschungsmethoden", Berlin: Springer.

Stock, J. und Lambert, D. M. (2001), „Strategic Logistics Management", New York: Mc Graw-Hill.

Stölzle, W. (2004), „Supply Chain Event Management", in: *Klaus, P. und Krieger, W. (Hrsg.),* „Gabler Lexikon Logistik", Wiesbaden: Gabler, S. 503-507.

Sydow, J. (1992), „Strategische Netzwerke: Evolution und Organisation", Wiesbaden: Gabler.

Syska, A. (1990), „Kennzahlen für die Logistik", Berlin: Springer.

Ten Hompel, M. und Schmidt, T. (2003), „Warehouse Management", Berlin: Springer.

Tripp, C. (2004), „Mittelstand und Kontraktlogistik: Chancen und Risiken mittelständischer Logistikdienstleister in der Kontraktlogistik", Nürnberg: Fraunhofer ATL.

Tripp, C. (2005), „Raus aus den Standardmärkten: Studie zu Erfolgsfaktoren in der Kontraktlogistik", in: *DVZ*, 4. Januar, S. 9.

Tucher von Simmelsdorf, F. W. (1998), „Fluglinien haben bei Autorennen die Boxenstopps abgeschaut: Xerox und Southwest Airlines sind die besten Erfolgsgeschichten", in: *Blick durch die Wirtschaft*, 15.01.1998, S. 4.

Tucher von Simmelsdorf, F. W. (2000), „Benchmarking von Wissensmanagement: eine Methode des ressourcenorientierten strategischen Managements", Wiesbaden: Gabler.

Tucher von Simmelsdorf, F. W. und Wiezorek, H. (1998), „Efficient Consumer Response", in: *Klaus, P. und Krieger, W. (Hrsg.),* „Gabler Lexikon Logistik", Wiesbaden: Gabler, S. 93-99.

Tucker, F., Zivan, S. und Camp, R. C. (1987), „How to measure yourself against the best", in: *Harvard Business Review,* January/February 1987, S. 8-10.

Vahrenkamp, R. (1999), „Supply Cain Management", in: *Weber, J. und Baumgarten, H. (Hrsg.),* „Handbuch Logistik: Management von Material- und Warenflussprozessen", Stuttgart: Schäffer-Poeschel, S. 299-321.

Voigt, S. (2004), „Die kollektive Selbsttäuschung - Heilige Kühe der Kontraktlogistik", in: *Logistik inside,* 10 01.10.2004 2004, S. 64-69.

Watson, G. H. (1993), „Benchmarking: Vom Besten lernen", Landsberg/Lech: Moderne Industrie.

Weber, J. (1992), „Logistik als Koordinationsfunktion. Zur theoretischen Fundierung der

Logistik", in: *Zeitschrift für Betriebswirtschaft (zfb)*, 8/1992, S. 877-895.

Weber, J. (1995), „Logistik-Controlling - Leistungen - Prozesskosten - Kennzahlen", Stuttgart: Schaefer-Poeschel.

Weber, J. (2004), „Einführung in das Controlling", Stuttgart: Schäffer-Poeschel.

Weber, J., Hirsch, B., Matthes, A. und Meyer, M. (2004), „Kooperationscontrolling: Beziehungsqualität als Erfolgsfaktor unternehmensübergreifender Zusammenarbeit", Vallendar.

Weber, J., Schaier, S. und Strangfeld, O. (2005), „Berichte für das Top-Management: Ergebnisse einer Benchmarking-Studie", Weinheim: Wiley.

Wegehenkel, L. (1980a), „Coase-Theorem und Marktsystem", Tübingen: J.C.B. Mohr.

Wegehenkel, L. (1980b), „Transaktionskosten, Wirtschaftssystem und Unternehmertum", Tübingen: J.C.B. Mohr.

Wesselmann, J. (2003), „Benchmarking von Kommissioniersystemen", München: Huss-Verlag.

Wicht, J. (2001), „Entwicklung eines strategischen Kennzahlensystems für die Logistik eines internationalen Handelsunternehmens", Lohmar: Eul.

Wildemann, H. (1990), „Das Just-in-Time-Konzept - Produktion und Zulieferung auf Abruf", Zürich: Industrielle Organisation.

Wildemann, H. (2004), „Prozess-Benchmarking: Leitfaden zur Erreichung von Quantensprüngen in Geschäftsprozessen", München: TCW-Verlag.

Williamson, O. E. (1975), „Markets and Hierarchies: Analysis and Antitrust Implications - A Study in the Economics of Internal Organization", New York: The Free Press.

Williamson, O. E. (1985), „The Economic Institutions of Capitalism: Firms, Markets, Relational Contracting", New York: Free Press.

Williamson, O. E. (1990), „Die ökonomischen Institutionen des Kapitalismus: Unternhemen, Märkte, Kooperationen", Tübingen: J.C.B. Mohr.

Wolff, S. und Stautner, U., „Integration von Logistik und Time Based Management am Beispiel der deutschem Automobilindustrie“, Stuttgart: Schäffer-Poeschel.

Zeithaml, V. A. (1981), „How Consumer Evaluation Processes Differ between Goods and Services", in: *Donnelly, J. H. und George, W. R. (Hrsg.)*, „Marketing of Services", Chicago: American Marketing Association, S. 186-190.

Anhang 1: Interviewleitfaden

Überblick über das Interview – „roter Faden“

Welche Faktoren halten Sie für entscheidend für eine erfolgreiche Kontraktlogistikbeziehung?

Inwieweit spielt „Vertrauen“ und „Transparenz“ vor dem Hintergrund vorhandener Informationsasymmetrien dabei eine Rolle?

Welche Bedeutung messen Sie Ihrer Controlling-Kompetenz als Logistikdienstleister (insbesondere bezogen auf die „übernommenen“ Logistikpakete) für eine „gute“ Kontraktlogistikbeziehung bei?

- vor Vertragsabschluss – um „ins Geschäft zu kommen“
- nach Vertragsabschluss – um die Logistikleistung (für beide Seiten) zufriedenstellend abwickeln zu können

Inwieweit kann Benchmarking zu dieser Controlling-Kompetenz beitragen?

Kontaktinformationen

Gesprächspartner:

Position:

Datum / Zeitrahmen:

Firma:

Abteilung:

Adresse:

E-Mail

Telefon:

Weitere
Ansprechpartner:

Allgemeine Angaben zur Kontraktlogistik im Unternehmen

Grundlegendes Verständnis der Kontraktlogistik im Unternehmen

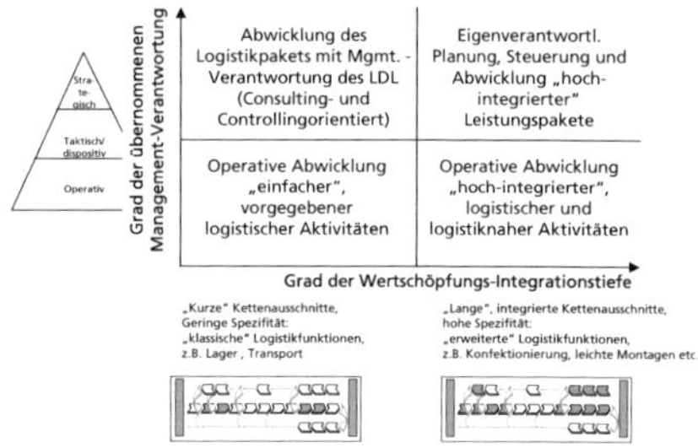

Verständnis der Kontraktlogistik, Abgrenzung vom herkömmlichen Begriff LDL

Einpositionierung des eigenen Unternehmens(-teils) im Kontraktlogistik-Markt

- Leistungsbreite: Grad der Wertschöpfungs-Integrationstiefe
- Leistungstiefe: Grad der übernommenen Management-Verantwortung

Profil Unternehmensbereich/Geschäftsfeld Kontraktlogistik

Profil Kontraktlogistikgeschäft / wesentliche Eckdaten:

Einschätzung der eigenen Marktchancen, Alleinstellungen etc.

Erfolgs- und Risikofaktoren bei der Umsetzung von Kontraktlogistik-Projekten

Wesentliche Erfolgsfaktoren

Typische Risiken, Hindernisse, Umsetzungsbarrieren, Gründe für das Scheitern

Bedeutung von Transparenz und Vertrauen als „Reaktion" auf Informationsasymmetrien

Inwieweit verlangen Kunden „Nachweise" spezifischer Fähigkeiten (z.B. Audits, Zertifizierungen) zur Schaffung von Transparenz,
wie bedeutend ist demgegenüber „Vertrauen"?

Bedeutung von Transparenz und Vertrauen in den unterschiedlichen Phasen der Beziehung

Bedeutung je nach Komplexität (Umfang und/oder Tiefe) des übernommenen Logistikpaketes
Zusammenhang / Wechselwirkungen zwischen Vertrauen und Transparenz

Angaben zur Controlling-Praxis im Unternehmen

Grundlegendes Verständnis und Umsetzung in der unternehmerischen Praxis

Funktionen des Controlling

Organisatorische Eingliederung in das Unternehmen:

- strategisches Controlling (z.B. als Funktion/Stabsstelle im Konzern),
- operatives Controlling (Projekt-/Kundenbezogen, z.B. Contract Management)

Eingesetzte Controlling-Instrumente und Kostenrechnungsverfahren

Abrechnungsmodelle

Welche Abrechnungsmodelle werden angeboten?

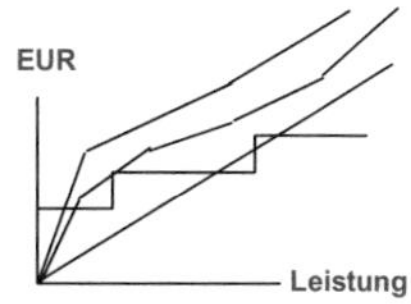

- Cost-Plus-Modelle (Bruttokostenverrechnung etc.)
- Acitivity Based-Modelle (variable Abrechnungssätze pro abgewickelter Einheit)
- Kombinierte Modelle (z.B. Fixkostenblock mit variablen Anteilen)

Kennzahlensystematik und Schlüsselgrößen (KPI)

Wie und durch wen werden die Basisdaten erhoben?

Welche Zielgrößen / Key Performance Indicators werden daraus abgeleitet?

Kommunikation zum Auftraggeber: Reporting

Auf welchen Ebenen, mit welcher Frequenz werden die Controlling-Informationen dem Auftraggeber kommuniziert

- regelmäßig, „geplant“, z.B. Meetings, Reports, online-Zugriffe
- unregelmäßig, „ereignisgesteuert“ („by exception“, „by event“)

Sehen Sie die Kommunikation von Controlling-Informationen mit Ihren Kunden als vertrauensbildende Maßnahme?

Einschätzung der „Intensität“ des Reportings abhängig von „Reifegrad“ und Komplexität eines Projektes

Anhang 2: „Kontraktlogistik-Profile" der befragten Unternehmen

In Anhang 2 erfolgt die Bildung von „Profilen" der befragten Unternehmen hinsichtlich des „Spektrums der Kontraktlogistik", um unter Wahrung der Anonymität der Interview-Partner die Stichprobe zu beschreiben.

Hinsichtlich der Leistungsbreite und –tiefe wird nicht der gegenwärtige Tätigkeitsschwerpunkt des gesamten Unternehmen, sondern vielmehr die aktuelle Entwicklung des Kontraktlogistik-Geschäfts beschrieben. Im Sinne der Kontraktlogistik-Definition positionieren sich die befragten Unternehmen bezüglich beider Kriterien tendenziell in der Kategorie „hoch".

Mittelständischer Kontraktlogistik-Spezialist, Komplettlösungen
Interview-Partner: Mitglied des Vorstands

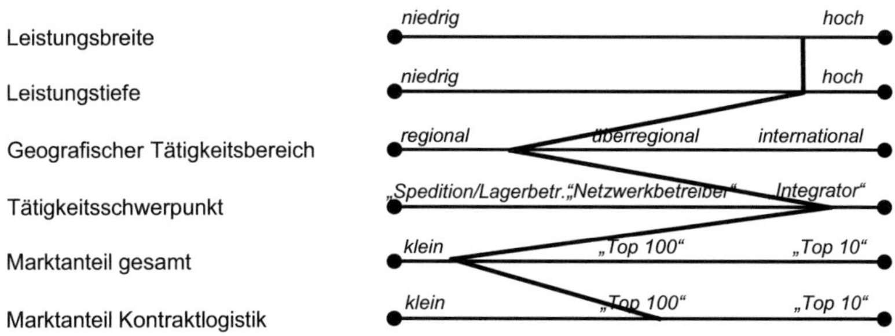

Netzwerkbetreiber, Spezialist für Konsumgüterdistribution
Interview Partner: Bereichsleistung Unternehmensentwicklung und Public Relations

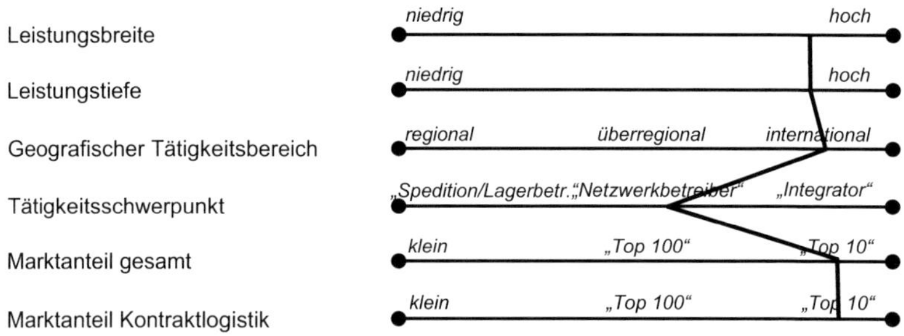

Fulfilment-Sparte eines internationaler Konzerns, Versandhandel
Interviewpartner: Niederlassungsleiter Controlling

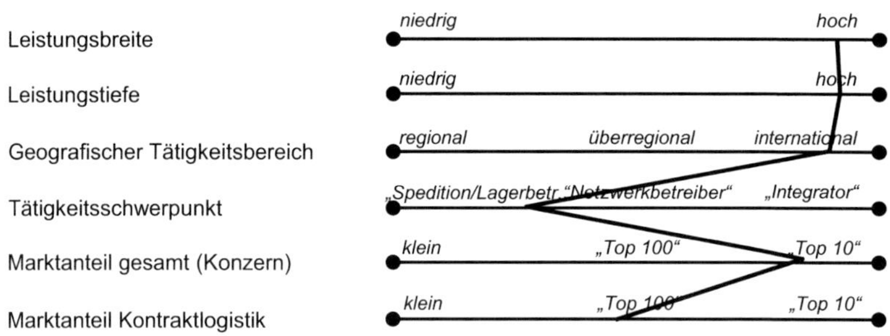

Kontraktlogistik-Spezialist, Automotive
Interviewpartner: Geschäftsführer der Beratungssparte

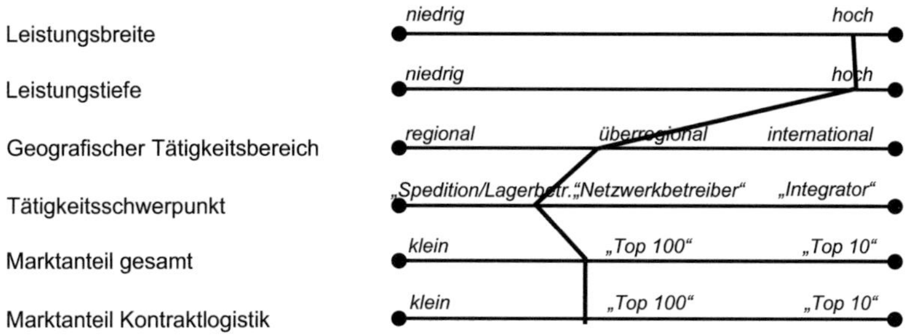

Mittelständischer Kontraktlogistik-Spezialist mit regionaler Kompetenz, Netzwerk durch Kooperation
Interviewpartner: Leiter Controlling Kontraktlogistik

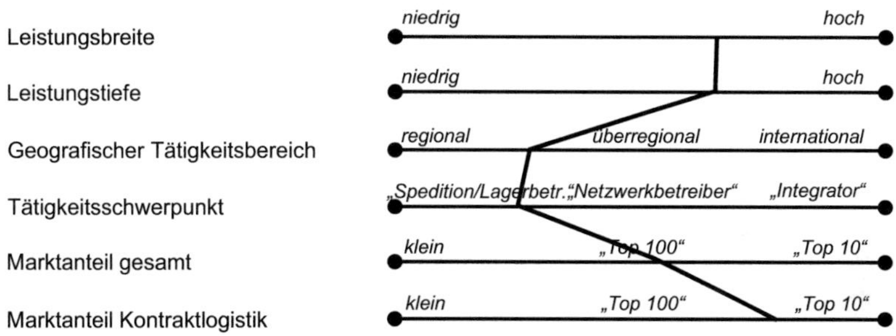

Mittelständischer Lagerspezialist, Joint Venture der Verlader mit Bestandsverantwortung und -eigentum
Interviewpartner: Geschäftsführer

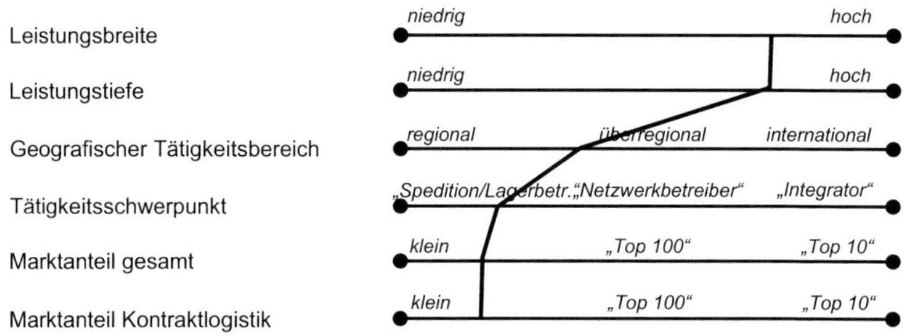

Internationaler Kontraktlogistik-Spezialist für Pharma und Kleinteile
Interviewpartner: Mitglied der Geschäftsführung

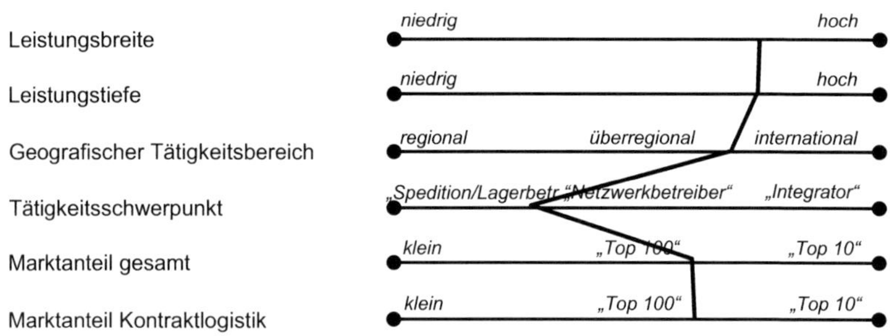

Mittelständischer Kontraktlogistik-Spezialist, Komplettlösungen
Interviewpartner: Leitung Verkauf Kontraktlogistk

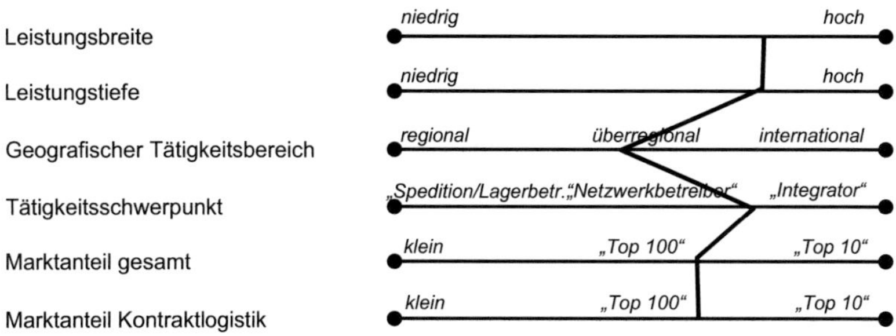

Internationaler Supply Chain Integrator, auch See- und Luftfracht
Interviewpartner: Senior Vice President Contract Logistics

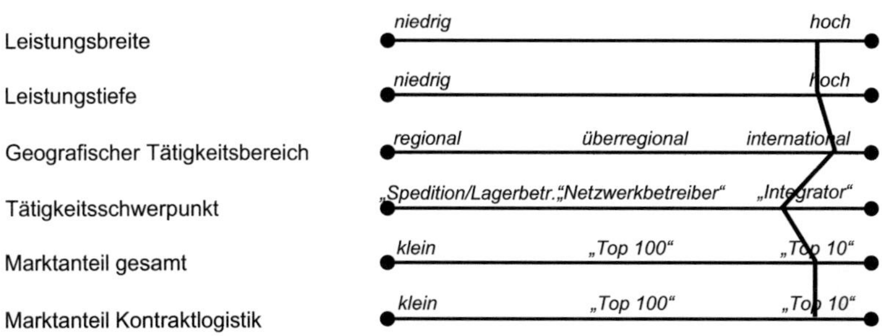

Mittelständischer Lagerlogistik-/ Fulfilment-Spezialist
Interviewpartner: Mitglied der Geschäftsführung

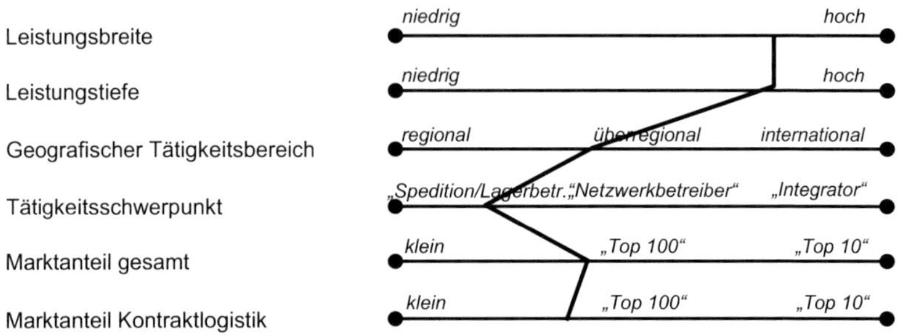

Mittelständischer Kontraktlogistik-Spezialist
Interviewpartner: Assistent Bereichsleitung Fulfilment

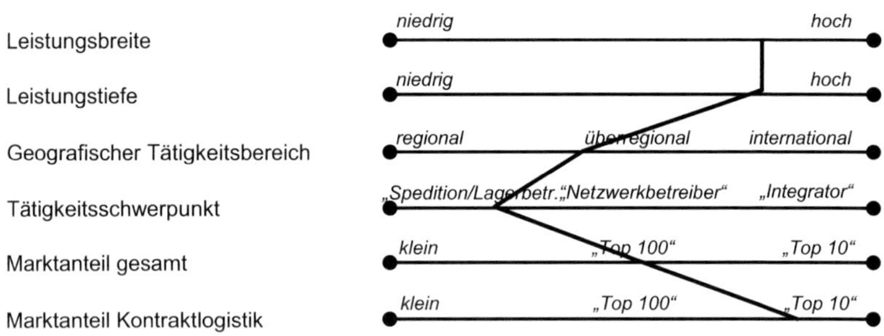

Internationaler Konzern; netzbasierte, integrierte Logistik-Konzepte
Interviewpartner: Projektmanager

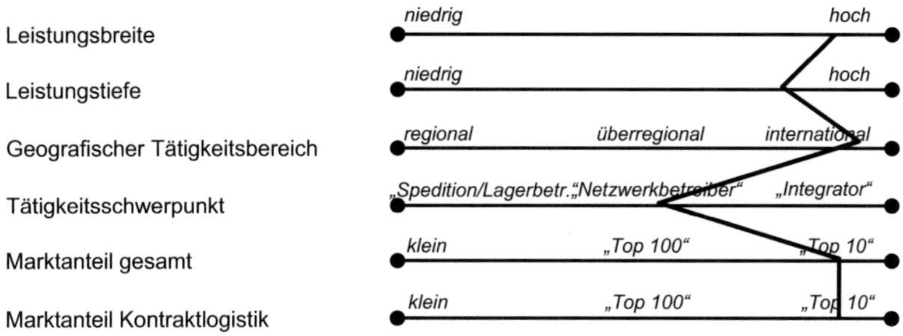

„Konzernmutter“ des zuvor genannten Dienstleisters
Interviewpartner: Head of Controlling

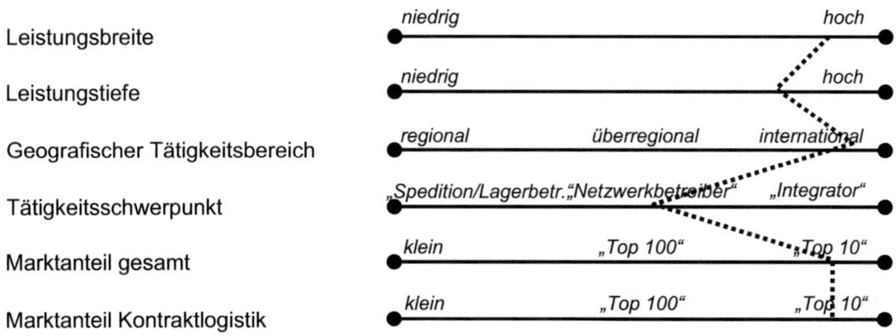

Transport- und Kontraktlogistik-Spezialist
Interviewpartner: Leiter Marketing / Qualitätsbeauftragter

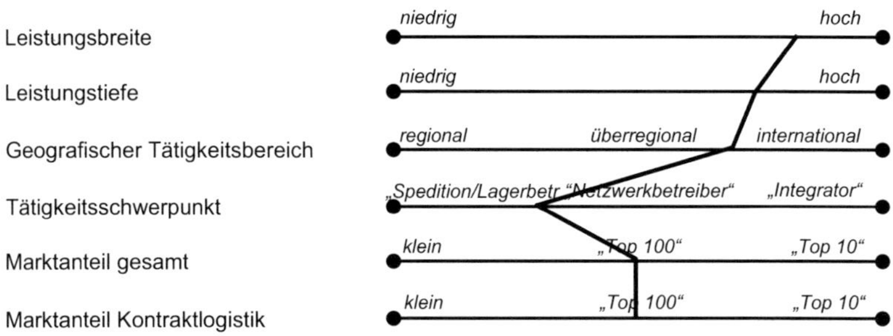

ANHANG 3: FRAGEBOGEN TEILPROZESS-BENCHMARKING

I) Kontaktdaten und allgemeine Angaben

I.2 Erhebungsdatum und Untersuchungszeitraum

Zeitpunkt der Erhebung		Durchführung der Erhebung - z.B. 07/2004
Untersuchungszeitraum		Bezugszeitraum (immer 1 Jahr), z.B. 02/2003 - 02/2004

I.2 Ansprechpartner

Name des Ansprechpartners (1)	
Position (1)	
Abteilung (1)	
Telefonnummer (1)	
Telefaxnummer (1)	
E-Mail-Adresse (1)	

Name des Ansprechpartners (2)	
Position (2)	
Abteilung (2)	
Telefonnummer (2)	
Telefaxnummer (2)	
E-Mail-Adresse (2)	

I.3 Angaben zum Gesamtunternehmen

Firmenname	
Straße	
Postleitzahl	
Ort	
Land	

Branche		Laut Branchenschlüssel im Glossar
Umsatz in Mio €		Umsatz des gesamten Unternehmens
Zahl der Beschäftigten		Gesamtanzahl der beschäftigten Personen im Unternehmen
Anzahl der Lagerstandorte		Eigenbetriebene und Outgesourcte Lagerstandorte

I.4 Angaben zum untersuchten Lagerstandort

Name des Lagerstandorts	
Straße	
Postleitzahl	
Ort	
Land	

I.5 Prozesszeiten und Durchlaufzeiten

Prozesszeiten (menschliche Arbeit)

	Sek. pro Palette	*Sek. pro Paket*
Wareneingang		
Einlagerung		
Umlagerung		
Kommissionierung		
Warenausgang		

Durchschnittliche (geschätzte) Dauer der menschlichen Arbeit pro Handlingseinheit / Kolli [Palletten(ähnliche) oder Paktete(ähnliche)] in den Teilprozessen. Beim Anstoß eines automatischen Vorgangs durch einen Mitarbeiter ist nur die tatsächliche Arbeitszeit für diesen Anstoß aufzunehmen.

Durchlaufzeiten

	Sek. pro Palette	*Sek. pro Paket*
Wareneingang		
Einlagerung		
Umlagerung		
Kommissionierung		
Warenausgang		

Durchschnittliche (geschätzte) Dauer vom Beginn des Teilprozesses bis zu dessen Ende; inkl. Systemzeiten bzw. technische Zeitdauern, Liegezeiten und Wartezeiten.

II) Strukturelle Angaben zum Lagerstandort

II.1 Angaben zu Flächen

genutzte Fläche mit Lagercharakteristik			gesamte Fläche ohne Parkplätze, Grünflächen etc.
Bruttolagerfläche			Grundfläche Lagergebäude sowie ggf. Außenlagerflächen
Nettolagerfläche			wie Bruttolagerfläche, aber ohne Fahrwege
effektive Lagerfläche			Summe der Fläche der Regalplätze

Bemerkungen

II.2 Raumkosten

(kalk.) Miete / Pacht, Abschreibungen			reale betriebswirtschaftliche Raumkosten
laufende Kosten			Versicherungen, Instandhaltung, Sauberkeit etc.

Bemerkungen

II.2 Energiekosten

	Technik	Gebäude		
Strom				elektrische Energie
Fossile				Öl, Gas, Fernwärme etc.
sonstige				Solar etc

Bemerkungen

II.3 Aufteilung der Flächen auf die Lagertypen

	Bruttolagerfläche	effektive Lagerfläche		
Palettenregallager				Lagerung von Paletten o.ä. in Regalen
Kleinteilelager				Lagerung von Kleinteilen in Regalen
Blocklager				Lagerung in Stapeln, ohne Regale
sonstige Lagertypen				z.B. Lager für Sperrgut, Schüttgut

Bemerkungen

II.4 Kapazitätsauslastung im Erhebungszeitraum

durchschnittlich	minimal	maximal		
				durschn., min., max. Anteil besetzter Lagerplätze, unabhängig von der Auslastung der einzelnen Plätze

Bemerkungen

II.5 Artikelstruktur

Lagerartikel			Artikel, die ständig im Lager geführt werden
verwaltete Artikel			Artikel im Artikelstamm, nicht ständig vorrätig
angesprochene Lagerartikel pro Tag			Artikel, die bewegt/kommissioniert werden

Artikel-Verteilung nach Ansprachehäufigkeit

	absolut	*in Prozent*		
A-Artikel Ansprache				... ergeben 80 % der Zugriffe
B-Artikel Ansprache				... ergeben 15 % der Zugriffe
C-Artikel Ansprache				... ergeben 5 % der Zugriffe

Artikel-Verteilung nach Umsatz bzw. Warenwerten

	absolut	*in Prozent*		
A-Artikel Umsatz				... ergeben 80 % des Umsatzes (Warenwert)
B-Artikel Umsatz				... ergeben 15 % des Umsatzes (Warenwert)
C-Artikel Umsatz				... ergeben 5 % des Umsatzes (Warenwert)

Bemerkungen

II.6 Durchsatz, Lagerumschlag

	nach Gewicht	*nach Volumen*	nach Warenwert
Durchsatz			
Ø Lagerbestand			
Lagerumschlag			

Σ der Auslagerungen
Häufigkeit des Lagerumschl.

Bemerkungen

II.7 Qualitative Angaben

	Ja	Nein
Saisonale Schwankungen (± 30 zum Durchschnitt)		
Kunden haben Zugang zum Lager		
Dokumentierte interne Kunden-Lieferanten-Beziehungen		

	1	2	3	4	5
Reinigung					

	Ja	Nein
... inkl. Reinigung des Equipment (Gabelstapler etc.)		

Definition der Anforderungen an Reinigung:
1: gering - seltener als wöchentlich / unregelmäßig; 2: wöchentlich "besenrein"; 3: täglich "besenrein"; 4: wöchentlich mit Regalfächern; 5: täglich mit Regalfächern

III) Angaben zur Sendungsstruktur (Inbound und Outbound)

III.1 Kunden und Lieferanten

Anzahl der Lieferanten		nur Lieferanten von Lagerartikeln
Anzahl der Kunden		alle in der EDV geführten Kunden
Anzahl der Warenempfänger		entspricht Anlieferpunkten bzw. Versandadressen

Bemerkungen

III.2 Mengenangaben

	Inbound (WE)	*Outbound (WA)*	
Lieferungen / Sendungen			Anzahl der Lieferscheine p.a.
Positionen			Positionen oder Order-lines p.a.
Handlingseinheiten			kleinste Einheit einer Lieferung, Anzahl p.a.
... davon Paletten			auch: Gitterboxen, GLT etc., Angabe in %
... davon Kartons			auch: Pakete, Normbehälter etc., Angabe in %
... davon Einzelteile			Einheiten unterhalb ganzer Kartons, Angabe in %
... davon sonstige			insb. Sperrgut, Angabe in %
Gewicht			Angabe in Tonnen p.a.
Volumen			Angabe in Kubikmetern p.a.

Bemerkungen

III.3 Lieferzeiten

	min. Zeitspanne	Ø Zeitspanne	max. Zeitspanne	
zugesicherte Lieferzeit				zugesicherte Zeispanne zwischen Auftragseingang und Auslieferung
... für X % der Lieferungen				
... davon X % eingehalten				
tatsächliche Lieferzeit				tatsächliche Zeispanne

Bemerkungen

III.4 Qualität

	Positionen	*Aufträge*	
Anzahl Reklamationen im Warenausgang			nur qualifizierte Reklamationen

	falsch belegte Plätze	Diff. HE	Diff. Warenwerte	
Inventurdifferenz				Differenz zwischen SOLL und IST

	Stichtag	*Stichproben*	*permanent*	*verlegte*	
Inventurverfahren					gem. § 240, 241 HGB

Bemerkungen

IV) Ressourceneinsatz - Personal und Mannstunden

IV.1 Anzahl Personal - beschäftigte Personen

	Operativ	*Administrativ*	
Gesamtanzahl Personal			Beschäftigte, die direkt dem Lager zuzuorden sind
Anzahl Vollzeit			Mitarbeiter mit vollem Vertrag
Anzahl Teilzeit			Mitarbeiter mit Teilzeit-Vertrag
Anzahl Aushilfen			z.B. Ferienarbeiter; wie Schüler, Studenten, usw.
Anzahl Auszubildende			Auszubildene im Lagerbereich

Bemerkungen

IV.2 Fluktuation, Krankenstand

	Operativ	*Administrativ*	
Anzahl Zugänge			
Anzahl Abgänge			
Krankenstand			tatsächliche Fehlzeiten durch Krankheit

Bemerkungen

IV.3 Kosten - Personalaufwand

	Operativ	*Administrativ*	
Personalkosten gesamt			tatsächlicher Personalaufwand
Aufwand Vollzeit			Direkte Arbeitskosten (Lohn bzw. Gehalt) sowie gesetzliche, tarifliche und freiwillige Lohnnebenkosten.
Aufwand Teilzeit			
Aufwand Aushilfen			
Aufwand Auszubildende			

Bemerkungen

IV.4 Personal - Mannstunden

	Operativ	*Administrativ*	
Mannstunden gesamt			tatsächlich geleistete Arbeitszeit
Mannstunden Vollzeit			zusätzlich zur tariflichen bzw. vertragsmäßigen Arbeitszeit (IV.1) inkl. bezahlten und unbezahlten Überstunden
Mannstunden Teilzeit			
Mannstunden Aushilfen			
Mannstunden Auszub.			

Aufteilung der Mannstunden auf die Teilprozesse

	Operativ	*Administrativ*	
Mannstunden WE			tatsächliche Arbeitszeit Wareneingang
Mannstunden EL			tatsächliche Arbeitszeit Einlagerung
Mannstunden UL			tatsächliche Arbeitszeit Umlagerung
Mannstunden KOM			tatsächliche Arbeitszeit Kommissionierung
Mannstunden WA			tatsächliche Arbeitszeit Warenausgang

Aufteilung der Mannstunden auf die Lagertypen / nach eingelagerten HE

	Operativ	*Administrativ*	
h Palettenregallager			tatsächliche Arbeitszeit Wareneingang
h Kleinteilelager			tatsächliche Arbeitszeit Einlagerung
h Blocklager			tatsächliche Arbeitszeit Umlagerung
h sonstige Lagertypen			tatsächliche Arbeitszeit Kommissionierung

Bemerkungen

IV.5 Qualitative Angaben

	Ja				Nein
Einsatz von Dienstleistern					
Arbeitszeitkonten					

	Ja		%		Nein
Prämienentlohnung Leistung (Anteil an gesamten Personalkosten)					
Prämienentlohnung Qualität (Anteil an gesamten Personalkosten)					
flexibler Einsatz der Mitarbeiter in den Teilprozessen					

	1	2	3	mehr	Nein
mehrere Schichten					

V) Ressourceneinsatz - Technik

V.1 Kosten Lagertechnik (LT)

Technik zur Unterstützung der eigentlichen Lagerung bzw. des Liegens, insb. Regale inkl. fest zugehörigen Bediengeräten

kalkulatorische Abschreibungen		kalkulatorische Abschreibungen - **linear 10 Jahre**
Instandhaltungskosten (inkl. Betriebstoffe)		Sachkosten (inkl. externer Support)
Energiekosten LT		Energiekosten für den Betrieb der Anlage

Aufteilung der Lagertechnik auf die Teilprozesse

Aufteilung entsprechend der Nutzung in den Teilprozessen, ggf. Aufteilung nach Schlüssel etwa Anteil Transportaufträge bzw. Zugriffe

WE	EL	UL	Kom / AL	WA
%	%	%	%	%

Bemerkungen

V.2 Kosten Fördertechnik (FT)

Technik zur Beförderung im Lager, insb. Stapler, Rollbänder etc.

kalkulatorische Abschreibungen		kalkulatorische Abschreibungen - **linear 10 Jahre**
Instandhaltungskosten (incl. Betriebstoffe)		Sach- und Personalkosten (inkl. externer Support)
Energiekosten FT		Energiekosten für den Betrieb der Anlage

Aufteilung der Fördertechnik auf die Teilprozesse

Aufteilung entsprechend der Nutzung in den Teilprozessen, ggf. Aufteilung nach Schlüssel etwa Anteil Transportaufträge bzw. Zugriffe

WE	EL	UL	Kom / AL	WA
%	%	%	%	%

Bemerkungen

V.3 Kosten sonstige Technik (sT)

kalkulatorische Abschreibungen		kalkulatorische Abschreibungen - **linear 10 Jahre**
Instandhaltungskosten (incl. Betriebstoffe)		Sach- und Personalkosten (inkl. externer Support)
Energiekosten sT		Energiekosten für den Betrieb der Anlage

Aufteilung sonstige Technik auf die Teilprozesse

Aufteilung entsprechend der Nutzung in den Teilprozessen, ggf. Aufteilung nach Schlüssel etwa Anteil Transportaufträge bzw. Zugriffe

WE	EL	UL	Kom / AL	WA
%	%	%	%	%

Bemerkungen

V.4 Kosten Informationstechnik (Hardware)

kalkulatorische Abschreibungen			kalkulatorische Abschreibungen - **linear 5 Jahre**
Instandhaltungskosten			Sach- und Personalkosten (inkl. externer Support)
Energiekosten IT (HW)			Energiekosten für den Betrieb der Anlage

Aufteilung der IT-Hardware auf die Teilprozesse

Aufteilung der Gesamtsumme entsprechend der Nutzung in den Teilprozessen

WE	EL	UL	Kom / AL	WA
%	%	%	%	%

Bemerkungen

V.5 Kosten Informationstechnik (Software)

kalkulatorische Abschreibungen			kalkulatorische Abschreibungen - **linear 5 Jahre**
Lizenzkosten			laufende Lizenzkosten, nicht bilanzierbar
laufende Kosten			IT-Support (int. und ext.), Zuschläge für Zentralrechner etc.

Aufteilung der IT-Software auf die Teilprozesse

Aufteilung der Gesamtsumme entsprechend der Nutzung in den Teilprozessen

WE	EL	UL	Kom / AL	WA
%	%	%	%	%

Bemerkungen

V.6 Automatisierungsgrad der Lagertypen

	manuell	halbautom.	automatisch
Palettenregallager			
Kleinteilelager			
Blocklager			
sonstige Lagertypen			

Automatisierung der Lagertypen für den jeweiligen Anteil (in %) der Liegeplätze

Vb) Investitionen - Technik

Überblick über die Höhe und Zeitpunkt aller Investitionen der letzten 10 Jahre.
Bitte geben Sie rückwirkend für die letzten 10 Jahre das Jahr der Investition, die Investitionssummen (bilanzierte Werte), sowie eine knappe Beschreibung des Objektes an.
WICHTIG: (Neu)Investitionen, die zu wesentlichen Änderungen in den Prozessabläufen geführt haben (z.B. AKL, fahrerloses Transportsystem etc.) sind in jedem Fall gesondert anzugeben.
Ersatzinvestitionen oder kleine Neuinvestitionen können aus Gründen der einfacheren Erhebung und der Übersichtlichkeit zusammengefasst werden (Kategorien siehe V) Technik)
Bei vollständiger Angabe der Investitionskosten der letzten 10 Jahre kann auf die Angabe der kalkulatorischen Abschreibungen in V.1 bis V.4 verzichtet werden, diese werden vom BMC ergänzt.

	Investitionsjahr	bilanzierte Summe	(Kurz-)Beschreibung
1			
2			
3			
4			
5			
6			
7			
8			
9			
10			
11			
12			
13			
14			
15			
16			
17			
18			
19			
20			
21			
22			
23			
24			
25			

Investitionen für Technik, die bereits abgeschrieben, aber noch in Betrieb ist

	Investitionsjahr	bilanzierte Summe	(Kurz-)Beschreibung
1			
2			
3			
4			
5			
6			
7			
8			
9			
10			
11			
12			
13			
14			
15			
16			
17			
18			
19			
20			

Bemerkungen

VI) Teilprozess Wareneingang

VI.1 Mengengerippe Wareneingang

Anzahl eingehende Lieferungen		Lieferungen von Lagerartikeln
Positionen Wareneingang		auch: Lieferscheinpositionen, Order-lines.
Positionen pro Lieferung		Anzahl der Positionen einer Durchschnitts-Lieferung

VI.2 Eingehende Objekte (Handlingseinheiten / Kolli)

Gesamtzahl eingehende HE		jedes einzeln zu greifende Stück

Art der eingehenden Objekte

Anzahl Paletten(artige)		Palette, auch Objekte wie Gitterboxen, GLT etc.
Anzahl Paket(artige)		Kartons, auch Objekte wie Normbehälter, Boxen, KLT etc.
Anzahl Einzelteile		einzeln zu greifen, d.h. nicht in Kartons bzw. Paletten o.ä.
Anzahl sonstige Objekte		insb. Sperrgut, Schüttgut etc. (bitte beschreiben)

Bemerkungen

Volumen der eingehenden Objekte

Pickgröße A		bis zur Größe einer Seifenschachtel
Pickgröße B		bis zur Größe eines PC-Towers
Pickgröße C		bis zur Größe einer Waschmaschine (Palette)
Pickgröße D		größer als eine Waschmaschine (Palette)

Gewicht der eingehenden Objekte

unter 0,5 kg	%	
0,5 bis 2 kg	%	
2 bis 10 kg	%	
10 bis 32 kg	%	
32 bis 100 kg	%	
über 100 kg	%	

Bemerkungen

VI.3 Touches

Gesamtanzahl Touches im WE pro Jahr		alle physischen Zugriffen im WE im Untersuchungsjahr

*Anzahl Touches **pro Handlingseinheit** im Wareneingang*		... für x % der Handlingseinheiten	
... bei "kurzem" Prozessverlauf (best case)		%	physische Zugriffe auf eine HE im WE bei kürzestmögl. Prozessverlauf
Beschreibung:			
... bei "langem" Prozessverlauf (worst case)		%	physische Zugriffe auf eine HE im WE bei längstem Prozessverlauf
Beschreibung:			

IV.4 Qualität

	Positionen	*Aufträge*	
Anzahl Reklamationen im Wareneingang			nur qualifizierte Reklamationen

VI.4 Abwicklungsformen im Wareneingang

Entladen		manuell	halb-autom.	automatisch	kein
Eingangs-kontr.	vollständig	Augenschein	Stichproben	verwiegen	kein
Qualitäts-kontr.	vollständig	Stichproben	Muster an QK	Augenschein	kein
Bestands-buchung	manuell	halb-autom.	online	batch	kein
Umladen / Sortieren		manuell	halb-autom.	automatisch	kein

Angabe der Abwicklungs-formen durch Eintragen der Mengenanteile in die entsprechenden Felder, z.B. "Qualitätskontrolle" 30 % (der eingehenden HE) "Stichproben" (nicht der Umfang der Stichprobe!); 70 % keine QK

VI.5 Practices im Wareneingang

	keine	< 20%	<40%	<60%	<80%	<100%
Lieferavisierung - Woche						
Lieferavisierung - Tag						
Lieferavisierung - Stunde						
Ablieferzeitfenster						
Wareneingangspuffer (abgezeichnete, klar definierte Fläche)						
Wareneigangspuffer - vorhandene Fläche	m²					

VII) Teilprozess Einlagerung

VII.1 Mengengeripppe Einlagerung

eingelagerte Positionen		auch: Lieferscheinpositionen, Order-lines

VII.2 Eingelagerte Objekte (Handlingseinheiten / Kolli)

Gesamtanzahl eingelagerter HE		jedes einzeln zu greifende Stück

Art der eingehenden Objekte

Anzahl Paletten(artige)		Palette, auch Objekte wie Gitterboxen, GLT etc.
Anzahl Paket(artige)		Kartons, auch Objekte wie Normbehälter, Boxen, KLT etc.
Anzahl Einzelteile		einzeln zu greifen, d.h. nicht in Kartons bzw. Paletten o.ä.
Anzahl sonstige Objekte		insb. Sperrgut, Schüttgut etc. (bitte beschreiben)

Bemerkungen

VII.3 Touches

Gesamtanzahl Touches in der EL pro Jahr		alle physischen Zugriffen in der EL im Untersuchungsjahr

Anzahl Touches pro Handlingseinheit in der EL		... für x % der Handlingseinheiten	
... bei "kurzem" Prozessverlauf (best case)		%	physische Zugriffe auf eine HE in der EL bei kürzestm. Prozessverlauf
Beschreibung:			
... bei "langem" Prozessverlauf (worst case)		%	physische Zugriffe auf eine HE in der EL bei längstem Prozessverlauf
Beschreibung:			

VI. Qualität

	Positionen	*Aufträge*	
Anzahl falsch eingelagerter Positionen			festgestellte Fehler

Bemerkungen

VII.4 Abwicklungsformen in der Einlagerung

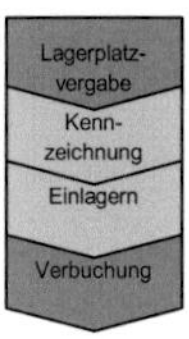

manuell	halb-autom.	automatisch	kein
manuell	halb-autom.	automatisch	kein
manuell	halb-autom.	automatisch	kein
manuell	halb-autom.	automatisch	kein

Angabe der Abwicklungsformen durch Eintragen der Mengenanteile in die entsprechenden Felder, z.B. "Kennzeichnung" 30 % (der eingehenden HE) "manuell"; 70 % keine

VII.5 Practices in der Einlagerung

	keine	< 20%	<40%	<60%	<80%	<100%
feste Lagerplatzvergabe						
Chaotische/Dynamische Lagerplatzvergabe						
Wege- und Zugriffsoptimierung						
Mann-zu-Ware						
Ware-zu-Mann						
Zonung/Segmentierung						
Kleinteile im Palettenregal						

VIII) Teilprozess Umlagerung

VIII.1 Mengengerippe Umlagerung

umgelagerte Positionen		auch: Lieferscheinpositionen, Order-lines
... davon zur Vorholung / Nachschub		Anteil zur Versorgung von Kommissionierlagern
... davon zur Zusammenleg. / Optimierg.		Anteil zur Zusammenlegung von Artikeln bzw. Lageropt.

VIII.2 Umgelagerte Objekte (Handlingseinheiten / Kolli)

Gesamtanzahl umgelagerte HE		jedes einzeln zu greifende Stück

Art der eingehenden Objekte

Anzahl Paletten(artige)		Palette, auch Objekte wie Gitterboxen, GLT etc.
Anzahl Paket(artige)		Kartons, auch Objekte wie Normbehälter, Boxen, KLT etc.
Anzahl Einzelteile		einzeln zu greifen, d.h. nicht in Kartons bzw. Paletten o.ä.
Anzahl sonstige Objekte		insb. Sperrgut, Schüttgut etc. (bitte beschreiben)

Bemerkungen

VIII.3 Touches

Gesamtanzahl Touches in der UL pro Jahr		alle physischen Zugriffen im UL im Untersuchungsjahr

Anzahl Touches pro Handlingseinheit in der UL		... für x % der Handlingseinheiten	
... bei "kurzem" Prozessverlauf (best case)		%	physische Zugriffe auf eine HE im UL bei kürzestmögl. Prozessverlauf
Beschreibung:			
... bei "langem" Prozessverlauf (worst case)		%	physische Zugriffe auf eine HE im UL bei längstem Prozessverlauf
Beschreibung:			

VIII.4 Abwicklungsformen in der Umlagerung

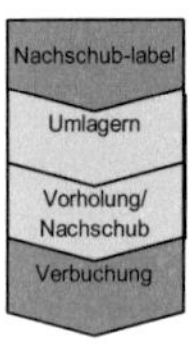

manuell	halb-autom.	automatisch	kein
manuell	halb-autom.	automatisch	kein
manuell	halb-autom.	automatisch	kein
manuell	halb-autom.	automatisch	kein

Angabe der Abwicklungs-formen durch Eintragen der Mengenanteile in die entsprechenden Felder, z.B. "Umlagern" 30 % (der abgewickelten HE - VII.2) "Stapler"; 70 % keine

IX) Teilprozess Kommissionierung

IX.1 Mengengerippe Kommissionierung

Kommissionieraufträge		Anzahl Aufträge des Kunden
Kommissionierscheine		evtl. Spaltg. Auftrag in mehrere Kommissionierscheine
Positionen Kommissionierung		Anzahl Order-lines
Picks		Anzahl Zugriffe

IX.2 Objekte in der Kommissionierung (Handlingseinheiten / Kolli)

Gesamtanzahl kommissionierte HE		jedes einzeln zu greifende Stück
... davon Auslagerung von Ganzpaletten		

Art der kommissionierten Objekte

Anzahl Paletten(artige)		Palette, auch Objekte wie Gitterboxen, GLT etc.
Anzahl Paket(artige)		Kartons, auch Objekte wie Normbehälter, Boxen, KLT etc.
Anzahl Einzelteile		einzeln zu greifen, d.h. nicht in Kartons bzw. Paletten o.ä.
Anzahl sonstige Objekte		insb. Sperrgut, Schüttgut etc. (bitte beschreiben)

Bemerkungen

Volumen der kommissionierten Objekte

Pickgröße A		bis zur Größe einer Seifenschachtel
Pickgröße B		bis zur Größe eines PC-Towers
Pickgröße C		bis zur Größe einer Waschmaschine (Palette)
Pickgröße D		größer als eine Waschmaschine (Palette)

Gewicht der kommissionierten Objekte

unter 0,5 kg	%	
0,5 bis 2 kg	%	
2 bis 10 kg	%	
10 bis 32 kg	%	
32 bis 100 kg	%	
über 100 kg	%	

IX.3 Touches

Gesamtanzahl Touches in der KOM pro Jahr		alle physischen Zugriffen im KOM im Untersuchungsjahr

Anzahl Touches pro Handlingseinheit in der KOM		... für x % der Handlingseinheiten	
... bei "kurzem" Prozessverlauf (best case)		%	physische Zugriffe auf eine HE KOM bei kürzestmögl. Prozessverlauf
Beschreibung:			
... bei "langem" Prozessverlauf (worst case)		%	physische Zugriffe auf eine HE KOM bei längstem Prozessverlauf
Beschreibung:			

IX.4 Qualität

Fehler sind Falschmengen (Mehr- oder Mindermengen), falsche Artikel, beschädigte Artikel sowie sonstige Mängel; alle reklamierten und dokumentierten Mängel, die in einem späteren Prozeßschritt bzw. vom Kunden entdeckt werden.

	Positionen	*Aufträge*	
Anzahl Fehler Kommissionierung			

Bemerkungen

IX.5 Aufteilung auf die Lagertypen

Palettenregallager

Positionen KOM PL	%
Handlingseinheiten KOM PL	%
Gewicht KOM PL	%
Volumen KOM PL	%
Anzahl Touches KOM PL	%
Anzahl fehlerhafter Positionen KOM PL	%

Bemerkungen

Kleinteilelager

Positionen KOM KTL	%
Handlingseinheiten KOM KTL	%
Gewicht KOM KTL	%
Volumen KOM KTL	%
Anzahl Touches KOM KTL	%
Anzahl fehlerhafter Positionen KOM KTL	%

Bemerkungen

Blocklager

Positionen KOM BL	%
Handlingseinheiten KOM BL	%
Gewicht KOM BL	%
Volumen KOM BL	%
Anzahl Touches KOM BL	%
Anzahl fehlerhafter Positionen KOM BL	%

Bemerkungen

sonstige Lagertypen

Positionen KOM SL	%
Handlingseinheiten KOM SL	%
Gewicht KOM SL	%
Volumen KOM SL	%
Anzahl Touches KOM SL	%
Anzahl fehlerhafter Positionen KOM SL	%

Bemerkungen

IX.6 Abwicklungsformen in der Kommissionierung

Annahme Kom'auftrag	manuell	halb-autom.	online	batch	kein
Erstellen Kom'belege		manuell	halb-autom.	automatisch	kein
Auslagern /Kommission.	manuell	halb-autom.	automatisch	Auslagerung	kein
Qualitäts- /Mengenkontr.	vollständig	Augenschein	Stichproben	verwiegen	kein
Rückmeldung	manuell	halb-autom.	online	batch	kein

Angabe der Abwicklungsformen durch Eintragen der Mengenanteile in die entsprechenden Felder, z.B. "Auslagern /Kommissionieren" 30 % (der HE - IX.2) "Auslagerung" von ganzen HE (z.B. Ganzpaletten); 70 % manuell (Picken und Putten)

IX.7 Practices in der Kommissionierung

	keine	< 20%	<40%	<60%	<80%	<100%
Lieferschein = Kommissionierschein						
Kommissionierwagen						
Kommissionierung mit Behältern						
Kommissionieren in Versandbehälter						
mehrere Kommissionierscheine						
beleglose Kommissionierung						
Klärplätze						

X) Teilprozess Warenausgang

X.1 Mengengerippe Warenausgang

Anzahl Sendungen Warenausgang		Lieferungen von Lagerartikeln
Positionen Warenausgang		auch: Lieferscheinpositionen, Order-lines
Ø Positionen pro Sendung		Anzahl der Positionen einer Durchschnitts-Sendung

X.2 Eingehende Objekte (Handlingseinheiten / Kolli)

Gesamtzahl HE Warenausgang		jedes einzeln zu greifende Stück

Art der eingehenden Objekte

Anzahl Paletten(artige)		Palette, auch Objekte wie Gitterboxen, GLT etc.
Anzahl Paket(artige)		Kartons, auch Objekte wie Normbehälter, Boxen, KLT etc.
Anzahl Einzelteile		einzeln zu greifen, d.h. nicht in Kartons bzw. Paletten o.ä.
Anzahl sonstige Objekte		insb. Sperrgut, Schüttgut etc. (bitte beschreiben)

Bemerkungen

Volumen der eingehenden Objekte

Pickgröße A		bis zur Größe einer Seifenschachtel
Pickgröße B		bis zur Größe eines PC-Towers
Pickgröße C		bis zur Größe einer Waschmaschine (Palette)
Pickgröße D		größer als eine Waschmaschine (Palette)

Gewicht der eingehenden Objekte

unter 0,5 kg		
0,5 bis 2 kg	%	
2 bis 10 kg	%	
10 bis 32 kg	%	
32 bis 100 kg	%	
über 100 kg	%	

X.3 Touches

Gesamtanzahl Touches im WA pro Jahr		alle physischen Zugriffen im WA im Untersuchungsjahr

Anzahl Touches pro Handlingseinheit im Warenausgang		... für x % der Handlingseinheiten	
... bei "kurzem" Prozessverlauf (best case)		%	physische Zugriffe auf eine HE im WA bei kürzestm. Prozessverlauf
Beschreibung:			
... bei "langem" Prozessverlauf (worst case)		%	physische Zugriffe auf eine HE im WA bei längstem Prozessverlauf
Beschreibung:			

X.4 Qualität

	Positionen	*Aufträge*	
Anzahl Reklamationen im Warenausgang			nur qualifizierte Reklamationen

X.5 Abwicklungsformen im Warenausgang

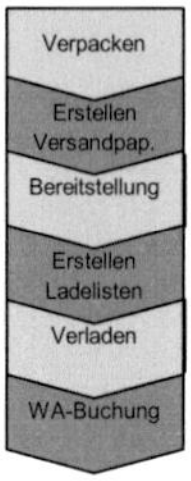

manuell	halb-autom.	automatisch	kein
manuell	halb-autom.	automatisch	kein
manuell	halb-autom.	automatisch	kein
manuell	halb-autom.	automatisch	kein
manuell	halb-autom.	automatisch	kein
manuell	halb-autom.	automatisch	kein

Angabe der Abwicklungsformen durch Eintragen der Mengenanteile in die entsprechenden Felder, z.B. "Erstellen Ladelisten" (für) 30 % (der HE - X.2) manuell; 70 % keine

X.6 Practices im Warenausgang

	keine	< 20%	<40%	<60%	<80%	<100%
Warenausgangs-Puffer						
feste Tourenplätze						
Klärplätze						

ANHANG 4: FRAGEBOGEN AKTIVITÄTEN-BENCHMARKING

Code-Nr:	

I. Allgemeine Angaben

I-1 Adressdaten

		Bemerkungen	
Firmenname			
Straße			
PLZ			
Ort			
Land			
Datum der Erhebung			

		Bemerkungen	
Alle Angaben (außer den Zeiten der Aktivitäten) beziehen sich auf den Zeitraum			

			Bemerkungen	
1. Ansprech-partner	Name des Ansprechpartners (1)			
	Position (1)			
	Abteilung (1)			
	Telefonnummer (1)			
	Telefaxnummer (1)			
	E-Mail-Adresse (1)			

			Bemerkungen	
2. Ansprech-partner	Name des Ansprechpartners (2)			
	Position (2)			
	Abteilung (2)			
	Telefonnummer (2)			
	Telefaxnummer (2)			
	E-Mail-Adresse (2)			

I-2 Betriebswirtschaftliche Kenngrößen des Gesamtunternehmens

		Bemerkungen	
Branche			
Umsatz in Mio €			
Zahl der Beschäftigten			
Anzahl der Standorte			

II. Allgemeine Angaben zum untersuchten Lager

II-1 Standort und Umsatz

			Bemerkungen
Straße			
PLZ			
Ort			
Umsatz des Lagers in Mio €			
Innenumsatz des Lagers in Mio €			

II-2 Lagerflächen nach Bebauungsart

Bruttolagerfläche (allgemein)		
Bruttolagerfläche (Lagergebäude)		

II-3 Aufteilung der Lagerfläche nach Lagertyp

			Bemerkungen
Anteil Palettenregallager			
Anteil Kleinteilelager			
Anteil Blocklager			
Anteil Sonstige Lagertypen			
Summe (100 %)			

II-4 Nutzung der Lagerflächen aus Teilprozessicht

			Bemerkungen
Wareneingang			
Einlagerung			
Lagerung			
Kommissionierung			
Warenausgang			
Summe			
Kontrollzeile (muß mit Summe übereinstimmen)			

II-5 Artikelstruktur

			Bemerkungen
Lagerartikel			
Verwaltete Artikel			
Angesprochene Lagerartikel pro Tag			

II-10 Aufträge und Positionen

			Bemerkungen
Anzahl Aufträge			
Anzahl der reklamierten Aufträge			
Anzahl der Handlingseinheiten WA			

II-11 Sonstige Angaben

			Bemerkungen
Anzahl der Lieferanten			
Anzahl der Kunden			
Anzahl der Warenempfänger			

III-3 Wareneingangskontrolle

			Bemerkungen
Anzahl der Handlingseinheiten (pro Jahr)			
durchschnittliche Wegstrecke (in Metern pro Handlingseinheit)			

	Vollständig	Stichproben	Verwiegen	kein
Objekttypen - Art der Handlingseinheiten				
Abgewickelte Handlingseinheiten pro Jahr (anteilig)				
Arbeitszeit pro Aktivität (gemessen) in Min.				
Gesamtzeit (inkl. automatische Vorgänge) in Std.				

Beschreibung	

III-4 Qualitätskontrolle

			Bemerkungen
Anzahl der Handlingseinheiten (pro Jahr)			
durchschnittliche Wegstrecke (in Metern pro Handlingseinheit)			
Klärplätze vorhanden			

	Vollständig	Stichproben	Verwiegen	kein
Objekttypen - Art der Handlingseinheiten				
Abgewickelte Handlingseinheiten pro Jahr (anteilig)				
Arbeitszeit pro Aktivität (gemessen) in Min.				
Gesamtzeit (inkl. automatische Vorgänge) in Std.				

Beschreibung	

III-3 Wareneingangskontrolle

		Bemerkungen
Anzahl der Handlingseinheiten (pro Jahr)		
durchschnittliche Wegstrecke (in Metern pro Handlingseinheit)		

	Vollständig	Stichproben	Verwiegen	kein
Objekttypen - Art der Handlingseinheiten				
Abgewickelte Handlingseinheiten pro Jahr (anteilig)				
Arbeitszeit pro Aktivität (gemessen) in Min.				0
Gesamtzeit (inkl. automatische Vorgänge) in Std.				0

Beschreibung	

III-4 Qualitätskontrolle

		Bemerkungen
Anzahl der Handlingseinheiten (pro Jahr)		
durchschnittliche Wegstrecke (in Metern pro Handlingseinheit)		
Klärplätze vorhanden		

	Vollständig	Stichproben	Verwiegen	kein
Objekttypen - Art der Handlingseinheiten				
Abgewickelte Handlingseinheiten pro Jahr (anteilig)				
Arbeitszeit pro Aktivität (gemessen) in Min.				
Gesamtzeit (inkl. automatische Vorgänge) in Std.				

Beschreibung	

III-5 Bestandsbuchung

		Bemerkungen
Anzahl der Handlingseinheiten (pro Jahr)		
durchschnittliche Wegstrecke (in Metern pro Handlingseinheit)		
Datenübertragung (batch/online)		

Beschreibung der Systeme	

	Manuell	Barcode	Online	RFID
Objekttypen - Art der Handlingseinheiten				
Abgewickelte Handlingseinheiten pro Jahr (anteilig)				
Arbeitszeit pro Aktivität (gemessen) in Min.				
Gesamtzeit (inkl. automatische Vorgänge) in Std.				

Beschreibung	

III-6 Umladen/Sortieren

		Bemerkungen
Anzahl der Handlingseinheiten (pro Jahr)		
durchschnittliche Wegstrecke (in Metern pro Handlingseinheit)		
Art des Umladens (Streching, Wechsel Palette, Sortenreine Lagerung)		

	manuell	halb-automatisch	automatisch	kein
Objekttypen - Art der Handlingseinheiten				
Abgewickelte Handlingseinheiten pro Jahr (anteilig)				
Arbeitszeit pro Aktivität (gemessen) in Min.				
Gesamtzeit (inkl. automatische Vorgänge) in Std.				

Beschreibung	

IV. Einlagerung

IV-1 Allgemein Einlagerung

		Bemerkungen
Wegstrecke Einlagerung gesamt (in Metern pro Handlingseinheit)		
Wegstrecke zwischen den Aktivitäten (in Metern pro Handlingseinheit)		
Wegstrecke innerhalb der Aktivitäten (Summe) (in Metern pro Handlingseinheit)		
Kontrollsumme		

Handlingseinheiten (pro Jahr)		

IV-2 Lagerplatzvergabe

		Bemerkungen
Anzahl der Handlingseinheiten (pro Jahr)		
durchschnittliche Wegstrecke (in Metern pro Handlingseinheit)		
Zuordnung der Lagerplätze (1: chaotisch; 2: statisch)		

	manuell	halb-automatisch	automatisch	keine
Objekttypen - Art der Handlingseinheiten				
Abgewickelte Handlingseinheiten pro Jahr (anteilig)				
Arbeitszeit pro Aktivität (gemessen) in Min.				
Gesamtzeit (inkl. automatische Vorgänge) in Std.				

Beschreibung	

IV-3 Kennzeichnung der Ware

		Bemerkungen
Anzahl der Handlingseinheiten (pro Jahr)		
durchschnittliche Wegstrecke (in Metern pro Handlingseinheit)		
Anzahl der Kennzeichnungen pro Handlingseinheit		

	manuell	halb-automatisch	automatisch	keine
Objekttypen - Art der Handlingseinheiten				
Abgewickelte Handlingseinheiten pro Jahr (anteilig)				
Arbeitszeit pro Aktivität (gemessen) in Min.				
Gesamtzeit (inkl. automatische Vorgänge) in Std.				

Beschreibung	

IV-4 Einlagern

		Bemerkungen
Anzahl der Handlingseinheiten (pro Jahr)		
durchschnittliche Wegstrecke (in Metern pro Handlingseinheit)		

	manuell - Hubwagen	manuell - Stapler	halb-automatisch	automatisch
Objekttypen - Art der Handlingseinheiten				
Abgewickelte Handlingseinheiten pro Jahr (anteilig)				
Arbeitszeit pro Aktivität (gemessen) in Min.				
Gesamtzeit (inkl. automatische Vorgänge) in Std.				

Beschreibung	

IV-5 Verbuchung der Einlagerung

		Bemerkungen
Anzahl der Handlingseinheiten (pro Jahr)		
durchschnittliche Wegstrecke (in Metern pro Handlingseinheit)		
Datenübertragung (batch/online)		

Beschreibung der Systeme	

	manuell	halb-automatisch	automatisch	keine
Objekttypen - Art der Handlingseinheiten				
Abgewickelte Handlingseinheiten pro Jahr (anteilig)				
Arbeitszeit pro Aktivität (gemessen) in Min.				
Gesamtzeit (inkl. automatische Vorgänge) in Std.				

Beschreibung	

IV-6 Erstellen Nachschublabel

		Bemerkungen
Anzahl der Handlingseinheiten (pro Jahr)		
durchschnittliche Wegstrecke (in Metern pro Handlingseinheit)		

	manuell	halb-automatisch	automatisch	kein
Objekttypen - Art der Handlingseinheiten				
Abgewickelte Handlingseinheiten pro Jahr (anteilig)				
Arbeitszeit pro Aktivität (gemessen) in Min.				
Gesamtzeit (inkl. automatische Vorgänge) in Std.				

Beschreibung	

V. Umlagerung

V-1 Allgemein Umlagerung

		Bemerkungen
Wegstrecke Umlagerung gesamt (in Metern pro Handlingseinheit)		
Wegstrecke zwischen den Aktivitäten (in Metern pro Handlingseinheit)		
Wegstrecke innerhalb der Aktivitäten (Summe) (in Metern pro Handlingseinheit)		
Kontrollsumme		

Handlingseinheiten (pro Jahr)		

V-2 Erstellen Nachschublabel

		Bemerkungen
Anzahl der Handlingseinheiten (pro Jahr)		
durchschnittliche Wegstrecke (in Metern pro Handlingseinheit)		

	manuell	halb-automatisch	automatisch	kein
Objekttypen - Art der Handlingseinheiten				
Abgewickelte Handlingseinheiten pro Jahr (anteilig)				
Arbeitszeit pro Aktivität (gemessen) in Min.				
Gesamtzeit (inkl. automatische Vorgänge) in Std.				

Beschreibung	

V-3 Umlagern

Anzahl der Handlingseinheiten (pro Jahr)	
durchschnittliche Wegstrecke (in Metern pro Handlingseinheit)	
Grund der Umlagerung (1: Zusammenlegung; 2: Lageroptimierung; 3: sonstige [*Bemerkung!*])	

Bemerkungen

	manuell	halb-automatisch	automatisch	kein
Objekttypen - Art der Handlingseinheiten				
Abgewickelte Handlingseinheiten pro Jahr (anteilig)				
Arbeitszeit pro Aktivität (gemessen) in Min.				
Gesamtzeit (inkl. automatische Vorgänge) in Std.				

Beschreibung	

V-4 Vorholung

Anzahl der Handlingseinheiten	
durchschnittliche Wegstrecke	

Bemerkungen

	manuell	halb-automatisch	automatisch	kein
Objekttypen - Art der Handlingseinheiten				
Abgewickelte Handlingseinheiten pro Jahr (anteilig)				
Arbeitszeit pro Aktivität (gemessen) in Min.				
Gesamtzeit (inkl. automatische Vorgänge) in Std.				

Beschreibung	

V-5 Verbuchung der Umlagerung

		Bemerkungen
Anzahl der Handlingseinheiten (pro Jahr)		
durchschnittliche Wegstrecke (in Metern pro Handlingseinheit)		
Datenübertragung (batch/online)		

Beschreibung der Systeme	

	manuell	halb-automatisch	automatisch	keine
Objekttypen - Art der Handlingseinheiten				
Abgewickelte Handlingseinheiten pro Jahr (anteilig)				
Arbeitszeit pro Aktivität (gemessen) in Min.				0
Gesamtzeit (inkl. automatische Vorgänge) in Std.				0

Beschreibung	

V. Kommissionierung

V-1 Allgemein Kommissionierung

		Bemerkungen
Wegstrecke Einlagerung gesamt (in Metern pro Handlingseinheit)		
Wegstrecke zwischen den Aktivitäten (in Metern pro Handlingseinheit)		
Wegstrecke innerhalb der Aktivitäten (Summe) (in Metern pro Handlingseinheit)		
Kontrollsumme		

Handlingseinheiten (pro Jahr)		

V-2 Annahme Kommissionierauftrag

		Bemerkungen
Anzahl der Handlingseinheiten (pro Jahr)		
durchschnittliche Wegstrecke (in Metern pro Handlingseinheit)		

	manuell	halb-automatisch	automatisch
Objekttypen - Art der Handlingseinheiten			
Abgewickelte Handlingseinheiten pro Jahr (anteilig)			
Arbeitszeit pro Aktivität (gemessen) in Min.			
Gesamtzeit (inkl. automatische Vorgänge) in Std.			

Beschreibung	

V-3 Erstellen Kommissionierbelege

		Bemerkungen
Anzahl der Handlingseinheiten (pro Jahr)		
durchschnittliche Wegstrecke (in Metern pro Handlingseinheit)		
Datenübertragung (1: batch; 2: online)		
Konsolidierung (1: ja; 2: nein)		
Anzahl der Sonderprozesse (z.B. Eilaufträge)		

	manuell	halb-automatisch	automatisch	keine
Objekttypen - Art der Handlingseinheiten				
Abgewickelte Handlingseinheiten pro Jahr (anteilig)				
Arbeitszeit pro Aktivität (gemessen) in Min.				
Gesamtzeit (inkl. automatische Vorgänge) in Std.				

Beschreibung	

V-4 Kommissionierung

		Bemerkungen
Anzahl der Handlingseinheiten (pro Jahr)		
durchschnittliche Wegstrecke (in Metern pro Handlingseinheit)		
Stufigkeit (1: einstufig; 2: mehrstufig)		
Zonung (1: ja; 2: nein)		

	manuell - Hubwagen	manuell - Stapler	halb-automatisch	automatisch
Objekttypen - Art der Handlingseinheiten				
Abgewickelte Handlingseinheiten pro Jahr (anteilig)				
Arbeitszeit pro Aktivität (gemessen) in Min.				
Gesamtzeit (inkl. automatische Vorgänge) in Std.				

Beschreibung	

V-5 Qualitäts- /Mengenkontrolle

		Bemerkungen
Anzahl der Handlingseinheiten (pro Jahr)		
durchschnittliche Wegstrecke (in Metern pro Handlingseinheit)		
Anteil der fehlerhaften Handlingseinheiten		

Technische Anforderungen der Kontrolle	

	Vollständig	Stichproben	Verwiegen	kein
Objekttypen - Art der Handlingseinheiten				
Abgewickelte Handlingseinheiten pro Jahr (anteilig)				
Arbeitszeit pro Aktivität (gemessen) in Min.				
Gesamtzeit (inkl. automatische Vorgänge) in Std.				

Beschreibung	

V-6 Rückmeldung

		Bemerkungen
Anzahl der Handlingseinheiten (pro Jahr)		
durchschnittliche Wegstrecke (in Metern pro Handlingseinheit)		

	manuell	halb-automatisch	automatisch	keine
Objekttypen - Art der Handlingseinheiten				
Abgewickelte Handlingseinheiten pro Jahr (anteilig)				
Arbeitszeit pro Aktivität (gemessen) in Min.				
Gesamtzeit (inkl. automatische Vorgänge) in Std.				

Beschreibung	

VI. Warenausgang

VI-1 Allgemein Warenausgang

		Bemerkungen
Wegstrecke Warenausgang gesamt (in Metern pro Handlingseinheit)		
Wegstrecke zwischen den Aktivitäten (in Metern pro Handlingseinheit)		
Wegstrecke innerhalb der Aktivitäten (Summe) (in Metern pro Handlingseinheit)		
Kontrollsumme	0 m	

Handlingseinheiten (pro Jahr)		

VI-2 Verpacken

		Bemerkungen
Anzahl der Handlingseinheiten (pro Jahr)		
durchschnittliche Wegstrecke (in Metern pro Handlingseinheit)		

Besondere Anforderungen (z.B. Gefahrgut)	

	manuell	halb-automatisch	automatisch	keine
Objekttypen - Art der Handlingseinheiten				
Abgewickelte Handlingseinheiten pro Jahr (anteilig)				
Arbeitszeit pro Aktivität (gemessen) in Min.				
Gesamtzeit (inkl. automatische Vorgänge) in Std.				

Beschreibung	

VI-3 Erstellen Versandpapiere

		Bemerkungen
Anzahl der Handlingseinheiten (pro Jahr)		
durchschnittliche Wegstrecke (in Metern pro Handlingseinheit)		
inkl. Zollpapieren? (1: ja; 2: nein)		

	manuell	halb-automatisch	automatisch
Objekttypen - Art der Handlingseinheiten			
Abgewickelte Handlingseinheiten pro Jahr (anteilig)			
Arbeitszeit pro Aktivität (gemessen) in Min.			
Gesamtzeit (inkl. automatische Vorgänge) in Std.			

Beschreibung	

VI-4 Bereitstellung

		Bemerkungen
Anzahl der Handlingseinheiten (pro Jahr)		
durchschnittliche Wegstrecke (in Metern pro Handlingseinheit)		
zusätzliche Kennzeichnung (1: Ja; 2: Nein)		

	manuell - Hubwagen	manuell - Stapler	halb-automatisch	automatisch
Objekttypen - Art der Handlingseinheiten				
Abgewickelte Handlingseinheiten pro Jahr (anteilig)				
Arbeitszeit pro Aktivität (gemessen) in Min.				
Gesamtzeit (inkl. automatische Vorgänge) in Std.				

Beschreibung	

VI-5 Erstellen der Ladelisten

			Bemerkungen
Anzahl der Handlingseinheiten (pro Jahr)			
durchschnittliche Wegstrecke (in Metern pro Handlingseinheit)			

Beschreibung der Systeme	

	manuell	halb-automatisch	automatisch	keine
Objekttypen - Art der Handlingseinheiten				
Abgewickelte Handlingseinheiten pro Jahr (anteilig)				
Arbeitszeit pro Aktivität (gemessen) in Min.				
Gesamtzeit (inkl. automatische Vorgänge) in Std.				

Beschreibung	

VI-6 Verladen

			Bemerkungen
Anzahl der Handlingseinheiten (pro Jahr)			
durchschnittliche Wegstrecke (in Metern pro Handlingseinheit)			
Rampe vorhanden (1: für alle Sendungen 2: für > 50 %; 3: für < 50 %; 4: keine)			

	manuell	halb-automatisch	automatisch	kein
Objekttypen - Art der Handlingseinheiten				
Abgewickelte Handlingseinheiten pro Jahr (anteilig)				
Arbeitszeit pro Aktivität (gemessen) in Min.				
Gesamtzeit (inkl. automatische Vorgänge) in Std.				

Beschreibung	

VI-7 Warenausgangsbuchung

		Bemerkungen
Anzahl der Handlingseinheiten (pro Jahr)		
durchschnittliche Wegstrecke (in Metern pro Handlingseinheit)		

	manuell	halb-automatisch	automatisch
Objekttypen - Art der Handlingseinheiten			
Abgewickelte Handlingseinheiten pro Jahr (anteilig)			
Arbeitszeit pro Aktivität (gemessen) in Min.			
Gesamtzeit (inkl. automatische Vorgänge) in Std.			

Beschreibung	

ANHANG 5: DEFINITION DER AKTIVITÄTEN UND ABWICKLUNGSFORMEN

Wareneingang

	Beginn	*Tätigkeit*	*Ende*	*Identifizierte Abwicklungsformen*	*Treiberfaktoren*
Entladen	Beginn Entladen	Öffnen der Ladeeinheit; Entladevorgang; Bereitstellung auf Sammelplatz	Ware auf Sammelplatz	Manuell-Stapler Manuell-Hubwagen Halb-automatisch Automatisch	Wegstrecke Handlingseinheit Rampe ja/nein
Wareneingangs-kontrolle	Ware auf Sammelplatz	Abgleich Entladeliste bzw. Lieferschein mit gelieferter Ware (Identität der Lieferung, Feststellung äußerer Mängel)	Bestätigung / Unterschrift auf Lieferschein	Umfassend – „Aufbrechen“ der HE Augenschein – Ebene der HE Verwiegen – Ebene der HE Keine	Wegstrecke Handlingseinheit Umfang: Vollständig / Stichprobe
Qualitätskontrolle	Verbringung zu Kontrollstelle	Qualitäts-/ Mengenkontrolle (auf Ebene einzelner Artikel)	Bestätigung/ Verbringung zur Sammelstelle /Umladeplatz	Techn. Prüfung – "Aufbrechen" HE Zählen – "Aufbrechen" HE Augenschein/ Verwiegen Keine	Wegstrecke Handlingseinheit Umfang: Vollständig / Stichprobe Klärplatz: ja/nein
Bestands-buchung	Übergabe Begleitpapier/ Beginn Scannung/ Vereinnahmung der Ware	Verbuchung der Ware im WWS	Verbuchung erfolgt	Manuell Halb-automatisch Automatisch Keine	Wegstrecke Handlingseinheit Eingesetztes System Datenübertragung: Online/Batch
Umladen/ Sortieren	Beginn Umladen/ Sortieren	Wechsel Behälter, Palette, Stapelhöhe; Sortieren z.B. nach Gefahrgutklassen, ...; Abnahme leere Paletten / Behälter	Bereitstellung zur Einlagerung (Bereitstellungsplatz)	Manuell Halb-automatisch Automatisch Keine	Wegstrecke Handlingseinheit Art des Umladens (z.B. Wechsel der Palette, sortenreine Einlagerung).

Einlagerung

	Beginn	Tätigkeit	Ende	Identifizierte Abwicklungsformen	Treiberfaktoren
Lagerplatz-vergabe	Verbuchung in WWS erfolgt	Zuordnung der Ware auf Lagerplätze; Erstellen entspr. Wareneingangs-label	Label erstellt	Manuell Halb-automatisch Automatisch Sonstige	Wegstrecke Handlingseinheit Art der Lagerplatzvergabe
Kennzeich-nung	Wareneingangslabel erstellt	Kennzeichnung der Ware mit Wareneingangs-labeln	Ware ist gekennzeichnet (Bereitstellungs-platz)	Manuell Halb-automatisch Automatisch Keine	Wegstrecke Handlingseinheit Anzahl der Kennzeichnungen pro Handlingseinheit
Einlagern	Identifizierung am Bereitstellungsplatz	Verteilung der Waren auf die Lagerplätze gemäß der Wareneingangs-label	Ware am Lagerplatz/Über-gabeplatz	Manuell-Stapler Manuell-Hubwagen Halb-automatisch Automatisch	Wegstrecke Handlingseinheit
Verbuchung Einlagerung	Ware ist am Lagerplatz	Verbuchung der Wareneinlagerung im EDV-System	Verbuchung ist erfolgt	Manuell Halb-automatisch Automatisch Keine	Wegstrecke Handlingseinheit Batch – Online Wegstrecke

Umlagerung

Erstellen Nachschublabel	Nachschubbedarf im WWS	Erstellen der Info für die Umlagerung bzw. Vorholung ins Kommissionier-lager	Nachschublabel erstellt	Manuell Halb-automatisch Automatisch Keine	Wegstrecke Handlingseinheit
Umlagern	Entnahme vom Lagerplatz	Umlagern (Lager-optimierung)	Ware am Lagerplatz	Manuell Halb-automatisch Automatisch Keine	Wegstrecke Handlingseinheit Grund der Umlagerung
Vorholung	Entnahme vom Lagerplatz	Kennzeichnung mit Nachschublabel, Verbringung zum Kommissionier-platz	Ware am Kommissionier-platz	Manuell Halb-automatisch Automatisch Keine	Wegstrecke Handlingseinheit
Verbuchung Umlagerung	Ware ist am Lagerplatz	Verbuchung der Umlagerung im EDV-System	Verbuchung ist erfolgt	Manuell Halb-automatisch Automatisch Keine	Wegstrecke Handlingseinheit Batch – Online Wegstrecke

Kommissionierung

	Beginn	*Tätigkeit*	*Ende*	*Identifizierte Abwicklungsformen*	*Treiberfaktoren*
Annahme Komm'auftrag	Eingang Auftrag	Annahme eingehender Aufträge (Telefon, Fax, Online, etc.)	Auftrag eingebucht	manuell (Fax, Fon) elektronisch, manueller Übertrag elektronisch, manuelle Prüfung automatisch (online)	Wegstrecke Handlingseinheit Anzahl Kommissionieraufträge
Erstellen Komm'belege	Eingang Kommissionierauft rag	Konsolidierung zu Kommissionier-aufträgen, Drucken Picklisten,....	Kommissionier-auftrag bereitgestellt	Manuell Halb-automatisch Automatisch Keine	Wegstrecke Handlingseinheit Batch – Online Konsolidierung ja/nein Zahl der Sonderprozesse (Eilaufträge)
Kommissio-nieren	Entnahme Kommissionier-information /-beleg	Abgleich Etikett / Ware, Picken und Putten	Ware kommissioniert	Manuell Halb-automatisch Automatisch Keine	Wegstrecke Handlingseinheit Stufigkeit des Prozesses
Qualitäts-/Mengen-kontrolle	Ankunft an Kontrollstelle	Kontrolle durchführen; ohne Fehlerbehebung	Übergabe an Versandvorbereit ung	Vollständig Stichproben Verwiegen der Gesamteinheit Keine	Wegstrecke Handlingseinheit Technische Anforderungen Anteil der fehlerhaften HE
Rück-meldung	Ware in Versandvorbereitu ng	Ware wird ausgebucht, Auftrag als kommissioniert gebucht	Ausbuchung erfolgt	Manuell Halb-automatisch Automatisch Keine	Wegstrecke Handlingseinheit

Warenausgang

	Beginn	*Tätigkeit*	*Ende*	*Identifizierte Abwicklungsformen*	*Treiberfaktoren*
Verpacken	Aufnahme vom Versandvorbereitu ngsplatz	Versandfertige Verpackung und Palettierung der Ware	Ware verpackt	Manuell Halb-automatisch Automatisch Keine	Wegstrecke Handlingseinheit Besondere Anforderungen (z.B. Gefahrgut, zerbrechliche Artikel, etc.)
Erstellen Versandpap.	Annahme Versandauftrag	Erstellen der Versandpapiere (Label, Adresse, Anschreiben)	Versandpapiere bereit	Manuell Halb-automatisch Automatisch Keine	Wegstrecke Handlingseinheit Zoll ja/nein
Bereitstellung	Aufnahme der Ware am Verpackungsplatz	Verbringung zum Versandplatz, Kennzeichnung und Versandpapiere	Ware versandbereit	Manuell-Stapler Manuell-Hubwagen Halb-automatisch Automatisch Keine	Wegstrecke Handlingseinheit Kennzeichnung ja/nein Tourenplätze vorhanden?
Erstellen Ladelisten	Beginn der Erstellung	Erstellen der Ladelisten	Ende Erstellung	Manuell Halb-automatisch Automatisch Keine	Wegstrecke Handlingseinheit
Verladen	Aufnahme der Ware	Verbringung zur Rampe und Beladung	Transporteur abfahrbereit	Manuell-Stapler Manuell-Hubwagen Halb-automatisch Automatisch Keine	Wegstrecke Handlingseinheit Rampe ja/nein
Warenaus-gangsbuchg.	Ware an Transporteur übergeben	Ausbuchung aus WWS	Ware ausgebucht	Manuell Halb-automatisch Automatisch Keine	Wegstrecke Handlingseinheit

Christian Bongard
Werbung und Markteffizienz – Eine wohlfahrtstheoretische Analyse suggestiver Werbung
Lohmar – Köln 2004 • 212 S. • € 45,- (D) • ISBN 3-89936-317-5

Gudrun Jedersberger und Lasse Altmann
Facility Management in Krankenhäusern und Kliniken
Lohmar – Köln 2004 • 148 S. • € 38,- (D) • ISBN 3-89936-318-3

Harald F. O. von Kortzfleisch
E-Business und organisatorische Veränderungen – Neun Thesen und empirischer Befund
Lohmar – Köln 2005 • 136 S. • € 38,- (D) • ISBN 3-89936-320-5

Benjamin Zemlin
Das Entscheidungsverhalten bei der Verkehrsmittelwahl
Lohmar – Köln 2005 • 494 S. • € 63,- (D) • ISBN 3-89936-321-3

Mike Dobrindt
Hochschulkostenrechnung – Konzeptionelle Überlegungen für ein Referenzmodell
Lohmar – Köln 2005 • 286 S. • € 48,- (D) • ISBN 3-89936-323-X

Thomas A. Schellenberger
Integrationsaspekte computergestützter Wissensmanagement- und Lernsysteme
Lohmar – Köln 2005 • 224 S. • € 45,- (D) • ISBN 3-89936-325-6

Philipp von Plato
Konsequenzen von Solvency II für die Kapitalanforderungen von Lebensversicherungsprodukten
Lohmar – Köln 2005 • 98 S. • € 33,- (D) • ISBN 3-89936-330-2

Alexander Blum
Corporate Governance – Ein Vergleich zwischen den gesetzlichen Regelungen in Deutschland und den Forderungen des Kapitalmarkts
Lohmar – Köln 2005 • 360 S. • € 54,- (D) • ISBN 3-89936-336-1

Jörn-Axel Meyer (Hrsg.)
Wissens- und Informationsmanagement in kleinen und mittleren Unternehmen – Jahrbuch der KMU-Forschung und -Praxis 2005
Lohmar – Köln 2005 • 586 S. • € 69,- (D) • ISBN 3-89936-339-6

Bernd Schulze
Mehrfachnutzung von Medieninhalten – Entwicklung, Anwendung und Bewertung eines Managementkonzepts für die Medienindustrie
Lohmar – Köln 2005 • 220 S. • € 45,- (D) • ISBN 3-89936-340-X

Christian Alexander Mias
Prozessmodell für Integration Excellence
Lohmar – Köln 2005 • 202 S. • € 44,- (D) • ISBN 3-89936-341-8

Jochen Breckner
Controlling von Autobanken
Lohmar – Köln 2005 • 322 S. • € 52,- (D) • ISBN 3-89936-342-6

Cord Twele/Matthias Lesch/Andreas Bull
Innovative Regionalentwicklung – Innovationsnetzwerke, (Corporate) Venture Capital und Venture-Capital-Fonds
Lohmar – Köln 2005 • 140 S. • € 38,- (D) • ISBN 3-89936-351-5

Georg Waltenberger
Energiemanagement in der Industrie – Die energiewirtschaftlichen Grundlagen
Lohmar – Köln 2005 • 394 S. • € 56,- (D) • ISBN 3-89936-354-X

Dirk Finger
Handlungsempfehlungen für die Implementierung eines ERP-System-basierten Wissensmanagements
Lohmar – Köln 2005 • 320 S. • € 52,- (D) • ISBN 3-89936-362-0

Alexander Ebering
Behavioral Economics – Konzepte und Anwendungen
Lohmar – Köln 2005 • 198 S. • € 44,- (D) • ISBN 3-89936-365-5

Frank Fernholz
Börse und ihre Alternativen – Eine Transaktionskostensicht
Lohmar – Köln 2005 • 204 S. • € 49,- (D) • ISBN 3-89936-371-X

Heidi Hohensohn und Sascha Jahn (Hrsg.)
Collaboration für innovative Unternehmen – Forschungsergebnisse und Blueprints aus dem Projekt VirtOweB
Lohmar – Köln 2005 • 284 S. • € 48,- (D) • ISBN 3-89936-382-5

Josef Kloock, René Groeneveld und Helmut Maltry
Grundlagen des Rechnungswesens und der Finanzierung
Lohmar – Köln 2005 • 274 S. • € 28,- (D) • ISBN 3-89936-395-7

Winfried Zapp (Hrsg.)
Kostenrechnung und Controllinginstrumente in Reha-Kliniken
Lohmar – Köln 2005 • 318 S. • € 52,- (D) • ISBN 3-89936-398-1

Christian Paul Rouette
Die Asset-Allokationsentscheidung deutscher Privatinvestoren – Empirie und Konsequenzen für die Anlageberatung
Lohmar – Köln 2005 • 374 S. • € 55,- (D) • ISBN 3-89936-401-5

Martin Arnold
Zero-Base Budgeting
2. Auflage
Lohmar – Köln 2005 • 154 S. • € 42,- (D) • ISBN 3-89936-407-4

Wolfgang Chr. Fischer (Ed.)
Re-Emergence of Street Markets – Contribution to Invigorate Local Economies
Lohmar – Köln 2005 • 76 S. • € 29,- (D) • ISBN 3-89936-408-2

Tanju Aygün
Deutschtürkisches Konsumentenverhalten – Eine empirische Untersuchung zur Einkaufsstättenwahl im Lebensmitteleinzelhandel
Lohmar – Köln 2005 ◆ 292 S. ◆ € 48,- (D) ◆ ISBN 3-89936-414-7

Christoph Meier
The overlooked option – Self-regulation in Infrastructure Industries
Lohmar – Köln 2005 ◆ 354 S. ◆ € 54,- (D) ◆ ISBN 3-89936-415-5

Christa Markl-Vieto und Roland Ernst (Herausgeber)
New Services – Service Engineering im Gesundheitswesen
Lohmar – Köln 2006 ◆ 220 S. ◆ € 45,- (D) ◆ ISBN 3-89936-424-4

Volker Arendt
Qualitätsprüfung im Anfrageoptimierungsprozeß Relationaler Datenbanksysteme
Lohmar – Köln 2006 ◆ 258 S. ◆ € 47,- (D) ◆ ISBN 3-89936-425-2

Anne Grüter
Markennetze
Lohmar – Köln 2006 ◆ 280 S. ◆ € 48,- (D) ◆ ISBN 3-89936-426-0

Tobias van Maele
Haben Luxusgüter immer Konjunktur?
Lohmar – Köln 2006 ◆ 112 S. ◆ € 36,- (D) ◆ ISBN 3-89936-433-3

Bernd Schlossorsch und Gunda Kempken
Fachschule für die Solinger Stahlwaren-Industrie (FSI) –
Die Arbeit der Fachschule im Spiegel ihrer Produkte von 1904 bis 1985
Band III, 1
Lohmar – Köln 2006 ◆ 308 S. ◆ € 49,- (D) ◆ ISBN 3-89936-439-2

Sabine Hellig
Carve-out-Abschlüsse zur bilanziellen Darstellung einer Ausgliederung im Börsenzulassungsprospekt
Lohmar – Köln 2006 ◆ 326 S. ◆ € 52,- (D) ◆ ISBN 3-89936-435-X

Christian Odenthal
Der Einfluß der Wirtschaftsordnung auf betriebliche Altersversorgungsleistungen
Lohmar – Köln 2006 ◆ 310 S. ◆ € 52,- (D) ◆ ISBN 3-89936-449-X

Thomas A. Martin und Monika Prinz
Auslandsmessen im internationalen Marketing – Vergleichende Konzeption des Messeeinsatzes in Osteuropa, China und den USA
Lohmar – Köln 2006 ◆ 128 S. ◆ € 36,- (D) ◆ ISBN 3-89936-453-8

Kenneth K. Mwenda and Victor Mosoti
Contemporary Issues in International Economic Law
Lohmar – Köln 2006 ◆ 420 S. ◆ € 57,- (D) ◆ ISBN 3-89936-454-6

Susanne Keil

Der Zweitmarkt für Lebensversicherungspolicen – Deutschland, Großbritannien und die USA

Lohmar – Köln 2006 • 98 S. • € 33,- (D) • ISBN 3-89936-461-9

Susan Eickenberg

Mitarbeitertypologie und Teambildung – Eine empirische Analyse

Lohmar – Köln 2006 • 328 S. • € 52,- (D) • ISBN 3-89936-464-3

Dierk Buss

Supply Chain Diagnose – Herleitung eines standardisierten Diagnoseverfahrens und Identifikation von Potentialen auf Basis einer empirischen Untersuchung

Lohmar – Köln 2006 • 294 S. • € 49,- (D) • ISBN 3-89936-465-1

Simon Göller

Implications of Hospital Financing on Hospital Strategies – International Experiences and German Perspectives

Lohmar – Köln 2006 • 312 S. • € 52,- (D) • ISBN 3-89936-467-8

Clemens Elbing

Risikomanagement für PPP-Projekte

Lohmar – Köln 2006 • 254 S. • € 47,- (D) • ISBN 3-89936-476-7

Jörn-Axel Meyer (Hrsg.)

Kleine und mittlere Unternehmen in neuen Märkten – Aufbruch und Wachstum – Jahrbuch der KMU-Forschung und -Praxis 2006

Lohmar – Köln 2006 • 482 S. • € 65,- (D) • ISBN 3-89936-479-1

Thomas Krupp

Benchmarking als Controlling-Instrument für die Kontraktlogistik – Prozessbenchmarking für Logistikdienstleister am Beispiel von Lagerdienstleistungen

Lohmar – Köln 2006 • 268 S. • € 47,- (D)

ISBN-13: 978-3-89936-487-3 • ISBN-10: 3-89936-487-2

Weitere Schriftenreihen:

UNIVERSITÄTS-SCHRIFTENREIHEN

- Reihe: Steuer, Wirtschaft und Recht
Herausgegeben von vBP StB Prof. Dr. Johannes Georg Bischoff, Wuppertal, Dr. Alfred Kellermann, Vorsitzender Richter (a. D.) am BGH, Karlsruhe, Prof. (em.) Dr. Günter Sieben, Köln, und WP StB Prof. Dr. Norbert Herzig, Köln

- Reihe: Rechnungslegung und Wirtschaftsprüfung
Herausgegeben von Prof. (em.) Dr. Dr. h. c. Jörg Baetge, Münster, Prof. Dr. Hans-Jürgen Kirsch, Münster, und Prof. Dr. Stefan Thiele, Wuppertal

- Reihe: Informationsmanagement und Unternehmensführung – Schriften des IMU, Universität Osnabrück
Herausgegeben von Prof. Dr. Uwe Hoppe, Prof. Dr. Bodo Rieger, Jun.-Prof. Dr. Frank Teuteberg und Prof. Dr. Thomas Witte

- Reihe: Controlling
Herausgegeben von Prof. Dr. Volker Lingnau, Kaiserslautern, und Prof. Dr. Albrecht Becker, Innsbruck

- Reihe: Planung, Organisation und Unternehmungsführung
Herausgegeben von Prof. Dr. Dr. h. c. Norbert Szyperski, Köln, Prof. Dr. Winfried Matthes, Wuppertal, Prof. Dr. Udo Winand, Kassel, Prof. (em.) Dr. Joachim Griese, Bern, PD Dr. Harald von Kortzfleisch, Kassel, Prof. Dr. Ludwig Theuvsen, Göttingen, und Prof. Dr. Andreas Al-Laham, Stuttgart

- Reihe: Wirtschaftsinformatik
Herausgegeben von Prof. Dr. Dietrich Seibt, Köln, Prof. Dr. Hans-Georg Kemper, Stuttgart, Prof. Dr. Georg Herzwurm, Stuttgart, Prof. Dr. Dirk Stelzer, Ilmenau, und Prof. Dr. Detlef Schoder, Köln

- Reihe: Schriften zu Kooperations- und Mediensystemen
Herausgegeben von Prof. Dr. Volker Wulf, Siegen, Prof. Dr. Jörg Haake, Hagen, Prof. Dr. Thomas Herrmann, Dortmund, Prof. Dr. Helmut Krcmar, München, Prof. Dr. Johann Schlichter, München, Prof. Dr. Gerhard Schwabe, Zürich, und Prof. Dr.-Ing. Jürgen Ziegler, Duisburg

- Reihe: Telekommunikation @ Medienwirtschaft
Herausgegeben von Prof. Dr. Dr. h. c. Norbert Szyperski, Köln, Prof. Dr. Udo Winand, Kassel, Prof. Dr. Dietrich Seibt, Köln, Prof. Dr. Rainer Kuhlen, Konstanz, Dr. Rudolf Pospischil, Bonn, Prof. Dr. Claudia Löbbecke, Köln, und Prof. Dr. Christoph Zacharias, Köln

- Reihe: Electronic Commerce
Herausgegeben von Prof. Dr. Dr. h. c. Norbert Szyperski, Köln, Prof. Dr. Beat F. Schmid, St. Gallen, Prof. Dr. Dr. h. c. August-Wilhelm Scheer, Saarbrücken, Prof. Dr. Günther Pernul, Regensburg, Prof. Dr. Stefan Klein, Münster, Prof. Dr. Detlef Schoder, Köln, und Prof. Dr. Tobias Kollmann, Essen

- Reihe: E-Learning
Herausgegeben von Prof. Dr. Dietrich Seibt, Köln, Prof. Dr. Freimut Bodendorf, Nürnberg, Prof. Dr. Dieter Euler, St. Gallen, und Prof. Dr. Udo Winand, Kassel

- Reihe: InterScience Reports
Herausgegeben von Prof. Dr. Dr. h. c. Norbert Szyperski, Köln, PD Dr. Harald F. O. von Kortzfleisch, Kassel, und Prof. Dr. Dietrich Seibt, Köln

- Reihe: FGF Entrepreneurship-Research Monographien
Herausgegeben von Prof. Dr. Heinz Klandt, Oestrich-Winkel, Prof. Dr. Dr. h. c. Norbert Szyperski, Köln, Prof. Dr. Michael Frese, Gießen, Prof. Dr. Josef Brüderl, Mannheim, Prof. Dr. Rolf Sternberg, Hannover, Prof. Dr. Ulrich Braukmann, Wuppertal, und Prof. Dr. Lambert T. Koch, Wuppertal

- Reihe: Venture Capital und Investment Banking, Neue Folge
Herausgegeben von Prof. Dr. Klaus Nathusius

- Reihe: Technologiemanagement, Innovation und Beratung
Herausgegeben von Prof. Dr. Dr. h. c. Norbert Szyperski, Köln, vBP StB Prof. Dr. Johannes Georg Bischoff, Wuppertal, und Prof. Dr. Heinz Klandt, Oestrich-Winkel

- **Reihe: Kleine und mittlere Unternehmen**
  Herausgegeben von Prof. Dr. Jörn-Axel Meyer, Flensburg

- **Reihe: Wissenschafts- und Hochschulmanagement**
  Herausgegeben von Prof. Dr. Detlef Müller-Böling, Gütersloh, und Prof. Dr. Reinhard Schulte, Lüneburg

- **Reihe: Personal, Organisation und Arbeitsbeziehungen**
  Herausgegeben von Prof. Dr. Fred G. Becker, Bielefeld, Prof. (em.) Dr. Jürgen Berthel †, Siegen, und Prof. Dr. Walter A. Oechsler, Mannheim

- **Reihe: Forum Finanzwissenschaft und Public Management**
  Herausgegeben von Prof. Dr. Kurt Reding, Kassel, und PD Dr. Walter Müller, Kassel

- **Reihe: Finanzierung, Kapitalmarkt und Banken**
  Herausgegeben von Prof. Dr. Hermann Locarek-Junge, Dresden, Prof. Dr. Klaus Röder, Regensburg, und Prof. Dr. Mark Wahrenburg, Frankfurt

- **Reihe: Marketing**
  Herausgegeben von Prof. Dr. Heribert Gierl, Augsburg, Prof. Dr. Roland Helm, Jena, Prof. Dr. Frank Huber, Mainz, und Prof. Dr. Henrik Sattler, Hamburg

- **Reihe: Marketing, Handel und Management**
  Herausgegeben von Prof. Dr. Rainer Olbrich, Hagen

- **Reihe: Kundenorientierte Unternehmensführung**
  Herausgegeben von Prof. Dr. Hendrik Schröder, Essen

- **Reihe: Produktionswirtschaft und Industriebetriebslehre**
  Herausgegeben von Prof. Dr. Jörg Schlüchtermann, Bayreuth

- **Reihe: Europäische Wirtschaft**
  Herausgegeben von Prof. Dr. Winfried Matthes, Wuppertal

- **Reihe: Katallaktik – Quantitative Modellierung menschlicher Interaktionen auf Märkten**
  Herausgegeben von Prof. Dr. Otto Loistl, Wien, und Prof. Dr. Markus Rudolf, Koblenz

- **Reihe: Quantitative Ökonomie**
  Herausgegeben von Prof. Dr. Eckart Bomsdorf, Köln, Prof. Dr. Wim Kösters, Bochum, und Prof. Dr. Winfried Matthes, Wuppertal

- **Reihe: Internationale Wirtschaft**
  Herausgegeben von Prof. Dr. Manfred Borchert, Münster, Prof. Dr. Gustav Dieckheuer, Münster, und Prof. Dr. Paul J. J. Welfens, Wuppertal

- **Reihe: Industrieökonomik**
  Herausgegeben von Prof. Dr. Frank C. Englmann, Stuttgart, Prof. Dr. Mathias Erlei, Clausthal, Prof. Dr. Ulrich Schwalbe, Hohenheim, und Prof. Dr. Bernd Woeckener, Stuttgart

- **Reihe: Studien zur Dynamik der Wirtschaftsstruktur**
  Herausgegeben von Prof. Dr. Heinz Grossekettler, Münster

- **Reihe: Versicherungswirtschaft**
  Herausgegeben von Prof. (em.) Dr. Dieter Farny, Köln, und Prof. Dr. Heinrich R. Schradin, Köln

- **Reihe: Wirtschaftsgeographie und Wirtschaftsgeschichte**
  Herausgegeben von Prof. Dr. Ewald Gläßer, Köln, Prof. Dr. Josef Nipper, Köln, Dr. Martin W. Schmied, Köln, und Prof. Dr. Günther Schulz, Bonn

- **Reihe: Wirtschafts- und Sozialordnung: FRANZ-BÖHM-KOLLEG – Vorträge und Essays**
  Herausgegeben von Prof. Dr. Bodo B. Gemper, Siegen

- Reihe: WISO-Studientexte
Herausgegeben von Prof. Dr. Eckart Bomsdorf, Köln, und Prof. (em.) Dr. Dr. h. c. Dr. h. c. Josef Kloock, Köln

- Reihe: Europäisches Wirtschaftsrecht
Herausgegeben von Prof. Dr. Dieter Krimphove, Paderborn

- Reihe: Rechtswissenschaft

FACHHOCHSCHUL-SCHRIFTENREIHEN

- Reihe: Institut für betriebliche Datenverarbeitung (IBD) e. V. im Forschungsschwerpunkt Informationsmanagement für KMU
Herausgegeben von Prof. Dr. Felicitas Albers, Düsseldorf

- Reihe: FH-Schriften zu Marketing und IT
Herausgegeben von Prof. Dr. Doris Kortus-Schultes, Mönchengladbach, und Prof. Dr. Frank Victor, Gummersbach

- Reihe: Medienmanagement
Herausgegeben von Prof. Dr. Thomas Breyer-Mayländer, Offenburg

- Reihe: FuturE-Business
Herausgegeben von Prof. Dr. Michael Müßig, Würzburg-Schweinfurt

- Reihe: Controlling-Forum – Wege zum Erfolg
Herausgegeben von Prof. Dr. Jochem Müller, Ansbach

- Reihe: Unternehmensführung und Controlling in der Praxis
Herausgegeben von Prof. Dr. Thomas Rautenstrauch, Bielefeld

- Reihe: Economy and Labour
Herausgegeben von EUR ING Prof. Dr.-Ing. Hans-Georg Nollau MBCS, Regensburg

- Reihe: Institut für Regionale Innovationsforschung (IRI)
Herausgegeben von Prof. Dr. Rainer Voß, Wildau

- Reihe: Interkulturelles Medienmanagement
Herausgegeben von Prof. Dr. Edda Pulst, Gelsenkirchen

PRAKTIKER-SCHRIFTENREIHEN

- Reihe: Transparenz im Versicherungsmarkt
Herausgegeben von *ASSEKURATA* GmbH, Köln

- Reihe: Betriebliche Praxis
Herausgegeben von vBP StB Prof. Dr. Johannes Georg Bischoff, Wuppertal

- Reihe: Regulierungsrecht und Regulierungsökonomie
Herausgegeben von Piepenbrock ♦ Schuster, Düsseldorf